Taalstoornissen bij meertalige kinderen

Taalstoornissen bij meertalige kinderen

Diagnose en behandeling

Manuela Julien

Eerste druk 2008, tweede oplage 2010

Postbus 78, 1000 AB Amsterdam
www.pearson-nl.com

De afbeelding in hoofdstuk 2 is met toestemming van uitgeverij Van Gorcum B.V. overgenomen.
Illustraties: Sandra Verkaart, Utrecht
Foto's: foto op p. 19: Bert Dikker, Santpoort-Noord; overige foto's: António Valente, Wageningen
Omslagontwerp en binnenwerk: Annelies Bast, Amsterdam
Druk: Grafisch bedrijf Gorter bv, Steenwijk

ISBN 978 90 265 1836 2
NUR 896

Voorwoord

Bij tweetalige kinderen wordt de beheersing van de moedertaal nog maar door weinigen in Nederland als nuttig gezien. Toch is het van belang dat kinderen hun moedertaal goed spreken, bijvoorbeeld als een van de ouders onvoldoende het Nederlands kent om diepgaand contact met de kinderen te hebben in die taal. Een taalbarrière tussen ouders en kinderen is een zeer ongewenste situatie die aanleiding geeft tot allerlei narigheid voor beide partijen. Wanneer tweetalige kinderen taalzwak zijn of een taalstoornis hebben, zullen ze daarom geholpen moeten worden om vorderingen te kunnen maken in beide talen. Ook als de moedertaal een taal is die de doorsnee-hulpverlener – logopedist, spraak-taalpatholoog/klinisch linguïst – niet wordt beheerst. Dat stelt geheel nieuwe eisen aan de hulpverlening.

Onderzoek naar tweede-taalverwerving en tweede-taalonderwijs heeft al veel resultaten opgeleverd die bruikbaar zijn voor de diagnosticering van taalstoornissen bij tweetalige en meertalige kinderen. Behoudens enkele eerste verkenningen hebben beide terreinen van onderzoek elkaar nog niet echt goed leren kennen. Tweedetaalonderzoekers hebben hun onderzoeksgebied nog niet uitgebreid tot taalstoornissen van twee- en meertaligen en spraak-taalpathologisch onderzoek heeft zich nog nauwelijks bezig gehouden met meertaligheid. Er is nog veel te leren van elkaar, ook op de werkvloer van de logopedist, de basisschoolleerkracht en de remedial teacher.

Manuela Julien, ervaringsdeskundige als logopediste en klinisch linguïst maar ook als moeder van twee meertalig opgroeiende kinderen, geeft met het onderhavige boek resultaten van onderzoek door aan hulpverleners op de werkvloer zoals (aanstaande) logopedisten en spraak-taalpathologen/klinisch linguïsten. Zij beperkt zich echter niet tot resultaten van onderzoeksgegevens, maar geeft op basis daarvan voorbeelden en richtlijnen voor toepassing in de praktijk. Er is grote behoefte aan zo'n boek en nog meer aan de toepassing van die kennis in het veld.

Ik hoop dat dit boek een begin is van een bloeiende samenwerking tussen twee verwante gebieden van taalonderzoek. Als oma van drie meertalige kleinzoons hoop ik dat het zijn weg zal vinden naar de taalhulpverlening aan meertalige kinderen.

Ineke van de Craats
Radboud Universiteit Nijmegen, Afdeling Taalwetenschap

Voorwoord
Tussen wetenschap en praktijk

De bestudering van taalstoornissen bij kinderen is in de laatste twee decennia sterk veranderd doordat er steeds meer talen aan het onderzoekspalet zijn toegevoegd. Vroeger werd ons beeld van wat een taalstoornis karakteriseert, bepaald door wat er bekend was over Engelstalige kinderen. Nu kennen we de symptomen in enkele tientallen andere talen. Daardoor weten we dat er overeenkomsten zijn, maar ook verschillen, die samengaan met het type taal dat een kind leert. Zulk onderzoek vond normaliter plaats bij eentalige kinderen. Bij meertalige kinderen treffen we die typologische verschillen aan bij een en hetzelfde kind. Dat vormt een interessante casus voor de onderzoeker, maar leidt ook tot een dilemma voor de diagnosticus. Wat moeten we verwachten in beide talen, als het kind een taalstoornis heeft? Het antwoord op die vraag heeft ook veel te maken met de taalsituatie. Die is anders voor kinderen die van meet af aan twee talen leren (omdat het gezin twee moedertalen kent) dan bij kinderen die later een tweede taal (lees: het Nederlands) verwerven.

Manuela Julien kent als geen ander de diversiteit in tweetaligheid. Natuurlijk zijn er de grotere groepen tweetalige kinderen die Turks, Arabisch of Berber als moedertaal hebben. In de praktijk komt de diagnosticus echter een veelheid aan moedertalen tegen en in elk van die gevallen moet er een manier worden gevonden om tot een diagnose te komen. Hoe pak je de taalevaluatie aan als de moedertaal van het kind je geheel onbekend is? Daarvoor biedt dit boek gereedschap. Ook als de taalsituatie (al te) complex is, wordt er gezocht naar procedures en informatiebronnen die de logopedist of taalkundige vaste grond onder de voeten geven. Uit dit boek valt te leren hoe je optimaal kunt roeien met de riemen die je hebt. Daarnaast leert het ons ook te waken voor gemaksopties: het gebruiken van een test die nu eenmaal voorhanden is, maar die zich principieel niet leent voor een meetalige doelgroep. Idem dito voor het gebruik van testnormen terwijl de normgroep het meertalige kind niet representeert. Al met al is het boek daarmee een toonbeeld van inventiviteit en zorgvuldigheid.

Je zou kunnen zeggen dat dit een voorbarig boek is. Wat we weten over meertaligheid en taalstoornissen schiet immers nog zeer tekort. Veel vragen zijn nog niet beantwoord of ze zijn zelfs nog niet gesteld. In een dergelijke situatie kun je afwachten tot de documentatie compleet is voordat je je aan een overzicht waagt. De praktijk is echter met recht ongeduldig. Manuela Julien heeft daarom niet afgewacht. Zij heeft, voorbarig en wel, het veld alvast in kaart gebracht. Dat blijkt een verstandige stap.

Dit boek beschrijft geen eindstand, maar een tussenstand. Het is een uitnodiging aan wetenschappers en diagnostici om bij te dragen aan een boeiend terrein dat vraagt om meer onderzoek en meer – gedeelde – praktijkervaring.

Jan de Jong
Universiteit van Amsterdam
Amsterdam Center for Language and Communication

Inhoud

Woord van dank

Veel collega's en vrienden hebben mij ondersteund in dit project, ieder op een eigen manier. Dat geldt zeker voor mijn collega's van het spraak-taalteam van het Audiologisch Centrum in Den Haag: Anke Hakker, Margit Raadt, Brigitte Gadiot, Marianne Zijlstra en Annette Hagenbeek die het hele proces van dichtbij hebben gevolgd. Verder wil ik graag noemen Nazife Çavuş, Timmy Hartmann, Marieke van Heerde, Gertje de Wijkerslooth, Yahya E-rramdani, Mirjam Blumenthal, Mieke Beers, Barbara Wegener-Sleeswijk, Kino Jansonius, Liesbeth Schlichting, Claartje Slofstra-Bremmer, Jan de Jong, Ellen Gerrits, Ineke van de Craats, Nynke van Zwol, Nelleke den Boon en Cristina Soeiro. Ik ben hen bijzonder erkentelijk niet alleen voor hun advies, waardevolle commentaar en correcties, maar ook voor de aanmoediging en inspirerende gesprekken. Verder gaf Sione Twilt van Hogeschool Rotterdam constructief commentaar op een aantal van de opdrachten aan het eind van ieder hoofdstuk van dit boek.

En verder wil ik noemen: alle kinderen die ik in Mozambique en in Nederland heb lesgegeven of heb onderzocht, ouders en tolken, van wie ik veel geleerd heb; Leonore Noorduyn en Willemine Regouin die investeerden in het meer begrijpelijk maken van grote delen van de tekst; mijn familie en vrienden in alle hoeken van Nederland en de wereld die mij voortdurend aanspoorden; Eric die mij hielp met aanmoediging, geduld en inspirerende uitwisseling van ideeën; en niet in de laatste plaats: Victor en Rafael die mij veel inspiratie, plezier, trots en glimlachen schonken met hun tweetalige en creatieve taaluitingen.

Voor de duidelijkheid: alle inhoudelijke hulp had slechts betrekking op delen van de tekst. Voor het geheel en het eindresultaat is niemand anders aanspreekbaar dan ikzelf.

Een welgemeend kanimambo (dankjewel) aan allen!

Manuela Julien

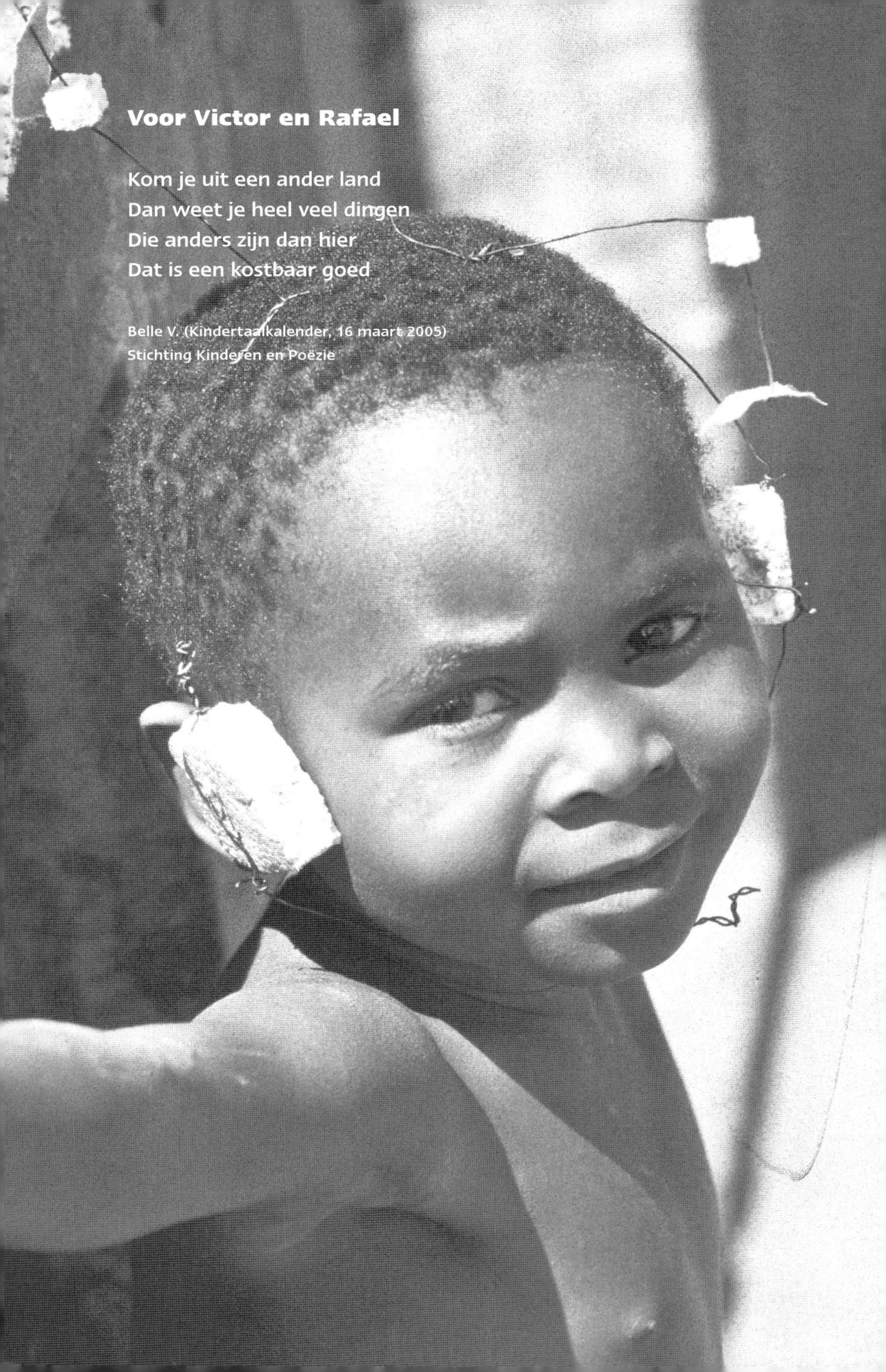

Voor Victor en Rafael

Kom je uit een ander land
Dan weet je heel veel dingen
Die anders zijn dan hier
Dat is een kostbaar goed

Belle V. (Kindertaalkalender, 16 maart 2005)
Stichting Kinderen en Poëzie

Inleiding

Meertalige kinderen hebben soms, net als eentalige kinderen, taalproblemen die professionele diagnostiek en behandeling vereisen. Logopedisten, klinisch linguïsten en spraak-taalpathologen zien steeds vaker meertalige kinderen met taalproblemen en moeten, net als bij eentalige kinderen, die taalproblemen beoordelen en behandelen. Deze professionals zijn hiervoor vaak onvoldoende toegerust. Ze hebben moeite om bijvoorbeeld de volgende vragen te beantwoorden:

- Is er echt sprake van een probleem?
- Zijn de waargenomen symptomen kenmerkend voor een normale meertalige taalontwikkeling of is er sprake van een taalstoornis?
- Als er sprake van een taalstoornis is, hoe ernstig is die dan?
- Welke behandeling of begeleiding moet worden geadviseerd of gegeven?

Als een van die vele immigranten, als logopediste en klinisch linguïst en als moeder van twee meertalige kinderen heb ik in mijn veertien jaren in Nederland ervaring opgedaan 'aan beide zijden van de tafel'. In mijn werk sta ik voor de moeilijke taak om taalstoornissen bij meertalige kinderen te onderzoeken, te diagnosticeren en de ouders of opvoeders van advies te dienen. Als moeder heb ik vaak het advies gekregen om alleen Nederlands met mijn kinderen te spreken. Ondanks uitgebreide kennis over meertaligheid voelde ik me soms onzeker over de beslissing die mijn man en ik hadden genomen om onze kinderen in Nederland meertalig op te voeden. Deze professionele en persoonlijke ervaringen wil ik met collega's delen om zo meer interesse en begrip te kweken voor het volkomen normale verschijnsel meertaligheid. Kennis over de normale meertalige ontwikkeling is nodig om taalstoornissen bij kinderen die meertalig worden opgevoed, te kunnen diagnosticeren en behandelen.

Ik heb dit boek geschreven om te voorzien in de behoefte aan informatie over hoe meertalige kinderen opgroeien en over wat er gebeurt als dat proces afwijkend verloopt. Ik richt mij vooral op studenten van de opleiding logopedie, logopedisten, klinisch linguïsten en spraak-taalpathologen. Het boek bevat informatie ten behoeve van de diagnostiek en therapie bij meertalige kinderen met taalproblemen, informatie die ook nuttig kan zijn voor andere hulpverleners en voor leerkrachten, voor zover die te maken hebben met deze kinderen en hun ouders.

Taalstoornissen bij meertalige kinderen is een relatief recent onderwerp van wetenschappelijk onderzoek. Het is een complex onderzoeksveld met de nodige lacunes, en veel van de conclusies uit onderzoek zijn voorlopig. In dit boek zijn richtlijnen opgesteld, gebaseerd op de wetenschappelijke informatie die voorhanden is en op mijn ervaring. U vindt er *best practices* die in Nederland en elders worden gebruikt bij het onderzoek en de behandeling van meertalige kinderen met taalstoornissen. Ik hoop dat dit boek een stimulans zal zijn bij het zoeken naar aanvullende onderzoeks- en behandelmogelijkheden.

De opzet van dit boek

Het boek bevat negen hoofdstukken. In elke hoofdstuk staan mogelijk onbekende termen in cursief als ze worden geïntroduceerd, met uitleg in de Verklarende Woordenlijst aan het eind. Afgezien van het eerste hoofdstuk, eindigt elk hoofdstuk met een samenvatting waarin ook de belangrijkste cursief gedrukte termen nog eens de revue passeren. Daarna volgen opdrachten om de behandelde stof verder te verwerken. De opdrachten houden rekening met de principes van het competentiegerichte onderwijs, waarmee sinds 2005 in de logopedieopleidingen wordt gewerkt. Er zijn verwijzingen naar relevante literatuur en websites.

In hoofdstuk 1 wordt de stand van zaken in Nederland besproken wat betreft het omgaan met meertaligheid, vooral met taalontwikkelingsproblemen bij meertalige kinderen. Ook worden in dit hoofdstuk de moeilijkheden beschreven omtrent het diagnosticeren van taalstoornissen bij meertalige kinderen. Vervolgens gaat het in hoofdstuk 2 voornamelijk over de verschillende etnische groepen die de Nederlandse samenleving vormen en over de talen die deze mensen spreken.

Hoofdstuk 3 gaat voornamelijk over de (mis)communicatie met de cliënt, over de houding van de hulpverlener tegenover de meertalige cliënt en over de houding van de cliënt ten opzichte van de eigen meertaligheid. Je vindt er suggesties voor het verbeteren van de onderlinge communicatie.

Hoofdstukken 4 en 5 beschrijven de normale meertalige ontwikkeling. Hoofdstuk 4 gaat in op de algemene kenmerken van de normale meertalige ontwikkeling en biedt een denkkader dat duidelijk maakt wat de grootste verschillen zijn tussen meertalige kinderen. Dit vergemakkelijkt de vergelijking tussen verschillende groepen meertalige kinderen. Hoofdstuk 5 beschrijft de kenmerken van de normale meertalige ontwikkeling, die specifiek zijn voor simultane en voor sequentiële meertalige kinderen.

In hoofdstuk 6 komen de kenmerken van specifieke taalstoornissen aan de orde. Hier vindt u antwoorden op vragen als 'Hoe kunnen logopedisten vaststellen of ze te maken hebben met een kind met een taalstoornis?' en 'Is meertaligheid extra belastend voor kinderen met een specifieke taalstoornis?'

Hoofdstuk 7 beschrijft best practices in de diagnostiek van taalstoornissen. Speciale aandacht gaat uit naar de interpretatie van de resultaten van taalonderzoek met officiële en informele onderzoeksinstrumenten. In de praktijk is deze interpretatie een van de moeilijkste aspecten van de diagnose van taalontwikkelingsstoornissen bij meertalige kinderen.

Hoofdstuk 8 gaat over de behandeling van taalstoornissen bij meertalige kinderen. Advisering aan en begeleiding van ouders zijn belangrijke onderdelen van de behandeling. De wensen van de ouders wat betreft de meertalige ontwikkeling van het kind kan men met een methodische aanpak in kaart brengen. Dit helpt om die wensen te bespreken, realistische doelen vast te stellen en de samenwerking met de ouders te optimaliseren. Ook gaat dit hoofdstuk over de samenwerking met peuterspeelzaal, dagverblijfcentrum en school. Hierbij wordt de rol van de logopedist als begeleider benadrukt.

Hoofdstuk 9, het laatste, gaat over het opstellen van een behandelplan voor een meertalig kind; het geeft suggesties voor het omgaan met taken zoals het definiëren van prioriteiten en het bepalen van wat haalbaar is tijdens de behandeling. Het stimuleren van alle talen die het kind nodig heeft om met zijn omgeving te communiceren, is hierbij een belangrijk aandachtspunt.

De terminologie

Om praktische redenen wordt in het hele boek het woord logopedist gebruikt, waarbij echter ook klinisch linguïst en spraak-taalpatholoog en andere spraaktaaldeskundigen worden aangesproken. Ook andere deskundigen zullen zich vaak in de materie herkennen. In de onderdelen die meer algemene en taalkundige informatie bevatten, is ervoor gekozen de woorden *hulpverlener* of *deskundige* te gebruiken om de bredere groep aan te duiden. Het woord *cliënt* wordt gebruikt waar het over het kind en/of diens ouders gaat. Overal waar het over ouders gaat, gaat het ook om mogelijke andere verzorgers en opvoeders die het kind onder hun hoede hebben. Naar een logopedist wordt verwezen met 'zij'. Verder wordt overal waar de mannelijke vorm wordt gebruikt evenzeer aan de vrouwelijke vorm gerefereerd.

In dit boek wordt het gangbare woord 'allochtoon' vermeden. Het betekent in Nederland vooral 'migrant uit een niet-Europese cultuur'. Deze betekenis dekt de lading van dit boek niet en raakt ook de kern van het onderwerp niet. Het boek gaat immers over taalstoornissen bij kinderen die meer dan één taal spreken, ongeacht hun etniciteit. Dit betekent niet dat wordt genegeerd dat taal en cultuur nauw met elkaar verbonden zijn. De afkomst van de kinderen wordt natuurlijk vermeld wanneer dat relevant is.

Ook is in dit boek gekozen voor de term 'meertaligheid' in plaats van de meer gangbare term 'tweetaligheid', om de eenvoudige reden dat een deel van de kinderen die zijn onderzocht en behandeld meer dan twee talen kennen.

Wat dit boek niet biedt

Omdat dit boek niet alle onderwerpen kan beslaan die relevant zijn voor het werken met meertalige kinderen, is ervoor gekozen om sommige daarvan nadrukkelijk niet te behandelen. Zo wordt niet ingegaan op onderwerpen als de combinatie van gesproken taal en gebarentaal – immers ook meertaligheid! – op het leren van schoolse vaardigheden zoals het lees- en schrijfproces bij meertalige kinderen, en op spraakstoornissen zoals dyspraxie of articulatieproblemen veroorzaakt door functionele of anatomische afwijkingen.

1
Meertaligheid
De stand van zaken

Dit boek handelt over de diagnose en behandeling van taalstoornissen bij meertalige kinderen. Dit onderwerp kan echter niet worden besproken zonder de (leef)-omstandigheden waarin meertalige kinderen opgroeien in kaart te brengen.

1.1 Maatschappelijke houding

Onderzoekers zoals Romaine (1995) en Muysken (2002) schatten dat de meerderheid van de wereldbevolking meertalig is. Het aandeel allochtonen in de totale Nederlandse bevolking zal sterk toenemen, van 19 procent in 2005 tot 30 procent in 2050 (bron: RIVM, Nationaal Kompas Volksgezondheid, 5 juli 2007). De toename van de verschillen in culturen en talen zorgt voor maatschappelijke en politieke onrust in Nederland en op Europees niveau.

Voor mensen die opgroeien en leven in een overheersend monolinguale gemeenschap, is eentaligheid de vanzelfsprekende standaard. Ze kijken naar meertaligheid vanuit hun *monolinguaal denkkader*. Meertaligheid is hun onbekend, wordt vaak gezien als ingewikkeld en als de oorzaak van taalachterstanden. Dit idee wordt versterkt door het feit dat veel anderstalige of meertalige kinderen onvoldoende beheersing van de op school gebezigde taal hebben om er goed te kunnen functioneren.

Door de jaren heen is door de overheid naar oplossingen gezocht voor de gerezen problemen. Taal speelt in deze kwestie een centrale rol. De oplossingen die worden gevonden, zijn echter vaak niet gebaseerd op de resultaten van taalkundig wetenschappelijk onderzoek. Verscheidene onderzoeken hebben laten zien dat meertaligheid op zichzelf geen nadelige gevolgen heeft voor kinderen (o.a. Appel, 1984; Teunissen, 1986; Verhoeven, 1987). In tegendeel, bij *evenwichtig-meertaligen* (meertaligen die even vaardig zijn in elk van hun talen) lijkt meertaligheid zelfs positieve effecten te hebben op de cognitieve ontwikkeling (o.a. Hakuta, 1986; Genesee e.a., 2004; Bialystok e.a., 2005). Ook beweren onderzoekers zoals Cummins (1979, 1984) en Appel en Schaufeli (1990) dat de kans dat een tweede of volgende taal zich goed ontwikkelt, groot is wanneer de taalontwikkeling in de moedertaal een hoog niveau heeft.

Het overheidsbeleid legt echter de nadruk op het zo vroeg, snel en correct mogelijk leren van het Nederlands. De ontwikkeling van de andere (niet-Europese) talen krijgt daarbij weinig aandacht. Dit resulteert vaak in *semilingualisme*. Men beheerst geen enkele taal goed.

Als reactie op deze onwenselijke situatie hebben de bekende taalkundigen Pieter Muysken, Guus Extra, Jacomine Nortier en Hans Bennis in juni 2000 een manifest opgesteld. Volgens hen lijkt het onderwijsbeleid ten aanzien van meertalige leerlingen '(...) een heilloze weg in te slaan waarin de pluriforme taalsituatie moet worden aangepast aan een monolinguale schoolsituatie. (...) Vooral waar het gaat om de schoolsituatie worden er voorstellen gedaan om de meertaligheid van allochtone leerlingen zo veel mogelijk tegen te gaan. Er wordt zelfs al gesproken over "Nederlands op schoot". Dit is een paradoxale paniekreactie op een complex probleem.' ('Het Multiculturele Voordeel: Meertaligheid als Uitgangspunt', Taalkundig Manifest, 23 juni 2000, p. 1).

In het scenario rond dit onderwerp is in de afgelopen acht jaar weinig veranderd. We leven in 2008 nog steeds in een tijdperk van onzekerheid over en tegenstrijdige reacties op de snelle veranderingen die globalisering met zich meebrengt. Aan de ene kant juichen we globalisering toe, stimuleren we het behoud van de moedertaal en waarderen we de verscheidenheid aan talen. Dit is te merken aan bijvoorbeeld de verklaring door de Europese Raad om 26 september Europese Dag van Talen te maken; aan het uitroepen door de Unesco van 21 februari tot Dag van de Moedertaal, en ook aan de toespraak van de Nederlandse koningin tot het Europese Parlement op 26 oktober 2004, waarin ze zei: 'Als wij iets moesten noemen dat ons allen het meest eigen is, zou dat waarschijnlijk onze moedertaal zijn (...). In een veeltalig Europa is het daarom van groot belang dat vooral jongeren worden aangemoedigd een of meer vreemde talen te leren om rechtstreeks met hun mede-Europeanen te kunnen spreken.' Meegesleept in deze ontwikkeling geven steeds meer basisscholen in Nederland hun leerlingen al vanaf de kleutergroepen Engelse les. Aan de andere kant wordt het leren van de moedertaal (wanneer dat een andere taal is dan het Nederlands en bovendien een niet-Europese taal) door een groot deel van de maatschappij, overheid en scholen afgeraden en het leren van alléén het Nederlands gestimuleerd.

Meertaligheid is en blijft overal ter wereld een gegeven. Ertegen vechten kan negatieve effecten hebben. Zo zijn er meertalige kinderen die niet trots zijn op hun moedertaal, omdat ze uit hun omgeving signalen krijgen dat die taal niet belangrijk is, of kinderen die geen van hun talen voldoende goed beheersen, omdat hun ouders het advies (proberen te) volgen om alleen Nederlands met ze te praten. Veel van deze ouders beheersen het Nederlands zelf onvoldoende.

Kinderen verwerven meerdere talen in verschillende omstandigheden en op uiteenlopende manieren. Een veelvoorkomende manier in Europese landen, inclusief Nederland, is wat Romaine (1995) noemde 'minderheidsthuistaal zonder ondersteuning van de gemeenschap' (p. 184, vertaling auteur). In deze meertalige ontwikkeling spreken beide ouders een taal die verschilt van de taal van de meerderheid in dat land. Volgens Romaine wordt de meerderheidstaal in deze omstandigheden niet met succes geleerd. De voornaamste reden hiervoor zou zijn de weinige gelegenheden waarin de tweede taal wordt geleerd en geoefend. De sociaaleconomische status en het beperkte opleidingsniveau van veel ouders spelen hierbij een belangrijke rol en verklaren voor een deel de beperkte beheersing van de meerderheidstaal door anderstalige kinderen. Deze ouders hebben weinig middelen en mogelijkheden om hun kinderen de meerderheidstaal optimaal te laten ontwikkelen. Onderzoek naar taalachterstanden in het Nederlands bij jonge kinderen bevestigt deze conclusie. Een voorbeeld hiervan is het onderzoek van het onderwijsadviesbureau KPC Groep (Amsing, Beek & Spliethoff, 2007). Dit bureau heeft onderzoek gedaan op 43 scholen in wijken die door de minister voor Wonen, Wijken en Integratie zijn aangewezen als probleemwijk. Dat zijn wijken waar mensen met een laag inkomen en een lage opleiding wonen en waarin de werkloosheid groot is en het woningaanbod beperkt. Deze onderzoekers concludeerden dat op scholen die deelnamen aan het onderzoek, bijna een op de vijf kinderen in groep 1 en 2 problemen heeft. Zo'n kind begrijpt geen gecombineerde opdracht, spreekt nog in zinnen van maximaal twee woorden en/of wordt omschreven als niet of nauwelijks aanspreekbaar in het Nederlands. De Turkse en Marokkaanse leerlingen hebben de grootste achterstand op taal.

Volgens deze onderzoekers beperkt de achterstand zich niet enkel tot taal, maar heeft die ook betrekking op andere aspecten van de ontwikkeling, zoals kennis van de wereld, woordenschat, sociaal-emotionele ontwikkeling, taal-denkrelaties en de motorische ontwikkeling. Vooral de ontwikkeling van taal-denkrelaties vertoont een grote achterstand bij deze kinderen.

Meertaligheid is echter niet de oorzaak van deze problemen. Dat meertaligheid normaal en mogelijk is zonder dat de taalontwikkeling van het kind hieronder lijdt, wordt bewezen door te kijken naar de Nederlandse bevolking. Overal in Nederland kunnen mensen het *Algemeen Nederlands* (AN) min of meer goed spreken als dat nodig is: op school, op het werk of in de kerk. Eigenlijk is een groot deel van de Nederlanders meertalig. Ze spreken thuis een *dialect* of een andere Nederlandse taal, zoals het Fries, het Limburgs of het Nedersaksisch. Wanneer zich bij autochtone kinderen taalachterstanden voordoen, is dat meestal niet te wijten aan hun meertaligheid maar aan socio-economische problemen, aan de lage opleiding van hun ouders, de te lage verwachtingen van ouders en leerkrachten, of aan de geisoleerde positie van de gezinnen waarin deze kinderen opgroeien; ze wonen vaak in kleine steden of in plattelandsgebieden (o.a. Hacquebord, 2003; Van der Vegt & Van Velzen, 2002).

Bij onderzoeken zoals dat van de KPC-groep worden conclusies getrokken op basis van observaties van een klein aantal Nederlandstalige respondenten die de taal of talen van de kinderen in kwestie niet spreken. In die studie werd interne begeleiders, leerkrachten, onderbouwcoördinatoren en directeuren van basisscholen gevraagd vragenlijsten in te vullen over de (taal)vaardigheden van anders- of meertalige kinderen. Taalgerelateerde vaardigheden zoals kennis van de wereld, woordenschat, taal-denkrelaties werden beoordeeld in het Nederlands. Sociaal-emotionele ontwikkeling, spelontwikkeling en motorische ontwikkeling werden beoordeeld in de schoolsetting. Bij het kennisnemen van zulke conclusies staat men meestal niet stil bij het feit dat deze kinderen geen (taal)achterstand hebben ten opzichte van hun leeftijdgenoten die in dezelfde omstandigheden opgroeien. In hun moedertaal kunnen ze wel communiceren met (Turkse en Marokkaanse) leeftijdgenoten en met hun ouders. Hun sociale ontwikkeling binnen hun sociale groep loopt waarschijnlijk geen risico, ze kunnen vermoedelijk wel opdrachten met twee woorden volgen en ze zijn wel taal-denkrelaties aan het ontwikkelen; maar dat dan allemaal in hun moedertaal.

Volgens orthopedagoog en spraakpatholoog Sieneke Goorhuis-Brouwer (Huysing, 2006) is er pas sprake van taalachterstand wanneer een kind van twee tot tweeënhalf jaar in de taal waarin het wordt opgevoed nog geen opdrachtjes met twee woorden begrijpt, geen tien woorden zegt en ook niet in staat is om af en toe twee woordjes achter elkaar te zeggen.

1.2 Taalstoornissen

Net als eentalige kinderen kunnen meertalige kinderen taalstoornissen hebben. In dat geval is de hulp van een logopedist vaak vereist. De essentie van het werk van een logopedist is het verlenen van hulp aan mensen met communicatiestoornissen. Dit werk willen logopedisten op een professionele manier verrichten, wat onder andere inhoudt dat hun werk door resultaten van wetenschappelijk onderzoek wordt ondersteund, dat het *evidence based* is. Als het gaat om het werken met meertaligen, blijken er echter moeilijkheden te bestaan die logopedisten belemmeren hun werk op een professionele, effectieve en doelmatige manier te verrichten. Wat zijn die moeilijkheden? Wat zijn de oorzaken?

Er zijn problemen die van buiten komen en er zijn specifieke moeilijkheden inherent aan het logopedische beroep.

- Aan de ene kant verwachten het onderwijs en veel ouders dat logopedisten de problemen oplossen die veel meertalige kinderen hebben met het leren van het Nederlands, vaak als tweede of volgende taal. Aan de andere kant verwachten de gezondheidszorg en belangenorganisaties van ouders van kinderen met spraak- en taalstoornissen dat logopedisten een goed onderscheid kunnen maken tussen problemen die door de meertaligheid worden veroorzaakt en echte taalstoornissen. Want kinderen met een stoornis hebben voorrang in het verkrijgen van zorg en extra voorzieningen om hun communicatiebeperkingen te beperken of te verhelpen. Om verscheidene redenen (die in andere hoofdstukken in dit boek worden uitgelegd) is dat onderscheid moeilijk te maken.
- Een taalstoornis kan pas goed gediagnosticeerd worden als er rekening wordt gehouden met de meertaligheid. Alle talen die het kind spreekt of begrijpt zouden onderzocht moeten worden. Dit is lastig! De meeste tests zijn niet ontwikkeld voor kinderen met verschillende culturele en linguïstische achtergronden. De weinige tests die wel zijn ontwikkeld voor meertalige kinderen, zijn bedoeld om leerkrachten te voorzien van evaluatie-instrumenten waarmee de mondelinge vaardigheid van meertalige kinderen in het Nederlands kan worden beoordeeld. Ze zijn niet ontwikkeld voor de diagnose van taalontwikkelingsstoornissen. Deze tests kennen normen per jaargroep op de basisschool. Slechts één ervan heeft normen per leeftijdsgroep (zie de beschrijving van deze tests hierna). Vergelijking van meertalige kinderen met klasgenoten geef niet altijd antwoord op de vraag of er sprake is van een taalstoornis. Twee meertalige kinderen in groep 2 van de basisschool kunnen een heel verschillende beheersing van de talen hebben. Ook de vergelijking van meertalige kinderen met leeftijdsgenoten verschaft geen duidelijkheid. Meertalige kinderen verschillen onderling van elkaar, onder andere in het moment waarop ze meertalig worden, in de situaties waarin ze elk van die talen gebruiken, in de regelmaat waarmee ze ze gebruiken, en in de hoeveelheid en kwaliteit van de blootstelling eraan. Deze verscheidenheid in taalaanbod verklaart voor een groot deel de verscheidenheid in het niveau van beheersing van de talen. Ook gebruiken de meeste meertalige kinderen hun talen voor verschillende doelen en functies. Moslimkinderen kunnen een taal in het gezin gebruiken (bijvoorbeeld Tarifit-Berbers), de andere taal buitenshuis (bijvoorbeeld Nederlands) en de taal van de Koran (Arabisch) in de moskee. Bij ieder van deze talen kunnen ze over verschillende vaardigheden beschikken en die vaardigheden kunnen ze op verschillende niveaus beheersen. Dit alles maakt dat het diagnosticeren en behandelen van een taalstoornis bij meertalige kinderen een zeer moeilijke en complexe taak is. Hierdoor kunnen bij de beoordeling van taalstoornissen bij cultureel en linguïstisch verschillende kinderen fouten

worden gemaakt in de diagnose van het probleem, in de doorverwijzing en in het advies voor schoolkeuze.

1.3 Onderzoeksmiddelen

Om de taalontwikkeling van meertalige kinderen te kunnen beoordelen, moet men gebruik kunnen maken van diagnostische methoden die rekening houden met de meertaligheid en de multiculturaliteit van de kinderen. Als het gebruikte materiaal niet aan dit criterium voldoet, bestaat het risico dat een taalstoornis wordt vastgesteld terwijl het kind er geen heeft – het zogeheten *overdiagnosticeren*. Het tegenovergestelde is het *onderdiagnosticeren*. Dit laatste gebeurt wanneer men, bijvoorbeeld uit vrees voor overdiagnosticeren of door onvoldoende kennis van de taalontwikkeling van meertalige kinderen, een taalstoornis niet diagnosticeert terwijl deze wel aanwezig is. Dit kan tot gevolg hebben dat kinderen met een echte taalstoornis de hulp die ze nodig hebben niet krijgen.

Het diagnostisch proces kent verschillende fasen waarin men tracht de problematiek van het kind steeds preciezer in beeld te krijgen: de eerste fase is de signaleringsfase. In deze fase wordt een mogelijke taalstoornis voor het eerst opgespoord; de volgende fase is de zogeheten eerstefasediagnostiek. In deze fase bepaalt men of het kind inderdaad problemen heeft met de taalontwikkeling. De volgende en laatste fase is de fase van de differentiële diagnostiek. In deze fase probeert men te bepalen op welke domeinen de problemen zich voordoen en hoe ernstig en van welke aard deze zijn. Differentiële diagnostiek is in principe multidisciplinair. Om een diagnose te kunnen stellen, moet men uitsluiten dat andere factoren de taalontwikkeling negatief beïnvloeden, zoals verminderd gehoor, lage non-verbale intelligentie, slechte motoriek of onvoldoende taalstimulering. Bij meertalige kinderen betekent dit ook dat in deze fase een differentiatie wordt gemaakt tussen *NT2*-moeilijkheden en een taalstoornis.

Hierna staan de officiële tests en instrumenten vermeld die er in Nederland bestaan om anders- en meertalige kinderen te onderzoeken. Het zijn instrumenten die specifiek (of mede) voor anders- en meertalige kinderen zijn ontwikkeld en die in de verschillende fasen van het diagnostisch proces worden gebruikt.

1.3.1 De signaleringsfase

Instrumenten om de beheersing van het Nederlands te beoordelen	Instrumenten om de beheersing van het Nederlands én van andere talen te beoordelen
Geen	De Lexiconlijsten (Schlichting, 2006) zijn het enige signaleringsinstrument dat is ontwikkeld voor gebruik bij anders- en meertalige kinderen. Het zijn tweetalige vragenlijsten (Turks/Nederlands; Tarifit-Berbers/Nederlands; en Marokkaans-Arabisch/Nederlands) die door de ouders worden ingevuld. De lijsten bevatten vragen over de woordenschat en de eerste zinnen van het kind en zijn genormeerd op kinderen tussen de 20 en de 31 maanden.

1.3.2 De eerstefasediagnostiek

Instrumenten om de beheersing van het Nederlands te beoordelen	Instrumenten om de beheersing van het Nederlands en van andere talen te beoordelen
Taaltoets Allochtone Kinderen – onderbouw (Verhoeven & Vermeer, 1986). Met deze test wordt de mondelinge vaardigheid in het Nederlands onderzocht van kinderen die het Nederlands als tweede taal leren. Deze toets is genormeerd op kinderen van vijf tot negen jaar.	Lexiconlijsten (Schlichting, 2006). De lijsten zijn, zoals hiervoor gezegd, genormeerd op kinderen tussen de 20 en de 30 maanden. Ze blijken ook een nuttig instrument te vormen voor kinderen rond de leeftijd van 30 maanden bij aanvang van de voorschool (Helsloot, 2007).
Taaltoets Allochtone Kinderen – bovenbouw (Verhoeven & Vermeer, 1993). Met deze test wordt vooral de schriftelijke vaardigheid in het Nederlands onderzocht. Deze toest is genormeerd op kinderen van acht tot twaalf jaar.	Toets Tweetaligheid (Verhoeven e.a., 1995) is speciaal ontwikkeld om inzicht te krijgen in de aard en mate van tweetaligheid of taaldominantie van Turkse, Antilliaanse en Arabisch sprekende Marokkaanse kleuters. De test is genormeerd op kinderen in groepen 1 en 2 van de basisschool.
Taaltoets Alle Kinderen (Verhoeven & Vermeer, 2001). Deze toets is de opvolger van de Taaltoets Allochtone Kinderen en is bedoeld om de mondelinge vaardigheid in het Nederlands te meten, zowel bij meertalige kinderen als bij eentalige kinderen. De toets bevat normen voor kinderen in groep 1 tot en met groep 4 van de basisschool. Hij biedt de mogelijkheid om kinderen te vergelijken met zowel eentalige Nederlandstalige kinderen als met twee groepen meertalige kinderen: de groep die thuis overheersend de moedertaal spreekt en de groep die thuis de tweede taal spreekt.	

1.3.3 De fase van de differentiële diagnostiek

Er zijn voor deze fase van het diagnostisch proces geen andere taaltests of instrumenten dan de hiervoor genoemde.

1.3.4 Beoordeling van de bestaande instrumenten

Wat zijn de mogelijkheden en de beperkingen van de hiervoor genoemde instrumenten en taaltests? Een onderzoeksinstrument moet *betrouwbaar* en *valide* zijn. Deze begrippen betreffen de waarde van de waarnemingen die men doet met het instrument. Een onderzoeksinstrument is betrouwbaar als een tweede afname met dit instrument dezelfde scores oplevert. Dit wil zeggen dat het instrument ongevoelig is voor storende invloeden. Een instrument is valide als, onder andere, dat instrument meet wat het zegt te meten. Wanneer we de beoordeling van de COTAN (Commissie Testaangelegenheden van het Nederlandse Instituut voor Psychologen) raadplegen (Resing e.a., 2005), zien we dat:

- de Tweetalige Lexiconlijsten (Schlichting, 2006) niet beoordeeld zijn door COTAN;
- de Taaltest Allochtone Kinderen (Verhoeven & Vermeer,1986) een B-beoordeling kreeg; dat wil zeggen: niet ‘goed’, maar ‘voldoende’;
- de Taaltoets Alle Kinderen (Verhoeven & Vermeer, 2001) een A-beoordeling heeft gekregen, dat wil zeggen dat deze test betrouwbaar en valide is;
- de Toets Tweetaligheid (Verhoeven e.a., 1995) een C-beoordeling kreeg; dat wil zeggen: voorlopig aanvaardbaar, al is de kwaliteit niet voldoende.

Op basis van de COTAN-beoordeling kunnen we concluderen dat van alle testen genormeerd op meertalige kinderen, de Taaltoets Alle Kinderen de enige test is die voldoet aan de eisen van een goed onderzoeksinstrument. Deze test is echter vooral bedoeld voor gebruik op school en meet de taalbeheersing van de leerlingen in het Nederlands. Het doel is om vast te stellen welke aspecten van de Nederlandse taal het kind nog niet beheerst en welke nog aangeleerd moeten worden. Dit is een ander doel dan het willen vaststellen van een mogelijke taalstoornis. Met deze test alleen is dat niet mogelijk, omdat een taalstoornis pas kan worden vastgesteld als er problemen zijn in alle talen die het kind gebruikt. Men moet dus ook gebruikmaken van andere instrumenten.

Er is gelukkig een trend om taalstoornissen op steeds jongere leeftijd op te sporen. Hoe vroeger de interventie, hoe beter de prognose (Law e.a., 2004; Van Agt & De Koning, 2006). Met de Lexiconlijsten probeert men ook bij meertalige en anderstalige kinderen taalstoornissen tijdig en adequaat op te sporen, door niet alleen de ontwikkeling van het Nederlands maar ook die van andere talen van het kind te onderzoeken. De Lexiconlijsten kunnen op het consultatiebureau worden afgenomen bij kinderen tussen de 20 en 30 maanden. Dit gebeurt echter zelden. Deze lijsten kunnen ook op de voorschool worden afgenomen. Dat werkt het best bij aanvang van de voorschoolloopbaan van het kind, rond de leeftijd van 30 maanden (Helsloot, 2007).

De Taaltoets Allochtone kinderen is, net als de Taaltoets Alle Kinderen, niet bedoeld voor diagnostiek van taalstoornissen. De logopedist wordt dus geconfronteerd met de beperking dat met deze test alleen de beheersing van het Nederlands onderzocht kan worden en dat niet alle relevante aspecten van de taalontwikkeling hiermee onderzocht kunnen worden.

De Toets Tweetaligheid biedt de mogelijkheid om ook de taalbeheersing in de moedertaal te beoordelen. Als de taalbeheersing in de moedertaal goed is, is er natuurlijk geen sprake van een taalstoornis. Om van een taalstoornis te kunnen spreken moeten er immers problemen zijn in beide talen. Maar als de score op deze toets laag is in de moedertaal, wil dat nog niet zeggen dat er sprake is van een taalstoornis. Deze toets is deels gericht op schoolvaardigheden en veel kinderen in groep 1 en 2 bezitten die vaardigheden niet in het Nederlands noch in de moedertaal. Sterker nog, die vaardigheden zullen ze waarschijnlijk niet in de moedertaal leren.

Er is dus een aantal kanttekeningen te plaatsen bij het gebruik van alleen deze instrumenten om een taalstoornis te diagnosticeren. Hoe kan men dan, in de huidige situatie en met de huidige instrumenten, meertalige kinderen adequaat onderzoeken en goed behandelen of doorverwijzen?

Hoofdstuk 7 gaat uitgebreider in op deze vraag. Alternatieve onderzoeksbenaderingen en middelen worden in dat hoofdstuk besproken.

Om iets te kunnen zeggen over de aan- of afwezigheid van een taalstoornis bij een meertalig kind, zijn echter niet alleen andere diagnostische benaderingen en andere instrumenten nodig, maar ook meer kennis. Deze conclusie wordt bevestigd door het onderzoek van Verrips en Bruinsma (2006) naar de logopedische tests bij indicatiestelling van meertalig opgroeiende kinderen. Verschillende logopedisten in dat onderzoek gaven aan dat niet alleen het testmateriaal, maar ook de eigen kennis over kenmerken van meertalige taalontwikkeling tekortschiet.

2 Meertalige mensen in Nederland

Meertaligheid is geen nieuw verschijnsel in Nederland. In Nederland worden naast Algemeen Nederlands (AN), ook wel Standaardnederlands, veel dialecten gesproken. Het AN is de officiële taal van Nederland. Friesland kent nog een tweede officiële taal, het Fries. Naast Fries, zijn ook Limburgs en Nedersaksisch erkende streektalen in Nederland.

Het is moeilijk om een exact aantal dialecten in Nederland te noemen. Sommige bronnen, zoals de Stichting Nederlandse Dialecten, noemen ongeveer 25 hoofddialecten terwijl andere, zoals Hoppenbrouwers en Hoppenbrouwers (2001), wel 156 verschillende dialecten tellen. De reden voor dit grote verschil zit hem vooral in het verschil in de methoden en criteria die men hanteert om de overgang tussen de taalvariëteiten te bepalen. Zie hierna de kaart van Nederland met de verschillende dialecten, volgens de broers Hoppenbrouwers.

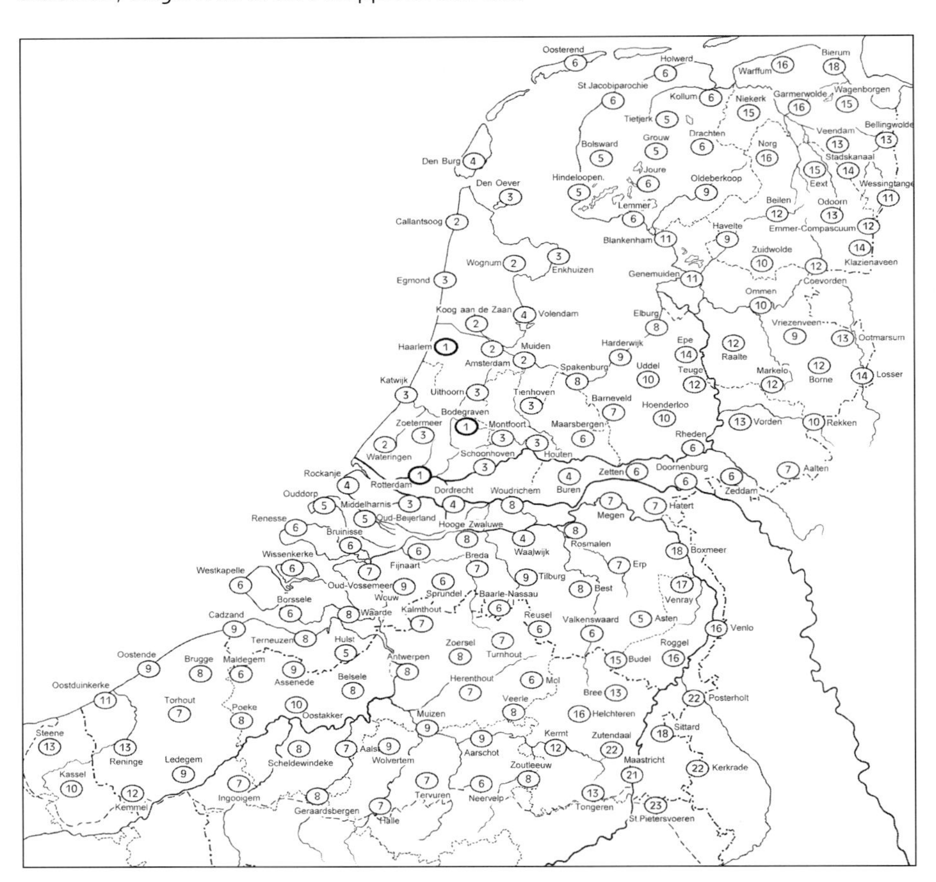

Figuur 2.1 Berekende afstand van 156 verschillende dialecten tot het Algemeen Nederlands Hoe hoger het getal, hoe groter de afstand tot het Algemeen Nederlands (naar Hoppenbrouwers, 2001).

Naast de al langer aanwezige talen en dialecten zijn er de talen van de immigranten. Nederland heeft altijd al veel immigratie gekend. Denk aan de grote groep Portugese en Spaanse (Sefardische) joden, de Asjkenazische joden uit Midden-Europa en de Hugenoten (Franse protestanten) die in de zestiende en zeventiende eeuw naar de Republiek kwamen.

De recentere immigratiestromen betreffen groepen mensen uit de voormalige koloniën, Nederlands-Indië, Suriname en de Nederlandse Antillen; gastarbeiders uit Spanje, Italië, Marokko en Turkije en, gespreid over de tijd, verschillende stromen vluchtelingen en immigranten van overal in de wereld. De grootste groepen asielzoekers in de jaren zeventig en tachtig in Nederland waren de Chilenen, de Vietnamezen en de Tamils. Na het uitbreken van de oorlog in Joegoslavië kwamen tussen 1992 en 1994 veel Bosnische, Kroatische en Servische vluchtelingen naar Nederland. In de eerste jaren van deze eeuw waren het Irakezen, Afghanen, Iraniërs en Somaliërs. Ook mensen uit landen die nu deel uitmaken van de Europese Unie vinden hun weg naar Nederland.

De verscheidenheid in afkomst zorgt voor een grote verscheidenheid van culturen en talen binnen de Nederlandse samenleving. Hulpverleners, vooral in grote steden, worden dagelijks geconfronteerd met deze verscheidenheid en het is niet altijd even gemakkelijk om daarmee om te gaan. De Nederlandse hulpverlener dient in het contact met de cliënten uit een ander land niet te vergeten dat immigranten hun eigen taal, waarden, gewoontes en opvattingen hebben en dat die kunnen verschillen van de Nederlandse. Kennis van de immigratiegeschiedenis van Nederland en bewustzijn van eigen (Nederlandse) gewoontes, waarden en opvattingen is heel belangrijk in het omgaan met mensen uit andere culturen.

Hierna volgt een korte beschrijving van een aantal etnische groepen die mede de Nederlandse samenleving vormen. Niet iedere etnische groep wordt besproken, noch iedere vreemde taal vermeld. De omvang van de groep anderstaligen in Nederland, vooral in de grote steden, was het uitgangspunt bij het kiezen van de beschrijvingen en voorbeelden.[1]

2.1 Friezen

In Friesland was het Fries, een West-Germaanse taal, tot in de zestiende eeuw de officiële taal. In de zestiende eeuw werd dat veranderd door het ontstaan van de Republiek der Verenigde Nederlanden. Het bestuur van Friesland kwam in Hollandse handen, waardoor het Nederlands de bestuurs-, school-, kerk- en schrijftaal werd. In de negentiende en twintigste eeuw kwamen de Friezen echter sterk op voor hun eigen taal. Dit is de reden dat tegenwoordig het Fries een veel belangrijker rol speelt dan twee eeuwen geleden. Het Fries is (weer) erkend als een officiële taal en wordt gebruikt in vergaderingen van de provinciale staten en de gemeentebesturen en in sommige kerken. Er wordt vrij veel geschreven in het Fries, er bestaat een officiële Friese spelling en er zijn verschillende woordenboeken en grammaticaboeken. Ook zijn er diverse tijdschriften in het Fries.

Het Fries is sinds 1980 een schoolvak in het basisonderwijs en sinds 1993 ook in de eerste vijf jaar van het voorgezet onderwijs. Friesland heeft meer dan 600.000 inwoners, van wie er 450.000 Fries spreken. Het Fries is de moedertaal van ongeveer 350.000 Friezen. Veel Friese kinderen beheersen het Fries en het Nederlands voldoende om beide talen adequaat in verschillende situaties te kunnen gebruiken. Desondanks loopt het gebruik van het Fries langzaam terug. Vooral in de steden wordt steeds meer 'Stadsfries' gesproken, een dialect van het Fries dat veel op het Nederlands lijkt. Alleen in de kleine dorpen wordt het 'echte' Fries nog steeds gebezigd.

2.2 Chinezen

De eerste groepen Chinezen kwamen als zeelieden rond 1911 naar Nederland. In 2007 woonden hier naar schatting 46.000 Chinezen. Chinezen komen echter niet alleen uit China en vormen geen homogene groep. Ze zijn afkomstig uit verschillende landen, zoals Indonesië, Maleisië, Vietnam en Suriname en spreken verschillende Chinese talen zoals Mandarijn, Kantonees, Hakka, of een dialect daarvan. De meeste Chinezen wonen in grote steden zoals Rotterdam, Amsterdam en Den Haag en spreken de eigen taal thuis en in familie- en vriendenkring.

Chinese kinderen gaan in hun vrije tijd vaak naar een Chinese school die de Chinese gemeenschap zelf inricht en bestuurt. Een groot deel van de kinderen, zelfs van de derde en vierde generatie, beheerst naast het Nederlands een van de Chinese talen voldoende om in die taal met familie en kennissen te communiceren.

2.3 Turken (en Koerden)

De Turkse migratie naar Nederland begon halverwege de jaren zestig van de vorige eeuw, toen in Nederland en andere West-Europese landen een tekort aan arbeidskrachten bestond. Vooral mensen afkomstig van het Anatolische platteland, het Aziatische deel van Turkije, werden gecontracteerd. Later begonnen steeds meer Turken op eigen initiatief naar West-Europa te komen. Anno 2007 waren er ongeveer 370.000 mensen van Turkse afkomst in Nederland. Zij zijn daarmee een van de grootste groepen allochtonen in Nederland en zullen dat in de nabije toekomst ook blijven. Ondanks hun vestiging in Nederland zijn veel Turken sterk georiënteerd op Turkije en de meeste ouders hechten er veel waarde aan dat hun kinderen goed Turks leren spreken. Vooral bij sequentiële taalverwervers, komt het vaak voor dat de moedertaal, het Turks, de dominante taal blijft gedurende de gehele basisschoolperiode (Steenge, 2006).

Een deel van deze Turken betreft Koerden. Zij worden in de statistieken als Turken aangemerkt, omdat Turkije het land van herkomst is. De Koerden die uit Turkije komen, spreken echter soms naast het Turks een andere taal, namelijk Koerdisch. Ze spreken voornamelijk een van de twee dialecten van die taal, het Kurmanci of het Zaza. De kinderen van Koerden hebben via hun ouders vaak passieve kennis van een van deze dialecten en velen spreken zelf Turks en Nederlands. Veel Koerdische ouders vinden het belangrijk dat hun kinderen het Turks goed beheersen, omdat dit belangrijk is voor hun toekomst, bijvoorbeeld voor het vinden van een goede baan in het geval ze terug naar Turkije gaan.

2.4 Marokkanen

Ook de emigratie uit Marokko naar Nederland begon in de tweede helft van de jaren zestig van de vorige eeuw. Marokkanen werden door Nederlandse bedrijven gecontracteerd als gastarbeiders om in Nederland ongeschoolde arbeid te verrichten. Er woonden in 2007 ongeveer 330.000 Marokkanen in Nederland; het merendeel van hen, ongeveer 70 procent, spreekt een Berbertaal.

De eerste generatie Berbers sprekende Marokkanen in Nederland is vooral afkomstig uit het arme en weinig ontwikkelde Rifgebied, in het noorden van Marokko. Anderen komen uit de zuidelijke Sousstreek. Deze twee groepen spreken een verschillende Berbertaal. De overige Marokkanen in Nederland komen meestal uit de stad en spreken doorgaans Marokkaans-Arabisch. In sommige steden en streken van Nederland bevinden zich bepaalde concentraties van Marokkanen: in Alkmaar wonen veel mensen uit de Sousstreek, in Twente en Amsterdam vindt men bijna uitsluitend Arabisch sprekende Marokkanen en in Utrecht en Rotterdam zijn mensen uit het Rifgebied flink vertegenwoordigd. Omdat Berbertalen in Marokko gesproken talen zijn en weinig waarde hebben voor school- en carrière, hechten veel ouders meer belang aan het leren van Arabisch. Ouders spreken een Berbertaal, maar willen dat hun kinderen standaard Arabisch leren, omdat het een geschreven taal is en meer prestige heeft dan Berbertalen.

Kinderen die in Nederland geboren en getogen zijn, beheersen het Berbers vaak minder goed dan het Nederlands. Sommige kinderen leren in de eerste jaren van hun leven wel een Berbertaal, maar de verwerving is onvolledig. Vanaf groep 1 is er sprake van dominantie van het Nederlands in vaardigheid en gebruik, ook thuis met broers en zussen en soms ook met de ouders. Naast de moedertaal Berbers en het Nederlands, leren de kinderen in de moskee standaard-Arabisch. De Koran is immers in standaard-Arabisch geschreven.

2.5 Surinamers

De grootste groep Surinamers kwam in 1975 naar Nederland in de periode rond de Surinaamse onafhankelijkheidsverklaring. De Surinamers zijn, na de Turken, de grootse groep anderstalige allochtonen in Nederland. Nederland telde in 2007 zo'n 333.000 Surinamers.

De taalsituatie in Suriname zelf is complex omdat de bevolking van Suriname veel verschillende etnische achtergronden heeft. De eerste inwoners van Suriname waren indianen en van oudsher worden er in Suriname verschillende indiaanse talen gesproken; verder zijn er creolen, hindoestanen, Javanen en Chinezen. Vanaf de zeventiende eeuw kwamen achtereenvolgens de Engelsen, de Portugezen en de Nederlanders naar Suriname, elk met hun eigen taal en cultuur. Ze brachten de Afrikaanse slaven mee, die ook hun eigen talen en culturen hadden. Vanaf de tweede helft van de negentiende eeuw kwamen daar de talen van Aziatische contractarbeiders bij (bijvoorbeeld het Hindi en het Javaans). In de loop van de tijd zijn het Sranan (ook wel genaamd Sranantongo), het Surinaams Nederlands en het Sarnami ontstaan.

Het Sranantongo is de meest gebezigde taal in Suriname en is een *creooltaal*, gegroeid uit een *pidgin*. Zij is voornamelijk uit het Portugees, het Engels en een aantal Afrikaanse talen ontstaan.

Sarnami is de in Suriname ontstane omgangstaal van het hindoestaanse bevolkingsdeel, gegroeid uit verschillende Hindidialecten.

Het Surinaamse Nederlands is een aparte variant van het Nederlands, die beinvloed is door het Sranan en de andere talen in Suriname. Het heeft dus eigen taalkenmerken en woorden die anders zijn dan die in het standaard-Nederlands.

Omdat de meeste Surinamers die naar Nederland emigreren het Nederlands daarvóór al beheersten, spreken ze dat thuis veelal, al dan niet naast een andere Surinaamse taal. Een groot deel van de Surinaamse kinderen dat in Nederland opgroeit, spreekt alleen Nederlands. De ouders besluiten vaak om hun kinderen eentalig Nederlands op te voeden, omdat een goede beheersing van het Nederlands de beste vooruitzichten biedt. Veel van hen probeert later, spelenderwijs of door taalles te organiseren, de eigen taal aan hun kinderen te leren.

2.6 Antillianen en Arubanen

De emigratie van grote groepen Antillianen begon in de jaren zestig. De Nederlandse Antillen, met name Curaçao, en Aruba kampten met een verslechterende olie-industrie die een grote werkloosheid veroorzaakte. In Nederland wonen ruim 130 duizend Antillianen en Arubanen. Dertig procent van de Antillianen en Arubanen heeft zich in relatief grote concentraties in de drie grote steden Amsterdam, Rotterdam en Den Haag gevestigd. Ook zijn er in de steden Groningen, Tilburg, Utrecht, Lelystad, Nijmegen, Eindhoven en Breda aanmerkelijk concentraties van Antillianen en Arubanen.

In het gehele Caribische gebied komen creooltalen voor. Er zijn twee taalgemeenschappen: op de drie Bovenwindse Eilanden Sint Maarten, Saba en Sint Eustatius wordt overwegend een Engelse creooltaal gesproken, terwijl op de drie Benedenwindse Eilanden Aruba, Bonaire en Curaçao (de ABC-eilanden) Papiamento wordt gesproken. Papiamento, wat letterlijk 'gepraat' betekent, is de enige Portugees-Spaanse creooltaal in het Caribisch gebied. Het Papiamento wordt, in tegenstelling tot vele andere creooltalen, bijzonder hoog gewaardeerd door de gebruikers ervan. Dit dankzij een groeiend bewustzijn van de waarde van eigen taal en cultuur, die het gevolg was van een steeds grotere politieke en culturele zelfstandigheid sinds de jaren zestig. Het is de moedertaal van bijna 90 procent van de bevolking van de ABC-eilanden en het is de dagelijkse omgangstaal in alle sociaaleconomische klassen. Sinds 6 maart 2007 is het Papiamento een officiële taal op de Nederlandse Antillen, naast het Nederlands en het Engels. Op Aruba heeft de taal al sinds 2004 de status van officiële taal naast het Nederlands, hoewel ook daar bij de overheid het Nederlands nog de meest gebezigde taal is.

Het Nederlands is er al eeuwen de officiële taal, een gevolg van de koloniale verhouding tussen de landen. Het is de taal waarin de wetten zijn opgesteld, waarin de officiële rechtspraak wordt gedaan en de taal die als instructietaal op scholen wordt gebruikt. Het is er echter altijd een *vreemde taal* gebleven en heeft op geen van de zes eilanden ooit als *volkstaal* gefungeerd.

Een groot deel van de Antillianen die in Nederland wonen, spreekt onderling Papiamento. Omdat ze meestal het Nederlands ook vloeiend beheersen, spreken ze ook dat vaak met hun kinderen. Die kinderen groeien vanaf de geboorte tweetalig op. Wel is het Nederlands bij de meesten van deze kinderen de dominante taal.

2.7 Samenvatting

Meertaligheid is geen nieuw verschijnsel in Nederland. In Nederland wordt naast het AN een aantal Nederlandse dialecten gesproken. Er bestaan zelfs ook andere erkende talen in Nederland: het Fries, het Limburgs en het Nedersaksisch. Vanaf het begin van de twintigste eeuw begonnen steeds meer emigranten zich in Nederland te vestigen. Tegenwoordig maken, naast de autochtone bevolking, gastarbeiders, immigranten uit de voormalige koloniën, vluchtelingen en ingezetenen van lidstaten van de Europese Unie deel uit van de Nederlandse samenleving.

Voor een goede dienstverlening aan mensen uit verschillende etnische groepen, moeten hulpverleners zich bewust zijn van de invloed die de status van de verschillende talen heeft op de houding van hun cliënten. Een creooltaal, ontstaan uit een pidgin, functioneert als volkstaal, maar is vaak niet de officiële taal van een land. Creooltalen, niet-officiële talen en dialecten hebben vaak een lage status, terwijl officiële talen een hoge status hebben. Een officiële taal is de taal waarin de wetten zijn opgesteld, waarin de officiële rechtspraak wordt gedaan en de taal die als instructietaal op scholen wordt gebruikt. Voor veel mensen blijft de officiële taal van het land waar ze wonen altijd een vreemde taal.

2.8 Opdrachten

1. Ga naar de website http://www.meertens.nl/projecten/sprekende_kaart/. Op deze kaart vind je geluidsfragmenten van meer dan honderd plaatsen in Nederland, die door onderzoekers van het instituut in de jaren vijftig, zestig en zeventig zijn verzameld. De geluidsbestanden duren tussen een en vijf minuten.
   - a Klik op drie verschillende ver van elkaar liggende plaatsen in Nederland om de dialecten te horen.
   - b Probeer de dialoog tussen de twee mensen uit Brummen (2:32 minuten) orthografisch te transcriberen. Ga bij jezelf na of je die mensen beoordeelt op hun taalgebruik. Hoe komt dat oordeel tot stand? Hoe zou je denken over een leerkracht die met dat accent praat?
2. Is het Surinaamse Nederlands te beschouwen als een taal of als een dialect? Motiveer je antwoord. Wat voor status heeft het Surinaamse Nederlands in Suriname? En in Nederland?

Noot

1 De schattingen van het aantal bewoners van iedere etnische groep in Nederland zijn afkomstig van het Centraal Bureau voor de Statistiek per 1 januari 2007, van de Global Refugee Trends, UNHCR, juni 2005, het dossier *Vluchtelingen in getallen* van de organisatie VluchtingenWerk Nederland en de website www.taal.phileon.nl. De betrouwbaarheid van deze cijfers varieert tussen de groepen. Zij moeten daarom worden beschouwd als een aanduiding van orde van grootte en niet als een accuraat gegeven. Ook spreekt niet iedereen die bij deze groepen hoort een andere taal dan het Nederlands. Als gevolg van het ontbreken van accuratere gegevens, wordt deze indeling gebruikt om een schatting te maken van het aantal mensen dat een andere taal dan het Nederlands spreekt.

3
Verschillende culturen
Opvattingen en verwachtingen

Weer allochtone ouders...
Ik vind het zo moeilijk om met deze mensen
te communiceren en
samen te werken!

3.1 Gezondheid, gezondheidszorg en onderwijs

De oorspronkelijke samenleving van de immigranten kent soms andere waarden en er kunnen andere opvattingen heersen over gezondheid. De mensen hebben vaak andere verwachtingen van de gezondheidszorg dan de mensen in Nederland. Aanpassing aan de nieuwe realiteit is moeilijk. Voor een groot deel van de immigranten is kennis over het Nederlandse het systeem van de gezondheidszorg niet goed toegankelijk, omdat ze bijvoorbeeld geen of een lage opleiding hebben. Het gevolg is dat Nederlandse hulpverleners in hun werk mensen tegenkomen die:

- niet altijd begrijpen wat de hulpverleners hen vertellen;
- een passieve en onderdanige houding kunnen hebben ten opzichte van wat door de hulpverlener wordt gedaan en tegen hen wordt gezegd;
- te laat of niet verschijnen op een afspraak;
- een probleem niet onderkennen of als minder, dan wel juist als ernstiger beschouwen dan de Nederlandse hulpverlener.

In de volgende paragrafen komen dergelijke situaties uitgebreid aan de orde, aangevuld met mogelijke verklaringen voor de bovengenoemde houding en reacties. Er wordt zowel gekeken vanuit het perspectief van de hulpverlener (paragraaf 3.2) als vanuit dat van de cliënt (paragraaf 3.3). In paragraaf 3.4 komen mogelijke oplossingen voor communicatieproblemen aan de orde.

3.2 Houding van de hulpverlener

Voor een goede diagnose en behandeling van het (taal)probleem zijn duidelijke communicatie en medewerking van de cliënt of diens ouders een eerste vereiste. Die communicatie tussen cliënt en hulpverlener verloopt niet altijd naar tevredenheid. Hierdoor zien hulpverleners er vaak tegen op om met meertaligen te werken. Hulpverleners zouden zich de volgende vragen moeten stellen:

- Wat is de oorzaak van de communicatieproblemen?
- Wat kan gedaan worden om de communicatie te verbeteren?

Laten we beginnen te onderzoeken bij welke situaties er communicatieproblemen ontstaan of kunnen ontstaan, en wat daarvan de achtergrond kan zijn.

De cliënt stelt geen vragen, knikt braaf 'ja' en heeft een onderdanige houding.

De volgende dialoog tussen een geïrriteerde logopedist en een nog meer geïrriteerde audioloog illustreert dit communicatieprobleem.

Logopedist: 'Deze mensen stellen nóóit vragen en daarnaast beantwoorden zij op álles wat hun wordt gevraagd met "ja". Het interesseert ze niet wat ik zeg of doe!'
Audioloog: 'En ook op de vraag of ze de uitleg hebben begrepen, zeggen ze vaak "Ja, mevrouw", terwijl ze het niet hebben begrepen!'

De oorzaak van de houding van de cliënt zou voor een deel gezocht kunnen worden in de maatschappij waar hij of zij vandaan komt. Niet overal wordt zelfstandigheid en mondigheid op prijs gesteld. In veel landen met een sterke sociale hiërarchie wordt men geacht te gehoorzamen en niet kritisch te zijn ten opzichte van iemand die meer kennis heeft. Men accepteert wat de deskundige zegt en doet en handelt daarnaar, zonder vragen te stellen. Ook zeggen cliënten vaak niets, uit angst te laten merken dat ze bepaalde dingen niet begrijpen. Wat betreft de behandeling voelen ze zich betrokken, maar niet verantwoordelijk. Ze denken dat de verantwoordelijkheid bij de deskundige ligt. Die zal immers zorgen dat het weer goed komt met hun welzijn of dat van hun kinderen. Hierdoor ontstaat bij de hulpverlener de indruk van een passieve en onverschillige houding. Dit is echter zelden het geval.

Een gebrek aan kennis van het Nederlandse gezondheidszorgsysteem kan ook de oorzaak zijn van een dergelijke houding. Dat gebrek aan kennis, gekoppeld aan de volkomen andere ervaringen in het eigen land, maakt dat sommige mensen zich extreem geïntimideerd voelen in de aanwezigheid van een (para)medische deskundige. Hulpverleners maken het leken er ook niet gemakkelijker op met hun vakjargon. Een goed voorbeeld is het begrip 'taalstoornis'. Dat begrip is vele allochtone ouders (en trouwens ook autochtone) totaal onbekend. Op de opmerking van de logopedist 'Uw kind heeft een taalstoornis' zal een Nederlander waarschijnlijk vragen 'Wat is een taalstoornis?' Maar een immigrant die nog niet zo lang in Nederland woont en weinig opleiding heeft, zal waarschijnlijk zwijgen.

'Vaak zeggen ze dat alles goed gaat, terwijl dat niet zo is. Ze zien het probleem gewoon niet!'

Deze opmerking werd gemaakt door een logopedist na afloop van een anamnesegesprek met een Pakistaanse moeder die met haar zoon van vijf jaar naar het Audiologisch Centrum kwam. Tijdens het gesprek zegt de moeder dat met het kind alles goed gaat. De logopedist vraagt door en de moeder geeft toe dat het kind nauwelijks iets zegt, zelfs niet in het Punjabi, zijn moedertaal. Het gesprek verliep als volgt:

Logopedist: *'Hoe gaat het met Aziz op school?'*

Moeder: *'Goed.'*

Logopedist: *'Heeft u onlangs nog met zijn leerkracht gesproken?'*

Moeder: *'Ja.'*

Logopedist: *'En wat zei zij?'*

Moeder: *'Alles gaat goed.'*

Logopedist: *'En hoe is de taalontwikkeling van Aziz?'*

Moeder: *'Goed.'*

Logopedist: *'Maar hij krijgt logopedie. Waarom?'*

Moeder: *'Ik weet het niet. De leerkracht heeft hem naar de logopedist gestuurd.'*

Logopedist: *'Wat vindt de logopedist van zijn taalontwikkeling?'*

Moeder: *'Het is goed.'*

Logopedist: *'Kan hij al goed praten in het Punjabi?'*

Moeder: *'Niet zo goed. Hij maakt heel korte zinnen en begrijpt niet wat we tegen hem zeggen. Maar hij zal het leren.'*

Het komt vaak voor dat een Nederlandse leerkracht of logopedist iets als een probleem ziet, bijvoorbeeld een beperkte woordenschat en een slechte zinsbouw, terwijl de ouders dat niet als een probleem ervaren. Dit kan verklaard worden door het feit dat in sommige maatschappijen taal een minder belangrijke rol speelt dan in Nederland. Men is daardoor toleranter ten aanzien van afwijkingen van de norm. Andere factoren die herkenning of acceptatie van een taalprobleem beïnvloeden, zijn het opleidingsniveau van de ouders en hun eigen beheersing van het Nederlands. Deze ouders hebben soms een beperkt inzicht in hoe hun kind het Nederlands beheerst en in de rol van taal in de schoolcarrière van hun kind. Een belangrijke reden om te zeggen dat alles goed gaat, terwijl dat niet zo is, is dat het gesprek wordt gevoerd in aanwezigheid van het kind. Veel ouders vinden het niet verstandig de problemen van hun kind in diens aanwezigheid te bespreken. Ouders willen hun kinderen beschermen en vinden dat hij of zij niet alles hoeft te weten over zijn/haar 'afwijkingen'. Veel ouders zijn niet assertief genoeg om dat tegen de hulpverlener te zeggen.

'Ze verschijnen niet op de afspraken.'

De volgende dialoog vond plaats tussen twee logopedisten in een privépraktijk:

Logopedist 1: *'Deze cliënt is wéér niet komen opdagen voor de afspraak. Het is al de derde keer dat hij niet verschijnt. En zonder bericht te geven!'*

Logopedist 2: *'Nu is het afgelopen! Stuur hem de rekening. Hij moet maar leren dat hij een afspraak niet zomaar kan overslaan!'*

De verontwaardiging en ergernis van deze twee logopedisten zijn begrijpelijk. Om tot een oplossing te komen is het echter wel nodig dat we weten waarom dit gedrag helaas vaak voorkomt (het komt overigens ook voor bij autochtonen). Om te beginnen hebben veel mensen niet de gewoonte om afspraken te maken en die te noteren in zoiets als een agenda. In sommige landen ga je naar de dokter en wacht je tot hij tijd heeft. Omdat het niet ongebruikelijk is dat dat heel lang kan duren, komen ze 'wat laat'. De dokter zal hen immers toch een uur of meer laten wachten, en dan maakt het niet uit hoe laat je voor een afspraak komt. Mensen die deze houding hebben en niet begrijpen wat de consequenties zijn van het niet verschijnen zonder bericht te geven, zullen makkelijk een afspraak overslaan als het hun niet uitkomt. Nog een mogelijke verklaring is dat een afspraak voor een logopedisch onderzoek of een logopedische behandeling in de ogen van veel ouders geen haast heeft. Hun kind is immers niet ziek. Als het onderzoek of de behandeling volgende week plaatsvindt, is het ook goed. Vaak worden deze kinderen niet door hun ouders aangemeld maar door de school of andere instellingen. De ouders hebben niet altijd gekozen voor zo'n onderzoek en/of behandeling. Ze weten vaak niet precies waarom en waarvoor hun kind werd doorverwezen. Soms hebben ze wel in de gaten dat er iets mis is met de (taal)ontwikkeling van het kind en zijn ze bang dat het kind naar het speciaal onderwijs wordt verwezen. Veel ouders komen uit landen waar speciaal onderwijs vaak alleen bedoeld is voor kinderen met een 'ernstiger' handicap. Blindheid, doofheid, een laag cognitief niveau of psychiatrische problemen zijn ernstig; taalachterstanden niet. Veel ouders hebben van dit soort scholen een zeer negatief beeld. Voor hen is het verwijzen van hun kind naar zo'n school vaak moeilijk te accepteren, zeker omdat hun kind in hun ogen geen of slechts een gering spraak- of taalprobleem heeft. Ze kennen het Nederlandse onderwijssysteem onvoldoende en beschouwen het als een schande wanneer hun kind in het speciaal onderwijs wordt geplaatst. Het gevolg is dat ze zich tegen het onderzoek verzetten door niet te verschijnen op de afspraken.

3.3 Houding van de cliënt

Het woord taal heeft voor veel mensen een positieve lading, terwijl het woord dialect voor de meeste mensen een negatieve lading heeft. In een maatschappij waar verschillende talen worden gesproken, hebben die talen vaak een verschillende status. In sommige landen noemt de overheid om politieke reden bepaalde talen een dialect. In veel landen is de taal van de (ex-)kolonisator de officiële taal. Die taal heeft nog steeds een hogere status dan de inheemse talen. Deze complexe situatie heeft invloed op de houding van de bevolking tegenover die talen en dialecten. Veel mensen die naar Nederland komen, hebben een moedertaal die in hun land van herkomst een lage status heeft of een dialect wordt genoemd.

Als een hulpverlener vraagt naar de talen die de cliënt beheerst of die met het kind worden gesproken, heeft de ouder er moeite mee om openlijk en duidelijk te antwoorden. Het voorbeeld hierna illustreert de misverstanden die kunnen ontstaan uit een onschuldige vraag als 'Welke taal spreekt u en welke taal spreekt uw kind?'

Logopedist: *'Hoeveel talen spreekt uw kind?'*
Moeder: *'Twee.'*
Logopedist: *'Welke talen zijn dat?'*
Moeder: *'Nederlands en Portugees.'*

Minuten later hoort de logopedist die toevallig Portugees kent, de moeder iets tegen het kind zeggen in een taal die geen Nederlands en ook geen Portugees is.

Logopedist: *'In welke taal heeft u zojuist met uw kind gesproken?'*
Moeder: *'Lingala.'*
Logopedist: *'Maar u zei net tegen mij dat uw kind alleen Nederlands en Portugees spreekt?'*
Moeder: *'Ja, dat is ook zo. Maar Lingala is een dialect. Lingala is geen taal.'*

(Lingala is een Bantoetaal die vooral in Kongo en Noord-Angola wordt gesproken.)

Het is belangrijk dat de logopedist weet dat deze moeder, net zoals veel ouders uit landen die door Europese landen werden gekoloniseerd, zich wellicht schaamt dat zij een dialect spreekt. Op zijn best ziet zij het gewoon niet als een taal.

De situatie van Turken en Koerden in Nederland is ook van belang voor hulpverleners. Het alleen al noemen van het Koerdisch kan heel gevoelig liggen. Toen ik een keer de vraag 'Spreekt u naast het Turks ook Koerdisch?' aan een Turkse man stelde, kreeg ik dit heel boze antwoord: 'Nee. Koerdisch bestaat niet!' Veel Nederlandse Koerden komen uit Turkije en daar worden de Koerden door de Turkse overheid (nog) niet als aparte etnische groep erkend. De Koerdische taal wordt pas sinds kort (2004) door de Turkse regering als thuistaal erkend. De meeste Koerden zijn weliswaar trots op hun taal, maar mijn ervaring is dat sommigen in een omgeving als die van het Audiologisch Centrum liever niet zeggen dat ze Koerden zijn en Koerdisch spreken. Mogelijk omdat die taal in Turkije een lage status en een politiek gezien negatieve lading heeft. Hoe komt de logopediste er dan achter of een bepaald kind wel of niet in aanraking komt met het Koerdisch? Dat is immers belangrijke informatie om te kunnen bepalen wat de rol van die taal is in het taalverwervingsproces van het kind. Dit blijft een moeilijk onderwerp waarop geen eenduidig antwoord bestaat. Belangrijk is dat de logopedist blijft vragen en duidelijk vertelt waarom deze informatie nodig is om zo de medewerking van de ouders te krijgen.

Om in ieder geval de juiste vragen op een adequate manier te kunnen stellen, moet de logopedist weten welke taal of talen worden gesproken in het land en in de streek waar de cliënt vandaan komt en welke gevoelens daarmee verbonden kunnen zijn. Dit vereist enige voorbereiding voorafgaande aan het onderzoek. Een goede en makkelijke bron van informatie over talen en hun status is Wikipedia op internet.

3.4 Bevorderen van de communicatie

Om communicatieproblemen te voorkomen of de communicatie te herstellen tussen mensen uit verschillende culturen is het niet alleen belangrijk om kennis te hebben van de cultuur van de ander maar ook een juiste houding. Maar wat is een juiste houding?

Het enige goede antwoord op die vraag is beseffen dat iedere etnische groep bepaalde culturele kernmerken heeft, maar ook weten dat binnen iedere groep veel heterogeniteit bestaat. Als we naar onze maatschappij kijken vanuit een meertalig en multicultureel denkkader, dan zien we dat een maatschappij met meertalige mensen met verschillende culturen normaal is. En voor de kinderen is meertaligheid geen ongelukkige realiteit waar ze maar mee moeten leren leven. Een meertalige omgeving is slechts een van de verschillende soorten taalomgevingen die er bestaan, en waarin kinderen opgroeien. Zoals we in de hoofdstukken 4 en 5 zien is het opgroeien met twee of meer talen is in sommige aspecten anders dan het opgroeien met één taal. Het is voor een kind echter niet moeilijker en het veroorzaakt geen taalstoornissen. Ook moet de hulpverlener zich bewust zijn van de eigen culturele kenmerken en van eigen (voor)oordelen ten opzichte van mensen uit andere culturen. Een hulpverlener met deze houding zal iedere cliënt als een uniek individu behandelen, rekening houdend met culturele verschillen die de communicatie met de cliënt bepalen.

De hulpverlener zou tijdens het gesprek kort de volgende drie stappen moeten volgen.

1 Vraag de cliënt wat de verwachtingen ten aanzien van de hulpvraag zijn.
2 Maak duidelijk wat de eigen verwachtingen zijn.
3 Handel pas nadat de verwachtingen van en voor beide partijen duidelijk zijn.

De volgende voorbeelden illustreren enkele veelvoorkomende communicatieproblemen. Door het volgen van de drie stappen worden praktische oplossingen gevonden voor die problemen.

Situatie: de cliënt knikt braaf 'ja' (maar doet 'nee').

Sezer, een zesjarige Turkse jongen, krijgt logopedische behandeling. De logopediste geeft huiswerk mee met schriftelijke instructie, maar merkt dat dat niet wordt gedaan. Ze confronteert de vader hiermee, waarna hij toegeeft niets te hebben gedaan. Vader belooft dat hij Sezer voortaan zal helpen met het huiswerk. Sezer blijft zijn huiswerk echter niet maken. De logopediste die medewerking van de ouders verwachtte, raakt geïrriteerd en dreigt de behandeling stop te zetten. Op zijn beurt wordt de vader van Sezer boos. Hij vindt dat het de taak van de logopediste is om Sezer te helpen, niet die van de ouders. Zij is toch de deskundige! De communicatie tussen logopediste en vader verloopt steeds slechter. De logopedist vindt dat ze hem niet kan vertrouwen omdat hij 'ja' zegt ('Ik zal hem helpen') maar 'nee' doet (hij helpt Sezer niet).

Wat zou de logopedist kunnen doen om haar doel te bereiken, namelijk het bevorderen van Sezers taalontwikkeling? Ten eerste zou ze vader kunnen vragen welke waarde hij hecht aan de behandeling en welke verwachtingen hij ervan heeft. Ook door vader een open vraag te stellen naar de reden van het niet maken van het huiswerk, geeft de logopedist vader de mogelijkheid om dat uit te leggen. Stel dat het antwoord luidt 'Mijn vrouw en ik praten niet goed Nederlands en kunnen niet lezen. Wij begrijpen niet wat u hebt geschreven.' Daarmee is de logopediste op de hoogte van het probleem van deze ouders. Deze informatie had ze trouwens al in een veel eerder stadium van het contact met de ouders moeten hebben ingewonnen (welke taal/talen spreken de ouders zelf en welke taal met het kind?). Ten tweede had ze haar eigen verwachtingen kunnen uitspreken over de behandeling en het beoogde effect daarvan.

Als beide partijen hun verwachtingen bekend hebben gemaakt, kunnen ze samen een oplossing voor het probleem proberen te vinden. Misschien heeft een dergelijk gesprek wel het volgende gelukkige verloop.

Logopedist: *'Ik begrijp nu dat het moeilijk is voor u om Sezer te helpen met zijn huiswerk. Maar het is heel belangrijk dat hij thuis oefent, anders gaat hij niet vooruit.'*
Vader: *'Maar hij oefent toch met u?!'*
Logopedist: *'Ja, maar dat is niet voldoende. Sezer moet meer uren oefenen, een halfuur per week is te weinig.'*
Vader: *'Misschien kan mijn nicht hem helpen. Ze woont vlak bij ons en praat goed Nederlands.'*
Logopedist: *'Dat zou heel fijn zijn. Zou u haar kunnen vragen of ze de volgende keer met Sezer mee kan komen? Dan kan ik haar uitleggen hoe ze kan helpen. U en uw vrouw kunnen hem wel in uw taal helpen, want het is ook belangrijk dat hij zijn moedertaal goed beheerst.'*
Vader: *'Dat is goed. Wat moeten we doen?'*

De logopedist is er na zo'n gesprek achter gekomen dat de ouders Sezer niet kunnen helpen met het leren van het Nederlands. Ze heeft ook begrepen dat vader in de veronderstelling verkeerde dat een halfuur behandeling per week voldoende was. De logopediste kon op haar beurt vader vertellen hoe belangrijk het thuis oefenen is voor Sezer. Doordat vader beter begrijpt wat de consequenties zijn als zijn zoon thuis niet oefent, wil hij een oplossing voor het probleem zoeken. Doordat de logopediste zegt dat de moedertaal ook belangrijk is, wil hij Sezers taalontwikkeling in de moedertaal graag stimuleren.

Situatie: vaak zeggen ze dat alles goed gaat, terwijl dat niet zo is.

De beschrijving van de Pakistaanse moeder (zie paragraaf 3.2) die met haar zoon van vijf jaar naar het Audiologisch Centrum gaat, is een goed voorbeeld van dit probleem. Wat zou de logopediste kunnen doen om sneller de werkelijke situatie boven tafel te krijgen?

De logopediste zou altijd moeten polsen of ouders in de aanwezigheid van hun kind over diens problemen willen praten. Zo krijgt zij informatie over verwachtingen en opvattingen van de ander. Het is goed mogelijk dat ze in dat geval had geweten dat deze moeder het erg vond dat het anamnesegesprek in aanwezigheid van het kind werd gevoerd. Dat zou een voor de hand liggende verklaring kunnen zijn voor het moeizame verloop van het gesprek. Om haar kind te beschermen probeerde moeder zo kort mogelijk te antwoorden en gaf ze geen oprechte antwoorden. De logopediste zou een afspraak moeten maken voor een anamnesegesprek zonder het kind. De kans is dan groter dat deze moeder meer zal vertellen. Ook kan de logopediste vertellen dat haar vragen belangrijk zijn voor een goede diagnose en dat alleen eerlijke antwoorden haar daartoe in staat stellen.

Het zou echter ook kunnen zijn dat moeder informatie achterhield of verkeerde informatie gaf. De logopediste zou in dat geval nog een keer duidelijk moeten proberen te maken waarom die informatie zo belangrijk is. Het gesprek zou als volgt kunnen gaan.

Logopediste: *'Ik probeer erachter te komen of Aziz inderdaad moeite heeft met het leren van taal. Het is daarom heel belangrijk dat ik weet hoe zijn taalontwikkeling in het Punjabi is verlopen. Bijvoorbeeld of hij heeft gebrabbeld, of hij laat is gaan praten en dat soort dingen. Als hij moeite heeft gehad met het leren van zijn moedertaal, zal hij misschien ook moeite hebben met het leren van het Nederlands. Daarom moeten wij samen kijken hoe wij hem het beste kunnen helpen.'*

Door deze uitgebreide maar niet ingewikkelde uitleg, maakt de logopediste duidelijk dat ze het kind wil helpen en dat ze daarbij de hulp van de ouders nodig heeft. Sommige ouders zijn dan bereid meer te vertellen. Bijvoorbeeld:

Moeder: *'Ja, maar de school wil hem naar een andere school sturen. Een school voor domme kinderen. Mijn kind is niet dom. Hij kan alleen niet goed praten, maar dat komt wel goed. Dat weet ik zeker!'*

De logopediste zou op dit moment moeder kunnen informeren over het belang van een goede taalontwikkeling. Ze zou haar ook kunnen informeren over de speciale voorzieningen die in Nederland bestaan voor kinderen met spraak- en taalmoeilijkheden, zoals logopedische therapie en scholen voor kinderen met spraak- en taalstoornissen. Ze zou moeten benadrukken dat deze voorzieningen niet bedoeld zijn voor louter minder intelligente kinderen. Bovendien is in dit stadium nog niet bekend wat de beste hulp voor het kind is. Daarvoor moet eerst het onderzoek plaatsvinden.

Dit kan voldoende zijn om de medewerking van een ouder in dit stadium te krijgen en geeft de ouder de tijd om de informatie van de logopediste te verwerken.

Situatie: ze verschijnen niet of verschijnen te laat voor de afspraken.

De heer Kadir belde een logopedist om een afspraak te maken voor zijn dochter voor wie de school logopedische behandeling had geadviseerd. Het gesprek verliep wat moeizaam omdat hij het Nederlands niet goed beheerst. Het gesprek verliep als volgt.

Dhr. Kadir: *'Ik wil afspraak maken voor mijn dochter.'*
Logopedist: *'Ja, en waarom wilt u een afspraak maken voor uw dochter?'*
Dhr. Kadir: *'School heeft mij gezegd om afspraak te maken.'*
Logopedist: *'Goed, u hebt een afspraak op 10 december om tien over half twee. Ik zie u en uw dochter dan verschijnen. Dag.'*
Dhr. Kadir: *'Goed, bedankt. Dag.'*

De heer Kadir en zijn dochter verschijnen op 10 december om tien over half drie. De logopediste is boos en kan hen niet helpen omdat ze nu een ander kind aan het behandelen is. De heer Kadir begrijpt de boosheid van de logopediste niet. Wat is er hier aan de hand? Het probleem is dat de heer Kadir op een ander tijdstip kwam dan was afgesproken. Tijdsaanduiding in het Nederlands is moeilijk te begrijpen voor mensen die andere talen spreken. Het omgekeerde is ook waar voor Nederlanders. Je zult het voorbeeld herkennen van de Engelse spreker die zegt: *Till tomorrow at half past twelve* en de Nederlander die om 11.30 uur verschijnt.

Wat had de logopediste kunnen doen om dit misverstand te vermijden? Ze had de datum en tijd van de afspraak langzaam en duidelijk moet uitspreken en had de tijd op verschillende manieren kunnen uitdrukken. Bijvoorbeeld: 'Dertien uur veertig' of 'Twintig minuten voor twee'. Daarnaast had ze in het korte telefoongesprek gemerkt dat het ging om iemand die een andere taal spreekt en het Nederlands niet goed beheerst. In dat geval moet er meteen een lampje gaan branden dat de boodschap misschien niet duidelijk zou overkomen. Zeker een boodschap over een tijdstip. Ze had de frustratie kunnen voorkomen door de afspraak nog een keer per post te bevestigen, wat sowieso een goed idee is.

Het is van belang om mogelijk ingewikkelde uitdrukkingen te vermijden. De logopediste had in plaats van 'Ik zie u verschijnen' kunnen zeggen: 'U hebt een afspraak op 10 december om twintig minuten voor twee uur. Tot dan.'

Beperkte beheersing van de Nederlandse taal, gebrek aan assertiviteit van de kant van de cliënt en verschillende verwachtingen over de samenwerking zijn zeker niet de enige redenen dat er communicatieproblemen ontstaan. Deze voorbeelden dekken zeker niet alle problemen die kunnen ontstaan in de communicatie met mensen uit een andere cultuur. Als de hulpverlener echter een open houding heeft, en zich inspant om echt te willen communiceren, kunnen misverstanden in de communicatie met mensen uit andere culturen vaak worden vermeden. Praktische communicatie blijkt dan vaak mogelijk.

3.5 Samenvatting

De communicatie tussen hulpverleners en cliënten uit andere culturen verloopt niet altijd optimaal. Een goede communicatie is een vereiste om een goede diagnose te kunnen stellen en goede resultaten te bereiken met de behandeling. De opvattingen van de cliënt over gezondheid, gezondheidszorg, niveau van formele instructie, ervaringen met hulpverleners in het land van herkomst en kennis over het gezondheidszorgsysteem in Nederland zijn sterk bepalend voor zijn of haar houding. Begrip voor deze verschillen en bewustzijn van de eigen waarden en opvattingen vormen een grote stap in de richting van het vermijden van communicatieproblemen. Ook het besef dat iedere etnische groep bepaalde culturele kernmerken heeft, maar dat ook binnen iedere groep veel heterogeniteit bestaat, is belangrijk. Dit zijn voorwaarden voor het vinden van oplossingen voor eventuele communicatieproblemen.

Ouders van kinderen met taalproblemen hebben meer informatie nodig over het onderwijssysteem en over het speciaal onderwijs. Dat zal bijdragen aan een grotere acceptatie van het probleem en tot betere samenwerking tussen ouders, school, hulpverleners en behandelaars.

3.6 Opdrachten

1 Ook westerse immigranten vertonen soms gedrag dat anders is dan de norm in Nederland. Bijvoorbeeld:
   - a ze verschijnen soms niet of te laat op een afspraak;
   - b ze zeggen dat ze iets begrepen hebben terwijl dat niet zo is;
   - c ze geven verkeerde of niet volledige informatie;
   - d ze stemmen wel in met een advies, maar volgen het niet op.

   Wat zou je doen of juist niet doen als je met cliënten een of meer van deze situaties meemaakt? Bedenk een andere oplossing dan die in dit hoofdstuk voor elke situatie is voorgesteld. Zijn de oplossingen anders dan de oplossingen die je zou vinden voor niet-westerse immigranten? Waarom?

2 Stel je voor dat je een Somalisch kind in behandeling hebt. Het kind komt vaak niet opdagen. Wat voor oplossing zou je bedenken om jouw doel te bereiken om de taalontwikkeling van dit kind te bevorderen? Noteer een denkbeeldig gesprek met deze ouders. Probeer de stappen te volgen die in dit hoofdstuk zijn genoemd.

4
De normale taalontwikkeling
Algemene kenmerken

Gesprekken zoals in het plaatje bij het begin van dit hoofdstuk zijn heel gewoon in meertalige gezinnen. Normaal staat men niet stil bij mogelijke nadelen of voordelen van deze mengelmoes van talen voor het kind. Dit hoofdstuk gaat over gezinnen waarin meertalige kinderen zich normaal ontwikkelen. Om de problemen te begrijpen die ontstaan wanneer de taalontwikkeling van een meertalig kind niet goed verloopt, moet de hulpverlener immers eerst weten hoe de normale meertalige taalontwikkeling verloopt.

4.1 Meertaligheid: wat is dat?

Wanneer noemen we een kind meertalig? Moet een kind in al zijn talen de vloeiendheid van een moedertaalspreker hebben om als meertalig te worden beschouwd?

Veel meertaligen kunnen nooit dezelfde beheersing in al hun talen bereiken die een eentalige moedertaalspreker heeft. De meesten bereiken dit in een van de talen (hun voorkeurstaal of dominante taal), maar niet in de andere. Meertaligheid kan beschouwd worden als een glijdende schaal of een continuüm: meertalige mensen bevinden zich op verschillende punten op deze glijdende schaal. Een minderheid bevindt zich dicht bij het theoretisch ideaal van perfecte, gelijke beheersing van de talen. De meeste mensen bevinden zich ergens in het midden van de schaal, en de overgebleven groep heeft een (heel) beperkte vaardigheid in een of meer van de talen en een goede beheersing van een andere taal.

Meertaligheid is moeilijk met precisie te beschrijven. Er zijn namelijk verschillende vaardigheden bij betrokken als praten, luisteren, lezen en schrijven en ook nog verschillende aspecten van het taalsysteem: de fonologie, de morfosyntaxis, de semantiek en de pragmatiek. Vanwege deze grote complexiteit wordt hier gekozen voor Muysken (2002) definitie, die uitsluitend gebaseerd is op gebruik als criterium: kinderen die in het dagelijkse leven afwisselend meer dan één taal gebruiken, zijn meertalig.

In het dagelijks leven is een precieze definitie van het begrip niet van doorslaggevende betekenis. Voor taaldiagnostiek is het echter wel zeer belangrijk om te weten waar in het continuüm het onderzochte kind zich bevindt in ieder van zijn talen, omdat alleen dan de waargenomen symptomen juist geïnterpreteerd kunnen worden.

4.2 Verschillende groepen meertalige kinderen

Kinderen kunnen op verschillende manieren meertalig worden. Ze kunnen meerdere talen simultaan of sequentieel verwerven. *Simultane taalverwerving*, ofwel *meertalige eerstetaalverwerving*, wil zeggen dat verschillende talen vanaf de geboorte aangeboden worden. *Sequentiële of successieve taalverwerving* vindt plaats als het kind eerst één taal leert, en later een tweede, eventueel een derde of nog meer talen leert. Kinderen uit deze twee groepen laten verschillen en overeenkomsten zien in hun taalontwikkeling.

Bij een sequentieel meertalige ontwikkeling slaan kinderen bij het leren van de tweede of volgende talen de *voortalige* en de *vroegtalige* perioden over. Die perioden zijn kenmerkend voor de normale taalontwikkeling en vinden plaats in de moedertaal of talen. Bijlage 1 geeft een schematische vergelijking van de taalontwikkelingsfases in het Nederlands van eentalige en meertalige kinderen die in Nederland opgroeien. Interessant (en relevant) zou zijn ook een beschrijving te geven van de verwerving van andere talen die kinderen in Nederland leren. Dit gaat echter de omvang en opzet van dit boek te boven. Bij de suggesties van materiaal en literatuur achteraan in het boek staan enkele referenties naar de beschrijving van taalontwikkeling in andere talen.

Er is geen exact moment in de ontwikkeling van een kind dat de simultane van de sequentiële taalverwerving scheidt. Veel onderzoekers houden daarvoor de leeftijd van drie jaar aan, omdat kinderen op die leeftijd al een goede basis van hun eerste taal/talen hebben (Genesee e.a., 2004). Anderen hanteren het begin van de basisschool (bij vier jaar) als tijdstip om de twee vormen van taalverwerving te scheiden (o.a. De Jong e.a., 2007). De Houwer (1998) onderscheidt drie verschillende groepen meertalige kinderen. Zoals ook anderen maakt deze auteur het onderscheid tussen simultane en sequentiële tweedetaalverwerving maar stelt zij geen leeftijdsgrens om de twee van elkaar te onderscheiden. Ze maakt wel een onderscheid tussen vroege en late sequentiële taalverwervers. Kinderen onder de zes jaar, die twee talen sequentieel verwerven, noemt ze vroege tweedetaalverwervers en kinderen die de tweede taal na hun zesde jaar verwerven, noemt ze simpelweg tweedetaalverwervers.

Een deel van de meertalige kinderen in Nederland begint Nederlands te leren vanaf het begin van de basisschool, op vierjarige leeftijd. Deze kinderen zijn dus vroege tweedetaalverwervers. Veel van deze kinderen pikken de tweede taal al enigszins op in de voorschoolse periode in hun contact met oudere broers en zussen, vriendjes en vriendinnetjes, op de peuterspeelzaal en door het kijken naar de Nederlandse televisie.

Sommige kinderen komen naar Nederland als ze al wat ouder zijn. Wanneer deze kinderen in Nederland arriveren, spreken ze een andere taal en moeten ze vaak gericht les krijgen in het Nederlands.

Meertalige kinderen verschillen echter van elkaar, en niet alleen wat betreft het moment waarop de talen worden geïntroduceerd. De omvang van de etnische groep waartoe zij behoren, bepaalt vaak mede de hoeveelheid blootstelling aan de verschillende talen en dus ook het niveau van beheersing dat kinderen in iedere taal bereiken. Kinderen uit grote minderheden hebben meer kans om zowel de minderheidstaal/talen als de meerderheidstaal voldoende te beheersen, dan kinderen van wie een van de talen door slechts een kleine groep mensen wordt gesproken (Genesee e.a., 2004).

Het onderscheid tussen een grote minderheid en een kleine minderheid is dus even relevant als het onderscheid tussen simultane en sequentiële taalverwerving.

Op basis van deze twee tweedelingen, simultane versus sequentiële taalverwerving en kleine minderheidstaal versus grote minderheidstaal, kunnen meertalige kinderen in Nederland grotendeels worden ondergebracht in vier groepen:

1. Kinderen uit een grote minderheidsgroep die hun talen simultaan hebben geleerd, zoals het geval is bij veel Friezen en Surinamers.
2. Kinderen uit een grote minderheidsgroep die hun talen sequentieel hebben geleerd. Veel Turken en Chinezen zijn hiervan een voorbeeld.
3. Kinderen uit een kleine minderheidsgroep die hun talen simultaan hebben geleerd, zoals kinderen uit gemengde huwelijken/relaties.
4. Kinderen uit een kleine minderheidsgroep die hun talen sequentieel hebben geleerd. Zuid-Amerikanen of Vietnamezen zijn hiervan een voorbeeld.

Een minderheidstaal is een relatief begrip. Er zijn kleine minderheden en er zijn grote minderheden. Die situatie kan per regio of stad variëren. In Den Haag bijvoorbeeld is de Turkstalige gemeenschap groter dan de Arabischtalige gemeenschap, terwijl in een stad als Leeuwarden de Arabisch sprekende gemeenschap groter is dan de Turkstalige. In Den Haag zijn de mogelijkheden voor Turkse kinderen om Turks in een uiteenlopende context te horen en gebruiken, zoals in winkels, restaurants en sociale gelegenheden, veel groter dan voor Arabisch sprekende kinderen. Het omgekeerde vindt plaats in Leeuwarden.

In werkelijkheid is de situatie vaak genuanceerder. Er zijn families die in een stad wonen waar niet zo veel sprekers van de eigen taal wonen, maar die onderling een hechte band hebben. Ze hebben vaak intensief contact met elkaar. Op deze manier worden de kinderen sterk aan de moedertaal blootgesteld door al het contact met opa's, oma's, ooms, tantes, nichtjes en neefjes.

Binnen iedere subgroep is veel variatie. Toch hebben kinderen in deze subgroepen kenmerken met elkaar gemeen. In de volgende paragraaf worden vier verschijnselen besproken die typerend zijn voor de normale meertalige ontwikkeling, ongeacht of de kinderen hun talen nu simultaan of sequentieel verwerven. Deze verschijnselen worden wel beïnvloed door de grootte van de groep en door de sociale status van de talen.

4.3 Sociolinguïstische aspecten

Het is voor minderheidsgroepen vaak moeilijk om de eigen taal te blijven gebruiken als het aantal gebruikers ervan in Nederland gering is. De betreffende taal wordt in een steeds geringer aantal situaties gebruikt. Er treedt dan *taalverschuiving* op in de richting van de meerderheidstaal. In veel huizen van immigrantengezinnen wordt het Nederlands gebruikt als communicatiemiddel tussen de kinderen.

4.3.1 Taaldominantie en taalverlies

Bij deze kinderen treedt langzaam aan verschuiving op in *taaldominantie*. Zij gaan een van de talen steeds beter beheersen. Meestal is dat het Nederlands, de taal die ze op de peuterspeelzaal of school, en met hun vriendjes op het speelplein gebruiken. Dat gebeurt geleidelijk naarmate de kinderen meer contact met de buitenwereld krijgen. Tegelijkertijd kan er *taalverlies* optreden. Dat wil zeggen dat de beheersing van de moedertaal afneemt, terwijl de tweede taal de dominante taal wordt. De volgende voorbeelden van Mauro, Sake en Sezer illustreren dit veelvoorkomende verschijnsel in meertalige gezinnen.

Casus Mauro

Mauro is een tweetalig kind dat beide talen simultaan aangeboden kreeg. Vader spreekt Nederlands met hem en moeder Portugees. Omdat moeder de meeste tijd met hem doorbracht, was aanvankelijk het Portugees zijn dominante taal. Vanaf het moment dat Mauro naar de peuterspeelzaal ging, begon hij steeds meer Nederlands te praten. Vanaf vijf jaar was zijn dominante taal het Nederlands en niet meer het Portugees. Doordat hij het Portugees steeds minder gebruikte, begon Mauro zijn vaardigheid in die taal te verliezen. Als moeder nu in het Portugees met hem praat, geeft hij antwoord in het Nederlands.

Casus Sake

Sake is ook tweetalig. In het gezin wordt Fries gesproken. Hij wordt voornamelijk aan het Nederlands blootgesteld door Nederlands sprekende familieleden, kennissen die op bezoek komen en de televisie. Toen Sake >>

tweeënhalf jaar was, ging hij naar de peuterspeelzaal. Hij bleef Fries praten met zijn ouders, broers, andere familieleden en kennissen. Met vijf jaar was zijn beheersing van beide talen min of meer in evenwicht. Bij Sake is er geen sprake van taalverlies. Er is wel sprake van taaldominantie, want hij praat liever in het Nederlands. Desondanks spreekt hij vloeiend Fries en geeft hij zijn ouders in het Fries antwoord als ze iets vragen of opmerken.

Casus Sezer

Sezer is een Turks kind dat tot het vier jaar was bijna alleen maar Turks had gehoord. Het structurele contact met het Nederlands begon pas toen hij naar school ging. Gedurende het eerste jaar op school zei hij bijna niets en begreep hij weinig. Kort daarna begon hij korte zinnen te maken in het Nederlands. In die periode was zijn actieve en passieve kennis van Nederlandse woorden en schoolconcepten heel beperkt. Geleidelijk begon de taaldominantie op het productieve niveau naar het Nederlands te schuiven. Hij praatte steeds meer in het Nederlands en ook thuis begon hij in het Nederlands tegen zijn broers en zusje te praten. Als het over eten of familiezaken gaat, praat Sezer nog steeds liever in zijn moedertaal, maar als hij vertelt over dingen die hij op school heeft geleerd, praat hij in het Nederlands. Hij maakt echter onvolledige en slecht geformuleerde zinnen. Sezer blijft wel Turks praten met zijn ouders en met oma die bij het gezin woont. Op het passieve niveau blijft het Turks zijn dominante taal. In die taal begrijpt hij bijna alles wat in het dagelijkse contact met Turks sprekende mensen wordt gezegd, terwijl dat niet het geval is in het Nederlands.

Deze voorbeelden laten zien dat taaldominantie per onderwerp en per taalaspect kan verschillen. Ook laten de voorbeelden zien dat taaldominantie niet altijd betekent dat het kind perfect spreekt in de dominante taal.

De verschillen tussen deze drie kinderen komen niet voort uit een verschillend vermogen om meer dan één taal te leren, maar aan de verschillen in de omstandigheden waarin ze opgroeien. Mauro behoort tot een kleine minderheidsgroep en Sake en Sezer behoren tot grote minderheidsgroepen. De mogelijkheden die ze hebben om in Nederland hun beide talen te gebruiken en te oefenen verschillen beduidend.

Kennis van deze verschijnselen is essentieel voor spraak-taal-diagnostiek. De taalontwikkeling van deze drie kinderen kan niet onderling worden vergeleken zonder hiermee rekening te houden.

4.3.2 Additieve en subtractieve meertaligheid

Additieve en *subtractieve meertaligheid* zijn twee andere belangrijke fenomenen in de normale ontwikkeling van meertalige kinderen. Zij hebben een nauwe relatie met de status die talen hebben. Wanneer de betreffende thuistalen een hoge status hebben, zoals de officiële West-Europese talen, bijvoorbeeld het Engels of het Frans, wordt het leren van die thuistaal, naast het leren van de officiële taal van de omgeving, als positief gezien door de brede omgeving. Het zijn zelfs belangrijke vakken op school. De kans op een goede ontwikkeling van alle betrokken talen is hier groot. Men praat dan over additieve meertaligheid omdat de ontwikkeling van alle talen gestimuleerd wordt. Kinderen die bevoorrecht zijn met deze vorm van meertaligheid, worden wel in de Engelse literatuur de *prestigious bilinguals* (vrije vertaling van de auteur: *elite meertaligen)* genoemd. Vaak zijn het kinderen van intellectuele ouders die de financiële middelen hebben om voor een voldoende en rijk aanbod van alle talen te zorgen.

Subtractieve meertaligheid is het tegenovergestelde. De omgeving ontmoedigt het handhaven van de thuistaal, bijvoorbeeld omdat die een lage status heeft. Dit is vaak het geval bij niet-West-Europese minderheidstalen. Ze worden vaak beschouwd als minder waardevol. Dit heeft vaak te maken met het gegeven dat de sprekers minder of geen sociaaleconomische macht bezitten, hier of in het land van herkomst. Immigranten zijn vaak arme mensen, afkomstig uit niet-westerse landen, die een beter leven zoeken in een rijk, westers land als Nederland. Het gebruik van hun taal wordt door de overheid niet gestimuleerd, waarschijnlijk omdat die talen worden beschouwd als niet belangrijk voor het functioneren in de Nederlandse samenleving of in West-Europa. Een andere reden voor het niet stimuleren van het leren van de eigen taal zou kunnen zijn dat men denkt dat dit de integratie in Nederland belemmert. De consequentie van deze, vaak politieke, stellingname is dat de brede omgeving, zoals de peuterspeelzaal en de school, het leren van deze talen ontmoedigt. Als echter die thuistaal niet voldoende wordt gestimuleerd, lijdt daar maar al te vaak ook de andere taal onder, lees het Nederlands. Dit is een gevolg van het feit dat veel ouders het Nederlands niet voldoende beheersen om de taalontwikkeling van hun kind in deze taal te stimuleren. Ze stimuleren dus geen van beide talen: de eigen taal stimuleren ze niet omdat het 'niet mag' en het Nederlands stimuleren ze niet omdat ze het niet kunnen.

Subtractieve meertaligheid kan een enorm negatieve impact hebben op het leven van het kind. Een kind dat slachtoffer is van subtractieve meertaligheid wordt belemmerd in zijn communicatie en kan vaak niet goed functioneren op school en in de maatschappij. Dit is helaas de realiteit voor veel meertalige kinderen in Nederland. Ze behoren tot minderheidsgroepen van wie de moedertaal een lage status heeft. Voorbeelden zijn Berbertalen, Koerdisch en Twi. Het volgende voorbeeld van een Tarifit-Berbers sprekend kind illustreert dit.

Casus Anissa

Anissa is negen jaar en zit in groep 5. Zij heeft problemen met praten, lezen en schrijven. Tot de leeftijd van drie jaar kreeg ze thuis alleen Tarifit te horen. Er waren toen geen taalontwikkelingsproblemen. Zij begon haar eerste woordjes te zeggen toen ze één was en met drie jaar kon ze zinnen van drie woorden maken. Toen zij drie jaar was, ging ze voor het eerst naar een peuterspeelzaal. Van de peuterspeelzaal kregen de ouders het advies om Nederlands met Anissa te praten. De ouders hebben weinig scholing en beheersen het Nederlands zeer beperkt, maar hebben desondanks geprobeerd het advies op te volgen. Het gevolg was dat de kwaliteit van de communicatie met hun dochter heel beperkt was, en nog steeds is. Vooral haar moeder kan nu heel slecht met Anissa communiceren, omdat haar Nederlands beperkt is.
Vanaf de leeftijd van vier jaar praat Anissa voornamelijk Nederlands met haar ouders. Zij kan steeds minder in het Tarifit-Berbers zeggen. Haar beheersing van het Nederlands is echter ook heel beperkt. Haar woordenschat is heel klein, ze spreekt niet vloeiend en ze maakt veel morfosyntactische fouten.
Het probleem is dat Anissa op negenjarige leeftijd haar moedertaal niet meer spreekt en haar tweede taal onvoldoende beheerst om op school goed te kunnen functioneren. Zij heeft geen van beide talen goed leren spreken, mogelijk doordat zij geen van de talen voldoende en correct aangeboden heeft gekregen.

Het is van belang om bij de interpretatie van de waarnemingen in de taal van een meertalig kind rekening te houden met het volgende.

- De subgroep waar het kind bij hoort: sequentiële of simultane taalverwerving? Hoort het kind bij een grote of een kleine minderheid? De indeling van kinderen in deze subgroepen maakt vergelijking tussen kinderen mogelijk.
- De vier verschijnselen – taaldominantie en taalverlies en additieve en subtractieve meertaligheid – die hierboven zijn besproken.

Al deze factoren beïnvloeden de taalontwikkeling van meertalige kinderen. Een analyse van de taalproblemen van het kind zonder deze te relateren aan deze factoren, verhoogt het risico fouten te maken in de beoordeling van de taalontwikkeling van het betreffende kind. Neem als voorbeeld het geval van Sezer. Hij had in groep 1 heel lage scores op de Taaltoets Alle Kinderen (Verhoeven & Vermeer,

2001). Het zou echter verkeerd zijn geweest om bij dit kind een taalstoornis te diagnosticeren. Gezien het feit dat hij het Nederlands als tweede taal heeft geleerd (sequentiële taalverwerving) en dat hij uit een grote minderheid komt die het leren van de moedertaal heel belangrijk vindt, was het aannemelijk dat het Turks in die periode zijn dominante taal was. De lage scores op de TAK kunnen hieruit worden verklaard. Bij het beoordelen van zijn taalbeheersing van beide talen later, in groep 2, moesten de testgegevens in het licht van de verschijnselen taalverlies en taaldominantie worden geïnterpreteerd. Zoals gezegd begon de taaldominantie op het productieve niveau naar het Nederlands te schuiven. Dat wil echter niet zeggen dat hij voldoende scores in die taal haalde. Hij maakte toen nog onvolledige en slecht geformuleerde zinnen en begreep niet alles wat in het Nederlands werd gezegd. Dit past binnen het beeld van een normale meertalige ontwikkeling. Taal is niet statisch en de fouten die een kind maakt in de taal, moet men in het licht zien van de fase van ontwikkeling waarin het kind zich bevindt. Sezer haalde twee jaar later, in groep 4, voldoende scores in alle onderdelen van de TAK. Hij kan in beide talen adequaat functioneren. Omdat zijn ouders en de grote Turkse minderheid veel belang hechten aan een goede beheersing van het Turks, is er bij Sezer sprake van additieve meertaligheid, waarbij beide talen voldoende worden gestimuleerd.

4.4 Universele kenmerken van de taalontwikkeling

4.4.1 Fasen in de taalontwikkeling

Kinderen lopen in hun taalontwikkeling verschillende fasen door: een *voortalige periode* (0-1 jaar), een *vroegtalige periode* (1-2;6 jaar) een *differentiatiefase* (2;6-5 jaar) en een *voltooiingsfase* (vanaf 5 jaar). Als een kind verschillende talen simultaan verwerft, verlopen deze fasen in iedere taal eender.

Meertalige kinderen vertonen in grote lijnen dezelfde volgorde van taalverwerving als eentalige kinderen. Het bewijs daarvoor is geleverd door verschillende onderzoeken zoals dat van Dulay en Burt (1973, 1974), Meisel (1989, 1994) en van Paradis en Genesee (1996, 1997). Ook studies van de ontwikkeling van het Nederlands en van het Turks bij Turkse meertalige kinderen (Extra, 1978; Van der Heijden & Verhoeven, 1994; Blom & Polišenská, 2005; Van der Heijden, 1998), hebben dit gegeven bevestigd.

Deze studies ondersteunen de opvatting dat er een universele volgorde bestaat in taalverwerving. Dat wil zeggen dat het mogelijk is om van de verwerving van morfologische mechanismen een ruwe taal-universele periodisering op te stellen.

Deze overeenkomst in de fasen die kinderen doorlopen in hun ontwikkeling van de morfologie, geldt ook voor talen met verschillende typologieën. In de beschrijving van Aksu-Koç en Slobin (1985) van de verwerving van het Turks, een *agglutinerende taal*, wordt duidelijk dat de volgorde van verschijning van plaatsbepalingen, voegwoorden, tijd, aspect en modaliteit vergelijkbaar is met die in Indo-Europese talen. De meeste Indo-Europese talen zijn *inflectionele talen*.

Ook wat betreft de fonologische ontwikkeling tonen studies van eentalige kinderen aan dat er universele tendensen bestaan (o.a. Ingram, 1981; Locke, 1983). Voorste klanken (bilabialen bijvoorbeeld) worden meestal eerder verworven dan achterste klanken (velaren, bijvoorbeeld), en plosieven worden eerder verworven dan liquidae. Deze universele tendensen in de volgorde van verwerving van fonemen en in de foutpatronen, worden echter onderdrukt door de specifieke beperkingen van de omgevingstaal.

Onderzoekers hebben aangetoond dat de fonologische structuur van de moedertaal bepaalt in welke volgorde eentalige kinderen klanken verwerven (Pye, Ingram & List, 1987; Vihman, 1996). Zo worden plosieven, glides en nasalen in veel talen vroeg verworven. Kinderen die Quiche (een taal uit Guatemala) leren, gebruiken echter zowel /l/ als /ʧ/ als twee van hun vroegste en meer frequente medeklinkers. Ook laten eentalige kinderen verschillende substitutiepatronen zien in hun moedertaal. Zo zijn de vervangingen voor de klank /r/ (een van de moeilijkste klanken om te verwerven) verschillend in het Engels, in het Bulgaars en in het Italiaans. In het Engels gebruikten kinderen [w] voor /r/ en in het Bulgaars en Italiaans gebruikten de kinderen de [l] in plaats van de /r/ (Gheorghov, 1905; Leornard & Bortolini, 1991). De reden voor deze verschillen berust in de fonetische karakteristieken van de desbetreffende taal. Kinderen schijnen de klanken te zoeken die binnen de moedertaal opvallen of veel voorkomen en een aantal kenmerken delen met de doelklank.

In het algemeen kan dus gezegd worden dat de vroege taalontwikkeling universele tendensen heeft, maar dat iedere taal specifieke kenmerken heeft die zorgen voor enig verschil. En hoe zit het dan bij meertalige kinderen? Wat zijn de verschillen tussen meertalige en eentalige kinderen? Dat zijn er niet veel en ze worden voornamelijk veroorzaakt door *cross-linguïstische invloed*. Daarop komen we later terug, maar eerst komt een beschrijving van enkele cognitieve processen die universeel zijn, en dus zowel in de taal van eentalige als van meertalige kinderen voorkomen.

4.4.2 Overgeneralisatie

Overgeneralisatie – ook *overregularisatie* genoemd – betekent dat het kind blijk geeft van een duidelijke voorkeur voor de meer regelmatige vormen die de taal aanbiedt.

De volgende voorbeelden illustreren dit cognitieve proces.

Voorbeeld 1

1 'Ik kom-de gisteren.'

2 'Ik kwam-de gisteren.'

'Ik kwam gisteren.'

Dit voorbeeld zal de lezer bekend voorkomen. Het illustreert overregularisatie van een werkwoordvervoeging. Aanvankelijk vervoegt het kind sterke werkwoorden correct: 'Ik kwam'. De zwakke werkwoorden ontbreken nog. Vervolgens verschijnen de zwakke werkwoorden. Het kind past de regel voor de vorming van de verleden tijd eveneens toe op de sterke werkwoorden, waarbij geen vocaalwisseling optreedt. Er is sprake van overregularisatie: 'Ik komde'. In het volgende stadium is eveneens sprake van overregularisatie van zwak naar sterk, maar het kind gebruikt af en toe al wel de correctie vocaalwisseling bij de sterke werkwoorden: 'Ik kwamde'. Het is pas later dat de correcte vormen van de verleden tijd van de sterke werkwoorden worden gerealiseerd. Al deze fouten passen binnen de normale taalontwikkeling.

Meertalige kinderen die beide talen simultaan verwerven, maken zo'n fout ook in deze fase, ongeveer op dezelfde leeftijd als eentalige kinderen. Bij kinderen die de talen sequentieel verwerven, is het niet mogelijk te zeggen op welke leeftijd ze deze soort fouten in de tweede taal maken, omdat ze met het leren van die taal op elke mogelijke leeftijd kunnen beginnen. Een kind dat Nederlands begon te leren toen het vijf was, zou met acht jaar nog steeds vergelijkbare overgeneralisatiefouten in het Nederlands kunnen maken, maar minder vaak in zijn moedertaal.

Niet alleen werkwoorden lenen zich voor overgeneralisatiefouten. Het volgende voorbeeld illustreert hetzelfde verschijnsel binnen het meervoudssysteem.

Voorbeeld 2

'Ik heb twee bezemen [bezems]'

Dit kind kiest uit de twee vormen voor het meervoud die het Nederlands kent, de meest voorkomende. Hij past die echter toe op een woord dat volgens de minder voorkomende meervoudsvorm wordt verbogen.

4.4.3 Overextensie

Kinderen gebruiken soms woorden in een veel ruimere betekenis dan in de volwassen taal gebruikelijk is. In zulke gevallen spreekt men van *overextensie*. Zo noemt het ene kind alle viervoeters 'koe', terwijl een ander tegen alle vervoermiddelen 'auto' zegt.

De zin in voorbeeld 3, van de tweejarige José die naar een paard kijkt, illustreert dit:

Voorbeeld 3

'Mama kijk, koe.'

Deze overgeneralisaties en overextensies zijn niet zonder meer als echte fouten te bestempelen, want ze zijn het resultaat van normale cognitieve processen en passen perfect in de morfologische en semantische systemen die het kind op dat moment probeert te beheersen.

Het volgende onderdeel van het boek behandelt de kenmerken in de taal van meertalige kinderen.

4.5 Algemene kenmerken in de taal van meertaligen

Hier worden de belangrijkste kenmerken besproken die voor zowel de simultane als de sequentiële taalverwerving algemeen gelden.

4.5.1 Transfer

Het lukt meertaligen niet altijd om hun verschillende talen uit elkaar te houden. Wanneer taal A wordt gesproken en er elementen van taal B doordringen in A, wordt dat *transfer* genoemd, een verschijnsel dat vooral bekend is uit het onderzoek naar tweedetaalverwerving. Het kind is in een van de talen aan het praten en onverwacht kruipen er kenmerken van de andere taal tussen. Dat is een onbewust proces en resulteert soms in foute constructies die men *negatieve transfer* of *interferentie* noemt. Dat gebeurt vooral op punten waarop talen van elkaar verschillen. Andere keren leidt de transfer van een taal naar de andere tot een correcte constructie. Dit noemt men *positieve transfer.* Het positieve karakter van de transfer is soms louter toevallig als in beide talen dezelfde vorm wordt gebruikt.

Hier volgen voorbeelden van positieve en negatieve transfer:

Positieve transfer

Voorbeeld 4

'Ik wil twee *appels.*'

Negatieve transfer

Voorbeeld 5

'Dat zijn drie *bals* [ballen].'

In voorbeeld 4 resulteert de transfer van de Engelse meervoudsvorm naar het Nederlands in een correct Nederlands woord. In dit geval is er dus sprake van positieve transfer. In voorbeeld 5 resulteert de transfer in een incorrect woord in het Nederlands. Hier is er sprake van negatieve transfer.

Nu voorbeelden van interferentie op het syntactische en fonologische niveau.

Voorbeeld 6

Syntactische niveau

Eu	quero	um	desenho	fazer.
Ik	*wil*	*een*	*tekening*	*maken.*

'Ik wil een tekening maken.'

Voorbeeld 6 illustreert interferentie (negatieve transfer) van de woordvolgorde van het Nederlands in de zin in het Portugees van een vijfjarig kind dat beide talen simultaan heeft geleerd. Het Nederlands is de dominante taal van dit kind.

Het Portugees is een *SVO-taal*. Dat wil zeggen dat de volgorde is: onderwerp-werkwoord-(lijdend/meewerkend) voorwerp. De correcte zin in het Portugees is 'Eu quero fazer um desenho.'

Fonologisch niveau

Eu quero um desenho fazer.

/eukɛʁuũ̃dəzeɲufɐzeʁ/

Dezelfde zin illustreert ook interferentie van het Nederlands in het Portugees. De Portugese /r/ wordt in finale positie en tussen twee klinkers als een alveolaire 'flap' [ɾ] uitgesproken en in initiale positie als een stemhebbende uvulaire fricatief [ʁ], een uvulaire 'trill' [ʀ] of een alveolaire 'trill' [r], afhankelijk van het dialect dat gesproken wordt. In het Nederlandse dialect van dit kind wordt de /r/ voornamelijk als een stemhebbende uvulaire fricatief [ʁ] uitgesproken in alle posities. Dit fonologische verschil tussen de twee talen leidt tot interferentiefouten zoals in dit voorbeeld. Omdat het verschil in uitspraak in initiale en finale positie allofonisch is, dat wil zeggen geen betekenisonderscheidende functie heeft, maakt het kind geen echte fout (het veroorzaakte wel een 'vreemd accent'). Beïnvloed door het Nederlands gebruikte het kind in het Portugees de [ʁ] in alle posities. Er is dus sprake van *simplificatie*, dat wil zeggen dat het gevarieerde onderscheid dat in het Portugees bestaat, wordt vervangen door een eenvoudiger systeem waarin niet alleen de *allofonen* maar ook verschillende *fonemen* door één klank worden vervangen. In mediale positie echter, als de /r/ tussen twee klinkers verschijnt, hebben de verschillende realisaties van de /r/ soms wel een betekenisonderscheidende functie. In zulke gevallen veroorzaakt de verwisseling van die fonemen wel een fout: negatieve transfer. Dat kan geïllustreerd worden met de woorden 'caro [kaɾu] wat 'duur' betekent en 'carro' [kaʁu] of [karu] of [kaʀu] wat 'auto' betekent.

4.5.2 Codewisseling en code-mixing

Een ander verschijnsel dat plaatsvindt in het taalgebruik van meertaligen is wat men *codewisseling* noemt. Codewisseling en *code-mixing* worden vaak als synoniem gebruikt. Appel en Muysken (1987) vinden dat deze twee termen veel met elkaar te maken hebben, maar wel goed van elkaar onderscheiden dienen te worden. Volgens deze auteurs betreft code-mixing het mengen van talen binnen de zin of uiting (*intra-sententiële wisselingen*). Jonge kinderen gebruiken meestal intra-sententiële wisselingen. Ze gebruiken een enkel woord (bijvoorbeeld een zelfstandig naamwoord, een werkwoord of bijvoeglijk naamwoord) in één taal in een uiting of zin die de morfosyntactische regels van de andere taal volgt. Voorbeeld 7 illustreert dit (Pt staat voor Portugees):

Voorbeeld 7 Code-mixing (Mauro, 2;4 jaar)

Mauro	uvas (Pt)	brengen.	Kijk	Deze	g(r)ande! (Pt)
Mauro	druiven	brengen.	Kijk	deze	groot!

'Mauro brengt druiven. Kijk, deze is groot.'

Codewisseling kan zowel binnen een uiting als tussen uitingen (inter-sententiële wisselingen) voorkomen. Codewisseling vereist een zekere pragmatische en grammaticale vaardigheid in de betreffende talen. Oudere kinderen vermengen grotere en meer complexe taalfragmenten en blijven de morfosyntactische regels van de betreffende talen correct gebruiken zoals in voorbeeld 8 te zien is.

In dit voorbeeld vindt de wisseling van de ene taal naar de andere plaats op punten in de uiting waar de grammaticaliteit niet wordt verstoord. Dat is na de beëindiging van de hoofdzin in het Portugees 'Ele olhou para dentro do gat' en na beëindiging

Voorbeeld 8 Cod ewisseling en code-mixing (Mauro, 10 jaar)

Ele	olhou	para	dentro	do	gat (NL)	-...(NL)-)	e	foi-se	embora.
Hij	keek	naar	binnen	van het	gat	- ... -	en	ging (zich)	weg.

'Hij keek in het gat – Ik weet niet hoe dat ding heet – en ging weg.'

van de ingebedde zin in het Nederlands (NL) 'Ik weet niet hoe dat ding heet'. De nevengeschikte zin, weer in het Portugees, wordt correct gevormd volgens de regels van die taal. De ingebedde zin in het Nederlands, volgt de regels van het Nederlands.

Codewisseling en code-mixing vinden plaats in verschillende aspecten van de taal. Soms is het puur lexicaal of fonologisch en vaak is er sprake van morfologische of pragmatische codewisseling en code-mixing. Hier volgen meer voorbeelden van deze twee verschijnselen op verschillende niveaus.

Codewisseling op lexicaal en morfologisch niveau

In voorbeeld 7 werd code-mixing op lexicaal niveau door een klein kind geïllustreerd. Dit verschijnsel beperkt zich echter niet tot heel jonge kinderen. Oudere kinderen en zelfs volwassenen nemen woorden uit de ene taal in een andere taal op. Deze *leenwoorden* worden vaak aangepast aan de taal waarin ze worden opgenomen. Dit verschijnsel is trouwens ook waar te nemen in de taal van eentalige kinderen die sporadisch contact hebben met een andere taal. De volgende voorbeelden illustreren deze morfologische aanpassingen.

Voorbeeld 9 (Sezer, 6 jaar)

Önce	jongste (NL) – lar (T)	git-ti-ler	sonra	oudste (NL)-lar (T)
Eerst	de jongste-MEERV.	gaan-OVT-MEERV.	daarna	De oudste-MEERV.

'Eerst gingen de jongste en daarna de oudste.'

In dit voorbeeld zijn de Nederlandse woorden 'jongste' en 'oudste' verbogen volgens de regels van de 'ontvangende' taal, het Turks (T), met het achtervoegsel '-lar' dat meervoud weergeeft. Vergelijk dit met een Nederlandse zin die Sake gebruikt bij een Engelstalig vechtspelletje op de computer.

In voorbeeld 10 wordt de Nederlandse regel voor voltooid deelwoord op het geleende Engelse (ENG) werkwoord toegepast. Zoals dit laatste voorbeeld laat zien, gebeurt het ontlenen van woorden en uitdrukkingen aan een ander taal vaak tegelijk met de introductie van een nieuw begrip of een nieuw product, zoals een computerspel.

Voorbeeld 10 (Sake 8 jaar)

Hij	heeft	mij	ge-attack (ENG)-t
Hij	heeft	mij	attack (ENG)-VTT (NL)

'Hij heeft mij aangevallen.'

Het kan ook zijn dat een geleend woord of geleende uitdrukking beter weergeeft wat de spreker wil uitdrukken. Status van de leentaal en beeldvorming ('gewichtig doen') zijn hierbij natuurlijk ook van invloed.

Codewisseling op pragmatisch niveau

Oudere kinderen gebruiken codewisseling in meer ingewikkelde pragmatische functies. Een interessant fenomeen bij kinderen die de talen nog aan het leren zijn, is wat de Engelse literatuur *flagging* noemt. Ook daarvan is voorbeeld 8 een illustratie. Hierin geeft Mauro in zijn dominante taal aan dat hij het woord 'gat' heeft gebruikt, omdat hij het equivalente Portugese woord niet kent. Deze pragmatische strategie geeft aan dat in dit geval codewisseling plaatsvindt vanwege een gebrekkige beheersing van het Portugees. Andere strategieën die kinderen toepassen, zijn pauzes nemen, hulp vragen bij het vinden van het correcte woord in de doeltaal of een opmerking maken om aan te kondigen dat van code gewisseld wordt.

Codewisseling wordt ook door zeer taalvaardige volwassenen gebruikt om pragmatische en sociolinguïstische redenen.

Pragmatische redenen kunnen zijn: benadrukken van het belang van wat ze aan het vertellen zijn, citeren wat iemand heeft gezegd, vertellen van een gebeurtenis of uitdrukken van emotie.

Voorbeeld 11

'Het is te ver. Ik heb geen zin daarin *we llah*!' ['echt waar/ik zweer het' in het Arabisch]
(voorbeeld ontleend uit Van der Sijs, 2005, p. 173)

Een sociolinguïstische reden kan de wens zijn om uitdrukking te geven aan de 'gemengde' identiteit. De spreker behoort tot de Turkstalige, de Sranantalige of de Berberstalige etnische groep, maar is tegelijk een burger van Nederland en dus spreker van de statustaal, het Nederlands. In bepaalde taalgemeenschappen of binnen subgroepen in die gemeenschappen, zoals Turken, Surinamers of Marokkanen in Nederland, is deze vorm van codewisseling gebruikelijk. De zin in voorbeeld 12, genoteerd uit de mond van een twintigjarige Nederlands en Arabisch sprekende jongeman, illustreert dit soort codewisseling.

Voorbeeld 12

'Heb ik toch vorige week gezegd, jongen?' *'laš a sahb-i* [waarom vriend]?

(voorbeeld ontleend uit Van der Sijs, 2005, p. 173)

Kinderen die in zulke etnische groepen opgroeien, leren deze vaardigheid snel. In gemeenschappen of gezinnen waar codewisseling eigenlijk wordt afgekeurd, vindt het ook minder vaak plaats. Kinderen gebruiken dan vaak flagging, zoals Mauro in voorbeeld 8. Zo laten ze zien dat ze zich ervan bewust zijn dat het niet 'goed' is en geven ze aan dat zij, op dat moment, niet op het juiste woord kunnen komen.

Samenvattend kunnen we stellen dat transfer, codewisseling en code-mixing een logische systematiek hebben, ook bij kinderen die de talen nog aan het leren zijn. Codewisseling wordt sterk beïnvloed door de normen die in de gemeenschap en in het gezin heersen. De sociale context waarin kinderen hun talen leren, laat de logopediste begrijpen waarom meertalige kinderen hun talen op een bepaalde manier gebruiken. Voor logopedisten die niet zelf tot een meertalige gemeenschap behoren, is het een extra maar belangrijke inspanning om de patronen van codewisseling van deze kinderen te begrijpen.

Naast deze overeenkomsten in de taalontwikkeling van simultane en sequentiële meertalige kinderen zijn er ook verschillen. Simultane en sequentiële taalverwervers doorlopen ongeveer dezelfde fasen in hun taalontwikkeling. Hun taal heeft echter enkele verschillende kenmerken. In het volgende hoofdstuk worden de specifieke kenmerken in de taal van simultane en van sequentiële meertalige kinderen beschreven.

4.6 Samenvatting

Dit hoofdstuk plaatst de meertalige taalontwikkeling van kinderen die in Nederland opgroeien in een context. Hierbij worden vier subgroepen meertalige kinderen onderscheiden. De kinderen verschillen onderling in het moment dat de blootstelling aan de verschillende talen begint en in de relatieve grootte van de minderheidsgroep waar ze toe behoren.

Wat betreft het moment waarop de talen worden geïntroduceerd, zijn er twee indelingen: Simultane taalverwerving ofwel meertalige eerstetaalverwerving. Dat wil zeggen dat de talen vanaf de geboorte worden geïntroduceerd. Sequentiële of successieve taalverwerving gebeurt als het kind eerst één taal leert en later een tweede en eventueel een derde of volgende. Wat betreft de grootte van de minderheidsgroepen wordt er een onderscheid gemaakt tussen grote minderheden en kleine minderheden. De omvang van de etnische groep waar kinderen toe behoren en het moment waarop het kind de talen begint te leren, bepalen de hoeveelheid blootstelling aan de verschillende talen en dus ook het niveau van beheersing dat kinderen in iedere taal bereiken.

Deze indeling weerspiegelt de heterogeniteit van meertalige kinderen en staat een vergelijking toe tussen kinderen die ongeveer in dezelfde omstandigheden opgroeien. Binnen deze groepen zijn er bepaalde factoren, zoals de specifieke omstandigheden waarin ieder kind opgroeit, die zorgen voor veel variatie. De status van een taal bepaalt vaak sterk de houding van ouders ten opzichte van die taal en de keuzen die ze voor hun kinderen maken in wat betreft het gebruik ervan.

Vier kenmerkende fenomenen van de normale taalontwikkeling van meertalige kinderen zijn taaldominantie en taalverlies, en additieve en subtractieve meertaligheid. Taaldominantie en taalverlies zijn geen statische verschijnselen. Zij kunnen veranderen als de linguïstische omgeving van het kind verandert. Additieve en subtractieve meertaligheid wordt vooral bepaald door de kwaliteit en kwantiteit van de blootstelling. Deze worden beïnvloed door de houding van de omgeving ten opzichte van meertaligheid.

Er zijn veel overeenkomsten tussen de verschijnselen in de taal van eentalige kinderen en van meertalige kinderen. Zo komen cognitieve processen als overgeneralisatie/overregularisatie en overextensie voor in beide groepen. Er zijn echter ook verschijnselen die alleen in de taal van meertalige kinderen worden waargenomen. Deze worden vooral veroorzaakt door cross-linguïstische invloed. De talen beïnvloeden elkaar en processen als code-mixing en codewisseling en positieve en negatieve transfer, ook interferentie genoemd, vinden plaats in de normale taalontwikkeling van meertaligen.

4.7 Opdrachten

1 In bijlage 6, Casussen, staan twee profielen van meertalige kinderen die in Nederland opgroeien.
   a Vul de drie laatste vakjes in met gegevens van drie kinderen uit de eigen ervaring.
   b Deel de kinderen uit opdracht a in, in het daarvoor bestemde kader.
2 Sta stil bij eigen ervaring:
   a Ga na hoeveel kinderen van verschillende etnische groepen je in je (stage) praktijk hebt. Weet je hoe groot de etnische groep is waartoe ieder kind behoort? Weet je wat de status van die talen is en hoe sprekers van die

talen ertegenover staan? Wat is de houding van de Nederlandse maatschappij ten opzichte van die talen? Is er een verschil in die houding per taal? Verzamel informatie hierover op een A4-tje per taal, en deel die informatie met je collega's. Vermeld hoe je aan je informatie bent gekomen.

b Kun je je met deze informatie een beeld vormen van hoeveel taalaanbod in hun andere taal/talen die kinderen in je praktijk hebben? Check met de ouders of je hypothese correct is.

c Observeer en luister aandachtig naar meertalige mensen om je heen. Verzamel vijf voorbeelden van codewisseling. Beschrijf het soort codewisseling.

5
De normale taalontwikkeling
Specifieke kenmerken

5.1 Simultaan meertaligen

Deze paragraaf gaat in op wat kenmerkend is voor de taalontwikkeling van simultaan meertalige kinderen in hun eerste jaren. De voornaamste vragen zijn:

1 Hebben simultaan meertaligen een enkel *taalsysteem* of aparte taalsystemen?
2 Zijn simultaan meertalige kinderen langzamer in hun taalontwikkeling dan eentalige kinderen? Is de snelheid van ontwikkeling in hun talen dezelfde? Zo niet, is een ongelijke ontwikkeling van hun talen reden voor bezorgdheid?

5.1.1 Eén enkel taalsysteem?

Hebben simultaan meertaligen een enkel taalsysteem of aparte taalsystemen?

Er bestaat enige controverse over het antwoord op deze vraag. Sommige onderzoekers zijn van mening dat kinderen in hun eerste jaren één taalsysteem hebben waarin de woorden en regels van hun talen zijn gecombineerd. Die woorden en regels beginnen zich pas later in de ontwikkeling te differentiëren, rond het derde levensjaar, resulterend in twee aparte systemen (Volterra & Taeschner, 1978). Tegenwoordig geloven de meeste onderzoekers echter dat meertalige kinderen aparte taalsystemen hebben, en dat al heel vroeg in hun taalontwikkeling (o.a. Genesee, 1989; Pearson, Fernández & Oller, 1995).

Wat gebeurt er in de hersenen van meertalige kinderen? Op basis van verschillende hypotheses van dat proces worden voorspellingen gedaan over hoe kleine kinderen hun taal zullen ontwikkelen. Als kinderen in het begin van hun taalontwikkeling één gezamenlijke woordenschat en morfosyntaxis zouden hebben, dan zouden we verwachten dat ze vaak woorden en zinnen van hun talen door elkaar zouden gebruiken. Dit ongeacht de linguïstische context en ongeacht de gesprekpartners. In dit geval zou de taalproductie van meertalige kinderen die hun talen simultaan leren, heel verschillend zijn van de productie van eentalige kinderen.

Er zijn weinig onderzoeken van meertalige taalverwerving die deze hypothese ondersteunen. Er is wel gevonden dat simultaan meertalige kinderen aparte systemen hebben voor iedere taal. Op het gebied van het lexicon laten meertalige kinderen bijvoorbeeld zien, zelfs voordat ze een woordenschat van vijftig woorden hebben opgebouwd, dat ze *translation equivalents* hebben in hun woordenschat. Een translation equivalent is het woord dat in iedere taal bestaat voor hetzelfde concept. Bijvoorbeeld 'clothes' in het Engels en 'kleren' in het Nederlands. Ook op het gebied van de morfosyntaxis bestaat er bewijs voor twee aparte systemen. Paradis, Nicoladis en Genesee (2000) lieten met hun onderzoek zien dat twee- tot vierjarige kinderen die Frans en Engels simultaan verwerven, correcte ontkennende zinnen produceren in iedere taal, ondanks het grote verschil tussen de manier waarop en de plaats waar in de zin de ontkenning wordt gedrukt.

Meertalige kinderen hebben in iedere taal een systeem dat op een bepaalde wijze anders is dan dat van eentalige kinderen. De verschillen tussen de taalverwerving van eentalige kinderen en van kinderen die de talen simultaan leren, betreffen vooral de hoeveelheid fouten die de kinderen maken en niet zozeer de kwaliteit. Die verschillen in kwantiteit en kwaliteit worden voornamelijk veroorzaakt door *cross-linguïstische invloed*. Kwalitatieve cross-linguïstische invloed resulteert in structuren die afwijken van de doelstructuur en die niet worden waargenomen bij eentalige kinderen. Kwantitatieve cross-linguïstische invloed resulteert niet in afwijkende structuren, maar in een grotere hoeveelheid van het soort fouten dat voorkomt in de taalontwikkeling van eentalige kinderen (Genesee e.a., 2004).

5.1.2 Fonologie

Studies van meertalige kinderen hebben aangetoond dat de talen waaraan het kind wordt blootgesteld elkaar op systematische wijze beïnvloeden (Goldstein & Washington, 2001; Walters, 2000; Holm & Dodd, 1999; Keshavarz & Ingram, 2002). Deze studies laten verder zien dat die kinderen hun fonologie verwerven op een manier die in sommige opzichten vergelijkbaar is met de fonologische ontwikkeling van eentalige kinderen die een van de betreffende talen verwerven. In andere opzichten echter laten ze weer een verschillend ontwikkelingspatroon zien. Cross-linguïstische invloed levert de grootste bijdrage aan dit verschil. Zo maken meertaligen bepaalde fouten, omdat bijvoorbeeld fonemen en allofonen voorkomen in de ene taal en niet in de andere (Goldstein & Iglesias, 2004). Voorbeeld 6 illustreerde dit. Het Portugees- en Nederlands sprekende kind in dat voorbeeld moest ontdekken dat de flapklank in het Portugees fonemisch is, maar in het Nederlands allofonisch. Ook worden fouten gemaakt omdat het fonologische systeem van een taal andere fonotactische restricties heeft dan het systeem van de andere taal. Bijvoorbeeld omdat in het Spaans clusters in initiale positie niet kunnen beginnen met /s/, maken meertalige kinderen vaak clusterreductiefouten (bijv. /stɛrən/ 'sterren' → [tɛrən]) of epenthese (bijv. /estɛrən/).

Deze cross-linguïstische invloed beperkt zich niet alleen tot segmentele kenmerken van de taal, i.e. medeklinkers en klinkers, maar ook worden suprasegmentele aspecten (klemtoon, toonhoogte, duur en intonatie) beïnvloed. Deze verschillen zijn tijdelijk en verdwijnen relatief snel, waarna de fonologische vaardigheden van simultane meertalige kinderen, vooral in de dominante taal, vergelijkbaar zijn met die van eentalige kinderen. Factoren als kwantiteit en kwaliteit van blootstelling spelen natuurlijk een rol. Het kan gebeuren dat kinderen die weinig taalaanbod krijgen in een van de talen, in die taal geen fonologische vaardigheid bereiken die vergelijkbaar is met die van eentalige leeftijdsgenoten.

Over de fonologische ontwikkeling bij meertalige kinderen in Nederland is nog weinig bekend. Op basis van studies elders kunnen we verwachten dat in Nederland dezelfde tendensen bestaan.

5.1.3 Morfosyntaxis

Talen kunnen in hun grammaticale structuur sterk van elkaar verschillen. Het ligt dan ook voor de hand dat er, naast de vele overeenkomsten in de morfosyntactische ontwikkeling, ook verschillen bestaan tussen eentalige kinderen en kinderen die meerdere talen simultaan verwerven. De morfosyntaxis van de ene taal beïnvloedt de andere taal bij meertalige kinderen. Sommige structuren en constructies van de ene taal zijn moeilijker om te leren dan van een andere. Functionele modellen, zoals het competitiemodel van MacWhinney (1997), vooronderstellen dat kinderen minder moeite hebben met het verwerven van die aspecten die in hun talen een zelfde vorm en functie hebben. Als vormen en hun gebruik verschillend zijn in die talen, zullen zij waarschijnlijk in competitie zijn met elkaar. Die vormen zijn dan moeilijker om te verwerven. De patronen in de taalontwikkeling van simultane meertalige kinderen die verschillende taalcombinaties verwerven, laten dit zien.

Onderzoek naar de taalontwikkeling van simultane verwervers van Kantonees en Engels liet kwalitatieve cross-linguïstische invloed in de taalproductie zien (Yip & Matthews, 2000). In het Kantonees gaat een betrekkelijke zin vooraf aan het zelfstandig naamwoord waarop deze betrekking heeft, terwijl in het Engels de bijzin na het zelfstandig komt waarop deze betrekking heeft. De meertalige kinderen uit deze studie maakten zinnen als '*Where's the Santa Claus give me the gun?*' in plaats van '*Where's the gun that Santa Claus give (gave) me?*' (voorbeeld ontleend uit Genesee e.a., 2004, p. 76). Dit soort fouten in de woordvolgorde van betrekkelijke zinnen wordt niet gemaakt door eentalige Engelssprekende kinderen. Dit is een cross-linguïstische invloed, en uniek voor meertalige taalverwerving.

Döpke (1998, 2000) heeft kwantitatieve cross-linguïstische invloed gevonden in de woordvolgorde van zinnen van kinderen die Engels en Duits leren. In het Duits produceren deze kinderen zinnen die ook in de taal van eentalige Duits sprekende kinderen worden gehoord. Ze maken gewoon dezelfde fouten, maar wel vaker en gedurende een langere periode dan eentalige Duits sprekende kinderen. De reden hiervoor is dat het Duits ingewikkelder regels voor woordvolgorde in zinnen heeft dan het Engels. Eigenlijk zijn de woordvolgorderegels van het Engels een deelverzameling van de meer gecompliceerde Duitse regels, wat verklaart dat de fouten niet afwijken van de fouten die eentalige kinderen in hun taalontwikkeling laten zien.

De voorbeelden in de literatuur van kwantitatieve cross-linguïstische fouten overtreffen die van kwalitatieve cross-linguïstische fouten.

5.1.4 Woordenschat

Het verwerven van de woordenschat lijkt het taalgebied te zijn waarop de testscores van meertalige kinderen het meest verschillen van die van eentalige kinderen. Verscheidene onderzoeken lieten zien dat een- en meertaligen een verschillende omvang van de woordenschat hebben (Verhoeven & Vermeer, 1985; Nicoladis & Genesee, 1996; Umbel, Pearson, Fernández & Oller, 1992). Meertalige kinderen in de voorschoolse periode en in de eerste jaren van de basisschool, rond drie en zes jaar, scoren op gestandaardiseerde woordenschattesten in ieder van hun talen vaak lager dan eentalige kinderen.

Waarom zouden simultane taalverwervers op bijna alle aspecten van de taalontwikkeling een vergelijkbare ontwikkeling hebben als eentalige kinderen, maar niet wat betreft de ontwikkeling van de woordenschat? De verklaring is dat het opbouwen van een woordenschat plaatsvindt door ieder nieuw woord afzonderlijk te leren en aan het mentale lexicon toe te voegen. Dat is meer belastend voor het langetermijngeheugen. Het kost ook veel tijd om voldoende contextuele ervaringen op te doen om een nieuw woord echt te leren. Verwerving van morfosyntactische regels houdt daarentegen in dat één geleerde regel gebruikt kan worden om nieuwe zinnen te maken.

Kinderen leren nieuwe woorden in hun interactie met de omgeving. De ervaringen die verschillende kinderen hebben in de verschillende talige situaties, zijn niet noodzakelijkerwijs gelijk. Men mag dus niet verwachten dat meertalige kinderen een equivalent hebben in hun andere talen voor elk woord dat ze in de ene taal kennen. Simultane taalverwervers die een rijk taalaanbod hebben van hun talen, zullen hoogstwaarschijnlijk een woordenschat ontwikkelen die opgeteld minstens even groot is als die van eentaligen, en in veel gevallen juist groter.

5.1.5 Pragmatiek

Meertalige kinderen nemen al vanaf heel jonge leeftijd waar dat iemand niet meertalig is, en kiezen hun taal in overeenstemming daarmee. Ze beschikken over de pragmatische vaardigheid om over te schakelen op de verschillende talen, bijvoorbeeld op grond van externe factoren als de gesprekspartner, de gesprekssituatie of het onderwerp van gesprek. De gesprekspartner is in het algemeen de belangrijkste factor voor de keuze van de taal.

Het blijkt dat kinderen vanaf 1;4-1;5 jaar de juiste taal bij een gesprekspartner kiezen (Köppe & Meisel, 1995). Vóór die leeftijd gebruiken de kinderen woorden uit iedere taal zonder rekening te houden met de taal van de gesprekspartner. Leopold (1970), die een dagboek schreef over de taalontwikkeling van zijn dochter Hildegard, schrijft dat zijn dochter in haar eerste twee levensjaren nieuwe Engelse woorden net zo vrij gebruikte tegenover haar Duits sprekende vader als tegenover Engels sprekende mensen. Tegelijkertijd gebruikte ze Duitse woorden spontaan tegenover Engels sprekenden. Leopold concludeerde dat 'translation equivalents' in de talen (bijvoorbeeld *Buch* en *book*) in de eerste twee jaar worden gekozen op grond van gemak of van grotere frequentie van presentatie en dus niet op grond van de gesprekspartner. Het was pas op de leeftijd van 1;9 jaar dat Hildegard afwisselend een Engels woord, bijvoorbeeld *egg*, begon te gebruiken als ze met haar moeder praatte en het equivalente Duitse woord *Ei* met haar vader.

Kinderen vanaf de leeftijd van twee jaar laten zien dat ze zich bewust zijn van hun meertaligheid. Köppe en Meisel (1995) vonden zelfgeïnitieerde codewisseling (het wisselen van talen binnen of tussen uitingen) bij een kind vanaf 2;8 jaar en bij een ander vanaf 2 jaar. Ook begonnen deze kinderen vanaf ruwweg 2;5 jaar met metalinguïstisch commentaar. Een voorbeeld van metalinguïstisch commentaar is het vragen om vertaling of het zelf geven van vertaling. Een ander voorbeeld van metalinguïstisch commentaar blijkt uit de vraag van de vierjarige Hildegard: 'Mother, do all fathers speak German?' Deze vraag maakt duidelijk dat Hildegard zich ervan bewust is dat er meer dan één communicatiecode bestaat en dat haar vader een andere code gebruikt dan haar moeder en andere vrouwen in haar omgeving.

Volwassenen reageren op verschillende manieren op codewisseling. Lanza (1992) keek naar de spontane taalinteracties van een Engels-Noors kind tussen 2;0 en 2;7 jaar. Lanza kwam tot de conclusie dat de invloed van de gesprekspartner erg belangrijk is bij codewisseling. Omdat de moeder van dit Engels-Noorse kind een eentalige context verlangde, onthield het kind zich van codewisseling wanneer zij met haar moeder aan het praten was. Bij haar vader trad het mengen van de talen meer op, omdat hij geen bezwaar had tegen een tweetalige context.

Naarmate de kinderen ouder worden, neemt code-mixing (het mengen van talen binnen de uiting) af. In het artikel van Köppe en Meisel wordt opgemerkt dat het aantal gemixte uitingen bij de kinderen die ze in die studie hebben geobserveerd, Ivar en Annika, sterk afneemt vanaf respectievelijk 2;5 jaar en 2 jaar. Het veelvoorkomende verschijnsel dat een van de talen duidelijk dominant wordt, kan hierbij een rol spelen. In dat geval antwoordt het kind vaak in de dominante taal, ook als men hem aanspreekt in een andere taal. Dit is normaal, mits de gesprekspartner de dominante taal van het kind spreekt.

5.1.6 Tempo van taalverwerving

Hebben simultaan meertalige kinderen een langzamere taalontwikkeling dan eentalige kinderen? Of is de snelheid van ontwikkeling in de talen gelijk? Is een ongelijke ontwikkeling van hun talen reden tot bezorgdheid?

Er bestaat veel variatie in de snelheid waarmee kinderen hun moedertaal verwerven. Omdat talen structureel van elkaar verschillen, kan de tijdsduur voor het verwerven van specifieke taalaspecten bij elke taal heel anders zijn. Onderzoek door Paradis en Genesee (1996, 1997) illustreert dit. In hun studie lieten Franstalige kinderen zien dat ze het Franse systeem sneller leren dan kinderen die Engels verwerven. Zij concludeerden dit na analyse van de ontwikkeling van ontkenningen (negatie) en van het werkwoordsysteem.

In het (vooral geschreven en formeel gesproken) Frans wordt ontkenning met meer dan één lexicaal element uitgedrukt (*ne ... pas*). In de gesproken taal echter laten de Fransen, ook volwassenen, vaak het eerste element (*ne*) van de ontkennende constructie weg.

In het Frans verwerven kinderen de ontkenning (dus zonder het ontkenningspartikel 'ne') in twee fasen: aanvankelijk zetten ze het negatie-element voor het hoofdwerkwoord in de infinitief (bijvoorbeeld 'le bébé *pas boire* le lait'). Deze zin wijkt nog af van de correcte doelzin. In de volgende fase produceren Franse kinderen al correcte ontkenningen, waarbij het negatie-element ná het hoofdwerkwoord komt en het werkwoord wordt vervoegd (bijvoorbeeld 'le bébé *boit pas* le lait'). Franstalige kinderen hebben het ontkenningssysteem volledig onder de knie op de leeftijd van 2 tot 2;6 jaar.

In het Engels duurt dit proces langer. Er zijn drie fasen in de ontwikkeling van de ontkenning. Eerst plaatsen kinderen het ontkenningselement aan het begin van de zin (bijvoorbeeld '*no me wearing* mittens'). In fase twee zetten ze het ontkenningselement in het midden van de zin en vóór het werkwoord, maar ze gebruiken nog geen werkwoordsvervoeging als *do*, *can* of *is* ('Martin *not going* to school'). In fase drie maken ze correcte zinnen, waaraan die werkwoordsvervoegingen worden toegevoegd (bijvoorbeeld 'Martin *is not going* to school'). Engelstalige kinderen hebben de ontkennende zin pas na hun derde levensjaar volledig verworven.

De snelheid van verwerving van een taal kan dus verschillen van die van de andere. Verscheidene onderzoeken van de taalontwikkeling van het Turks bevestigen dat Turkse kinderen het Turks snel leren (o.a. Aksu-Koç & Slobin, 1985). Wanneer ze twee jaar oud zijn, beheersen Turkse kinderen de Turkse morfologie, terwijl Nederlandse kinderen pas rond hun vijfde jaar de morfosyntactische regels goed kennen. Dit heeft te maken met de regelmaat en transparantie van het Turkse taalsysteem. Onderzoek naar kinderen die Engels en Spaans verwerven, levert verder bewijs (o.a. Bedore, 2001). Engels-Spaans meertalige kinderen verwerven de verleden tijd in het Spaans – een taal met een regelmatige, *uniforme morfologie* – vroeger dan die in het Engels – een taal met een minder uniforme morfologie, een zogenaamde *gemengde morfologie*. Met drie jaar beheersen ze het gebruik van de verleden tijd in het Spaans, terwijl ze in het Engels op die leeftijd nog fouten maken in de markering van tegenwoordige en verleden tijd. Meertalige kinderen verwerven de verleden tijd in het Spaans rond de leeftijd van 2;6 jaar (Eziezabarrena, 1996).

In het begin van dit hoofdstuk werden de volgende vragen gesteld:

1 Zijn simultaan meertalige kinderen langzamer in hun taalontwikkeling dan eentalige kinderen?
2 Is de snelheid van ontwikkeling in hun talen dezelfde? En indien dat niet het geval is:
3 Is een ongelijke ontwikkeling van hun talen reden tot bezorgdheid?

Deze drie vragen kunnen nu worden beantwoord: de snelheid van verwerving hangt voor een groot deel af van de structurele kenmerken van de betrokken talen. Omdat talen verschillend zijn, zullen meertalige kinderen elke taal in een eigen tempo gaan beheersen. Er is dus geen reden voor bezorgdheid als een kind een van zijn talen minder snel ontwikkelt dan de andere. Andere belangrijke factoren die de snelheid van verwerving beïnvloeden, zijn de kwaliteit en kwantiteit van de blootstelling aan de verschillende talen. Als de blootstelling aan de talen even groot en rijk is als die bij eentalige kinderen, zal het ontwikkelingstempo niet langzamer zijn dan dat bij eentalige kinderen die deze talen verwerven. Als de blootstelling per taal verschilt, dan zal de taal met minder blootstelling zich waarschijnlijk langzamer ontwikkelen. Ook dit is normaal.

5.2 Sequentieel meertaligen

Het doel van deze paragraaf is de lezer bekend te maken met de kenmerken in de mondelinge taal van sequentieel meertalige kinderen en met de factoren die de snelheid van verwerving van de tweede taal kunnen beïnvloeden. De vragen die hier worden beantwoord zijn:

1 Wat zijn de moeilijkheden die de kinderen hebben bij het leren van het Nederlands als tweede taal?
2 Hoe lang duurt het verwerven van de tweede taal en welke factoren beïnvloeden de snelheid van verwerving?

Sequentiële taalverwervers vormen, net als eentalige en simultane taalverwervers, eigen aannames over de regels van de taal of talen die ze om zich heen horen. Ze maken, zoals uitgebreid in 4.4 werd beschreven, ontwikkelingsfouten als overgeneralisatie en overextensie, die vaak het resultaat zijn van algemene cognitieve strategieën. Slechts een klein deel van de fouten die ze maken betreft interferentiefouten. De studie van Dulay en Burt (1973) bevestigt deze bevinding. Zij vonden dat 85 procent van de fouten in het Engels bij 145 Spaanstalige leerlingen typische ontwikkelingsfouten waren. Ze werden niet veroorzaakt door de invloed van de moedertaal Spaans. Sommige studies van de ontwikkeling van het Nederlands bij kinderen die Nederlands als tweede taal leren, onderschrijven deze waarneming (o.a. Extra, 1978, Altena & Van Dijk, 1980; Vermeer, 1986).

Nu volgt een beschrijving van kenmerkende problemen in het Nederlands bij kinderen die het Nederlands als tweede (of derde) taal leren. Het zijn moeilijkheden die alle sequentiële taalverwervers hebben, ongeacht hun moedertaal. Voor een beschrijving van de meest voorkomende fouten die juist wel onder invloed van de moedertaal in het Nederlands worden gemaakt, raadpleeg o.a. Coenen (1979).

5.2.1 Fonologie

Sequentiële taalverwervers kunnen een 'vreemd accent' hebben als ze hun tweede taal spreken. Hoe ouder de kinderen zijn als ze in aanraking komen met het Nederlands, hoe meer moeite ze hebben met bepaalde klanken die typisch Nederlands zijn als de klanken /x/ (als in **g**eel), /ɛi/ (als in sm**ij**ten), /œy/ (als in vliegt**ui**g) of /Ø/ (als in sl**eu**tel). Ook hebben ze moeite met het waarnemen en produceren van het verschil tussen korte en lange klanken zoals voorbeelden 1 en 2 illustreren.

Voorbeeld 1

'Hij was zo *bos* (= *boos*) dat hij die andere jongen sloeg.' (Abdul, 14 jaar)

Voorbeeld 2

'Ik heb gisteren met die *maan* (= *man*) gesproken.' (Sara, 8 jaar)

Abdul was negen jaar oud toen hij voor het eerst met het Nederlands in contact kwam. Sara kwam met zeven jaar naar Nederland. Zowel Abdul als Sara heeft moeite met klankonderscheidingen in het Nederlands die in hun respectievelijke moedertalen, Marokkaans-Arabisch en Portugees, niet voorkomen, zoals het onderscheid tussen korte en lange klinkers.

Zoals eerder gezegd omvat fonologische cross-linguïstische invloed niet alleen segmentele aspecten van taal (klinkers en medeklinkers), maar ook suprasegmentele aspecten, zoals klemtoon, toonhoogte en intonatie. Eén verschil bijvoorbeeld tussen

Spaans en Nederlands is de lettergreep in een woord die wordt beklemtoond. Zo kan een Spaanstalig kind de klemtoonregels van het Spaans op een Nederlands woord toepassen en het woord 'appeltaart' uitspreken met de klemtoon op de laatste lettergreep in plaats van op de eerste. In het Spaans valt immers in een woord met meer dan twee lettergrepen de klemtoon zelden op de eerste lettergreep.

5.2.2 Morfosyntaxis

Uit de observatie van de taalontwikkeling in het Nederlands van sequentiële taalverwervers kan men concluderen dat de moeilijkheden op morfosyntactisch niveau vergelijkbaar zijn met die van simultane taalverwervers. Een deel van de problemen is te wijten aan cross-linguïstische invloed en een ander, groter deel is te wijten aan algemene cognitieve strategieën, zoals overgeneralisatie en overregularisatie, die kinderen gebruiken in het proces van ontdekken van de structuur van de Nederlandse taal. Drie bekende moeilijkheden voor bijna alle tweedetaalverwervers met de morfologie van het Nederlands zijn:

1. Welk lidwoord of welk aanwijzend voornaamwoord te gebruiken vóór een zelfstandig naamwoord.
2. Het gebruik van het suffix '-e' aan het einde van een bijvoeglijk voornaamwoord.
3. Het vervoegen van de werkwoorden.

De volgende voorbeelden illustreren welke fouten deze kinderen maken.

Voorbeeld 3 Lidwoord en aanwijzend voornaamwoord

'Ik zie de kind die daar zit te spelen.' (Isaac, 10 jaar)

Voorbeeld 4 Suffix '-e' aan het eind van bijvoeglijke voornaamwoorden

'Dit is een mooi tafel.' (Ana, 5 jaar)

De fouten in deze twee voorbeelden hebben eenzelfde achtergrond. Het kind moet weten of een woord een 'het'- of 'de'-woord is om daarmee pas te weten of een suffix '-e' aan het bijvoeglijk voornaamwoord moet worden toegevoegd. Zelfs als een kind de regel al beheerst, is het dus begrijpelijk dat het toepassen hiervan in de spontane taal moeilijk is.

Sequentiële taalverwervers gebruiken ook *vermijdingsstrategieën* als ze bepaalde structuren van de tweede taal nog niet beheersen. Een daarvan is het gebruik van de constructie 'gaan + infinitief' in plaats van het vervoegen van het hoofdwerkwoord.

Voorbeeld 5 'Gaan + infinitief'

'Hij gaat daar komen.' (Busra, 7 jaar)

'Eerst ging een meisje en jongen brand zien.' (Abdul, 8 jaar)

Eentaligen en kinderen die meerdere talen simultaan leren maken deze constructies ook, maar die verminderen wanneer ze ouder worden. Ze leren dat de constructie 'gaan + infinitief' gebruikt wordt om iets aan te duiden dat nog gaat gebeuren en niet geschikt is om een plaatje te beschrijven zoals in het voorbeeld 5 hierboven. Sequentiële tweede-taalverwervers blijven deze constructie langer gebruiken en lijken zich niet bewust van de linguïstische beperkingen. Andere veel voorkomende fouten zijn het weglaten van 'er', het verkeerde gebruik van voorzetsels, en fouten in de woordvolgorde.

Een plausibele veronderstelling is dat hoe ouder het kind is wanneer de blootstelling aan het Nederlands begint en hoe minder contact met het Nederlands, hoe meer moeite hij of zij zal hebben met deze fijne nuances van de Nederlandse grammatica.

5.2.3 Woordenschat

Sequentieel meertalige kinderen kennen vaak een bepaald woord in een taal en niet in de andere taal. Concepten die met de omgeving van thuis te maken hebben, worden vaak in de moedertaal geleerd. Denk aan etenswaren, spelletjes, gerechten, keukengereedschap, kleren, woorden die gerelateerd zijn aan hygiëne en zelfverzorging. Dingen die met school te maken hebben, worden vaak alleen in het Nederlands geleerd, zoals schooltaken en vakken als geschiedenis, aardrijkskunde en rekenen. Hierdoor lijken meertalige kinderen soms een beperkte woordenschat te bezitten. Als men de woordenschat in alle talen echter zou optellen, zou men waarschijnlijk een ander beeld van deze kinderen krijgen en andere conclusies trekken.

Volgens Verhoeven (1987) is de woordenschat van zesjarige Turkse kinderen in Nederland in het Turks veel groter dan in het Nederlands. Op achtjarige leeftijd bleek dit verschil kleiner te zijn geworden, wat impliceert dat de Turkse woordenschat zich tussen het zesde en het achtste jaar minder snel uitbreidt dan de Nederlandse. Een onderzoek naar de woordenschat van elf- tot twaalfjarige Turkse kinderen die in Nederland zijn opgegroeid en verscheidende jaren totaalaanbod in het Nederlands hebben gehad, concludeerde dat de tendens om de woordenschat in het Nederlands te blijven uitbreiden, zich niet in de verdere taalontwikkeling voortzet (Appel & Schaufeli, 1990). De woordenschat in het Nederlands bleef niet toenemen. Wat zou de verklaring hiervoor kunnen zijn?

De resultaten van het onderzoek van Appel en Schaufeli wijzen uit dat bij de kinderen die een redelijk omvangrijke input hebben, zowel van het Turks als van het Nederlands, een samenhang bestaat tussen de grootte van de woordenschat in de beide talen. Een kind dat in het Turks een relatief uitgebreide woordenschat heeft, heeft in het Nederlands ook een relatief grote woordenschat. Deze resultaten zijn in overeenstemming met de *afhankelijkheidshypothese* van Cummins (1979, 1984) waarin hij stelde dat bij tweetalige ontwikkeling het bereikte niveau in de ene taal afhankelijk is van het niveau in de andere taal. Cummins maakt onderscheid tussen twee soorten taalvaardigheid: *Dagelijkse Algemene Taalvaardigheden* (DAT) en *Cognitieve Academische/abstracte Taalvaardigheden* (CAT). DAT is te beschouwen als de taalvaardigheid die mensen nodig hebben in alledaagse situaties en CAT als de taalvaardigheid die vereist is voor moeilijke, schoolse of abstracte taken. Bij DAT is er sprake van veel contextuele steun en een geringe cognitieve belasting, en bij CAT van het omgekeerde.

Het leren van nieuwe woorden vereist tijd en contextuele ervaringen. Wat betreft tijd lopen sequentiële taalverwervers voortdurend achter op hun eentalige of simultaan meertalige leeftijdsgenoten, om de simpele reden dat die kinderen meer jaren blootstelling aan het Nederlands hebben.

Veel kinderen hebben vaak die tijd en contextuele ervaring niet. De kinderen die in Nederland zijn onderzocht komen uit gezinnen met een lage socio-economische status en de ouders zijn vaak laaggeschoold (Lalleman, 1986; Vermeer, 1986; Verhoeven, 1987; Van de Craats, 2000). Mogelijk hierdoor stimuleren de ouders van deze kinderen de taalontwikkeling van hun kinderen minder dan men in Nederland gewend is. Dingen uitgebreid beschrijven, boeken lezen, de kinderen bewust regelmatig aan nieuwe leerervaringen blootstellen worden door het merendeel van deze ouders niet gedaan. Als resultaat hiervan breidt de woordenschat zich niet zo veel uit, in de moedertaal van deze kinderen noch in hun tweede taal. Verhallen (2005) praat in dit verband over *diepe woordkennis*. Ze schrijft: 'Allochtone leerlingen blijven op het gebied van betekenistoekenning achter bij Nederlandse klasgenootjes: de woordkennis is over het algemeen minder diep. Onderzoek heeft uitgewezen dat ze van heel gewone woorden zoals "neus", "boek" en "geheim" veel minder betekenisaspecten geven. Daarbij zijn de betekenisomschrijvingen ook minder abstract: verwijzingen naar diepere betekenislagen ("een neus is een lichaamsdeel") komen naar verhouding veel minder vaak voor dan bij Nederlandstalige kinderen.'

Sequentiële taalverwervers die een rijke blootstelling hebben aan hun talen, ontwikkelen hoogstwaarschijnlijk een woordenschat die opgeteld even groot is als die van eentaligen. Ze zullen ook minder vaak dan kinderen met een arm taalaanbod *general-all-purpose* (GAP) *woorden* gebruiken. GAP-woorden zijn algemene woorden (vaak vergezeld van een gebaar) die worden gebruikt wanneer meer specifieke woorden adequaat zouden zijn; bijvoorbeeld wanneer een kind zegt: 'Hij deed dat tegen hem.' Met de bedoeling: 'Hij gaf hem een stoot.'

Het is van belang te beseffen dat men van sequentiële taalverwervers, zelfs degenen die een rijk taalaanbod krijgen, niet mag verwachten dat ze een equivalent hebben in hun andere taal (of talen) voor alle woorden die ze in de ene taal kennen.

5.2.4 Pragmatiek

Sequentieel en simultaan meertaligen beschikken allen over de pragmatische vaardigheid om tussen de verschillende talen te switchen op grond van factoren als gesprekspartner, gesprekssituatie of onderwerp van gesprek. Vanaf het moment dat kinderen twee of meer talen willen en kunnen hanteren, kunnen ze telkens een keuze maken tussen eentalige uitingen in T1, T2 of eventueel T3 of het gebruik van gemengde uitingen met morfemen, woorden en zelfs grotere eenheden uit T1, T2 of T3.

Oudere kinderen gebruiken codewisseling vooral voor pragmatische functies als het tonen van saamhorigheid, het uitdrukken van emotie, het citeren van iemand, het uitleggen waarom ze hebben gewisseld van code of gaan codewisselen.

De gesprekssituatie en de frequentie waarin meertaligen in de omgeving van het kind zelf taalgemengde uitingen gebruiken, hebben invloed op het gebruik daarvan door het kind. Kinderen weten bijvoorbeeld dat het op school, zelfs in gesprek met de meertalige juffrouw of meester die dezelfde talen kent, niet verstandig is om codewisseling te gebruiken. Dat doen ze thuis of onder vrienden wel. Ook het onderwerp van gesprek beïnvloedt de manier waarop een kind met een andere meertalige persoon communiceert. Als het kind bijvoorbeeld met zijn ouders over school aan het vertellen is, zal hij waarschijnlijk Nederlands praten, maar zodra het over een ander onderwerp gaat, zal het wellicht schakelen naar de thuistaal.

Kinderen die vanaf een latere leeftijd worden blootgesteld aan het Nederlands en aan de Nederlandse cultuur, gedragen zich nog niet altijd zoals Nederlandstaligen dat verwachten. Ze hanteren met een autochtone Nederlandstalige gesprekspartner bijvoorbeeld gebaren en andere non-verbale communicatievormen die niet gebruikelijk zijn in de Nederlandse omgangsvormen. Een voorbeeld hiervan is het klikken met de tong door Turkstalige kinderen om iets te ontkennen of het niet kijken naar de gesprekspartner als die een oudere persoon is.

5.2.5 Tempo van taalverwerving

Hoe lang duurt de verwerving van de nieuwe taal en welke factoren beïnvloeden de snelheid ervan?

Hoe snel tweedetaalverwervers hun tweede taal, in dit geval het Nederlands, verwerven, zal afhangen van factoren als de beheersing van de moedertaal, de kwantiteit en kwaliteit van blootstelling aan het Nederlands en de leeftijd van het kind bij aanvang van de blootstelling aan het Nederlands. Hiernaast spelen taalaanleg, motivatie en verbale intelligentie ook een grote rol.

Tabors (1997) noemt vier stappen in de verwerving van een tweede taal: 1) het kind gebruikt de thuistaal in een omgeving waar alleen de tweede taal wordt gebruikt. Deze periode is vrij kort; 2) het kind gaat door een periode waarin het zwijgt, terwijl de receptieve kennis van de tweede taal groeit. In deze fase communiceert het kind wel, maar met gebaren en soms met enkele woorden; 3) het kind gebruikt 'telegramstijl' en bekende formule-achtige standaarduitingen; dat wil zeggen dat de uitingen onvolledig en weinig origineel zijn; en 4) het kind begint de tweede taal actief te gebruiken en de zinnen worden steeds complexer.

Kinderen doorlopen deze stappen met een uiteenlopende snelheid. Sommige kinderen slaan stap 2 over, terwijl andere een lange tijd in stap 2 blijven hangen, soms wel een jaar. In deze zogenaamde 'stille periode' is het kind vooral bezig met het verwerven van receptieve (passieve) taal, het begrip. Pas later gaat het kind de verworven kennis toepassen. Deze stille periode lijkt veel op selectief mutisme, maar de achtergrond ervan is heel anders. In tegenstelling tot kinderen met selectief mutisme zijn tweedetaalverwervers die een stille periode doorlopen, communicatief. Zij gebruiken in die periode vaak gebaren en soms zelfs enkele woorden. Selectief mutisme is daarentegen een angststoornis die wordt gekenmerkt door het 'onvermogen' om te praten in verschillende sociale omstandigheden.

Ook de duur van stap 4 verschilt behoorlijk per kind. In deze fase, vaak *tussentaal* genoemd, ontwikkelt het kind zich naar een vergelijkbare beheersing als eentalige sprekers: van een beperkte productieve beheersing van de tweede taal naar een steeds betere beheersing van die taal. Tussentaal wordt beheerst door linguïstische regels, maar heeft niet dezelfde kenmerken als het doelsysteem, de tweede taal. De afwijkende patronen van dit eigen systeem vormen een normaal onderdeel van het proces van het leren van een taal. Zoals gezegd wisselt de duur per kind en per taal. Om realistische verwachtingen te hebben van de taalbeheersing van deze kinderen, is het belangrijk zich te realiseren dat deze periode heel lang kan duren.

Snow en Hoefnagel-Höhle (1977) ontdekten dat zelfs na achttien maanden blootstelling aan het Nederlands geen van de Engels sprekende mensen (leeftijd tussen 3 en 60 jaar) in hun studie een perfecte uitspraak van het Nederlands bereikte. Wong Filmore (1983) volgde 48 Kantonees en Spaans sprekende kinderen en kwam tot de conclusie dat na twee jaar blootstelling aan het Engels, slechts vijf van hen redelijk vloeiend Engels spraken.

Onderzoek wijst uit dat kinderen snel succesvol communiceren binnen sociale interacties in de tweede taal. Voor echte 'native-like' mondelinge beheersing van de tweede taal hebben ze echter meer dan een schooljaar en soms twee of meer schooljaren nodig (Genesee e.a., 2004). Cummins (2000) beweert dat kinderen die in de moedertaalhebben leren lezen en schrijven, vijf tot zeven jaar nodig hebben om zich volledig te bekwamen in verbale schoolvaardigheden (CAT), in de tweede taal. Kinderen die geen ervaring hebben gehad met schrijf- en leesmateriaal in de moedertaal, hebben langer nodig om CAT te ontwikkelen.

5.3 Samenvatting

Meertalige kinderen die de talen simultaan verwerven, hebben vanaf het begin van hun ontwikkeling twee of meer taalsystemen. De fasen in de meertalige ontwikkeling zijn dezelfde als bij de eentalige ontwikkeling, maar dit wil niet zeggen dat de talen zich onafhankelijk van elkaar ontwikkelen. In het vroege stadium van de taalontwikkeling beheersen kinderen de morfosyntactische regels van hun talen nog niet. Hun taaluitingen zijn onvolledig; code-mixing wordt nog niet door syntactische noch pragmatische principes bepaald.

De overeenkomsten in de taalontwikkeling van eentalige en simultaan meertalige kinderen zijn veel groter dan de verschillen die in hun taal worden waargenomen! Wanneer men naar de ontwikkelingsfasen kijkt en zich niet beperkt tot de specifieke gevallen van cross-linguïstische invloed, dan vindt men geen groot verschil. Er is wel verschil in de snelheid van leren van de talen. Dit verschil wordt vaak veroorzaakt door de verschillen in de hoeveelheid en kwaliteit van taalaanbod en door de verschillen in de structuur van de talen. Talen met een uniforme morfologie zijn gemakkelijker te verwerven dan talen met een gemengde morfologie, doordat een uniforme morfologie transparanter is.

Net als simultane taalverwervers maken kinderen die hun talen sequentieel verwerven, meer ontwikkelingsfouten dan interferentiefouten. Het aantal voorbeelden in de literatuur van kwantitatieve cross-linguïstische invloed overtreffen die van kwalitatieve cross-linguïstische invloed verreweg.

Kinderen hebben tijd en contextuele ervaring nodig om een taal te leren. Meertalige kinderen die een rijke blootstelling hebben aan hun talen, zullen vaak een woordenschat ontwikkelen die opgeteld even groot is als die van eentaligen. Minder vaak dan kinderen met een arm taalaanbod zullen zij 'general-all-purpose' (GAP) woorden gebruiken. Zij zullen een diepe woordkennis ontwikkelen. Men mag echter niet verwachten dat sequentiële taalverwervers, zelfs zij die een rijk taalaanbod krijgen, een equivalent hebben in hun andere taal (of talen) voor alle woorden die ze kennen.

Hoe snel sequentiële taalverwervers hun tweede of derde taal verwerven, hangt af van factoren als de beheersing van de moedertaal, de structuur van de tweede (of volgende) taal en de kwantiteit en kwaliteit van blootstelling aan die taal of talen. Verder spelen taalaanleg, motivatie en verbale intelligentie een grote rol. Onderzoek wijst uit dat sommige kinderen pas een 'native-like' mondelinge beheersing van de tweede (of volgende) taal hebben na meer dan een jaar en veel kinderen vaak pas na twee of meer jaren. Kinderen die een tweede taal leren, hebben vijf tot zeven jaar nodig om zich volledig te bekwamen in verbale schoolvaardigheden.

5.4 Opdrachten

1 Maak de tabel af. Vermeld de bronnen die je hebt geraadpleegd. Zie voor een voorstel de suggesties voor materiaal en literatuur achter in het boek. Voorspel welke structuren van het Nederlands moeilijk zullen zijn voor Turks sprekende kinderen die het Nederlands als tweede taal verwerven. Leg je antwoord uit. Je kunt deze tabel downloaden van www.clinicababilonica.eu.

Tabel Vergelijking tussen Nederlandse en Turkse morfologie

Grammaticale constructie	Voorbeeld Nederlands	Voorbeeld Turks	Relevante contrasten
Zelfstandig naamwoord meervoud	kind > kind**eren** appel > appel**s** les > less**en**	çoc**u**k (kind) > çocuk**lar** elm**a** (appel) > elma**lar** d**e**rs (les) > ders**ler**	Het suffix voor meervoud in het Turks is -lar/-ler, afhankelijk van de laatste klinker in de woordstam
Lidwoorden	**het** kind **een** kind **de** kinderen **de** tafel		
Congruentie (voornaamwoord/zelfstandig naamwoord)	Dat **meisje** is blond; **zij** is mijn vriendin. Die **jongen** is blond; **hij** is mijn vriend.		>>

Tabel Vergelijking tussen Nederlandse en Turkse morfologie (vervolg)

Grammaticale constructie	Voorbeeld Nederlands	Voorbeeld Turks	Relevante contrasten
Congruentie (lidwoord/bijvoeglijk naamwoord/zelfstandig naamwoord)	Het blond**e** meisje Een blond meisje De blond**e** meisje**s**		
Congruentie (werkwoord/onderwerp)	Ik ga Jij gaa**t** Hij gaa**t** Wij gaa**n** Jullie gaa**n** Zij gaa**n**		
Markering van tijd	Hij **speelt** Hij **speelde** Hij **heeft gespeeld** Hij **zal spelen**		

2 In dit hoofdstuk werd uitgelegd dat de snelheid van verwerving van de ene taal hoger kan zijn dan die van een andere. Dat heeft met verschillende factoren te maken, onder andere met de structuur van de talen in kwestie. Stel dat je een kind in behandeling hebt die Tamil en Nederlands simultaan verwerft. Ervan uitgaande dat de hoeveelheid blootstelling in beide talen even groot is, welke taal verwacht je dat dit kind sneller gaat verwerven? Waarom? Vermeld de bron die je hebt gebruikt om meer te weten te komen over (de morfologie van) het Tamil.

6
Taalontwikkelingsstoornissen bij meertalige kinderen

Ondanks voldoende blootstelling hebben sommige kinderen veel moeite met het leren van taal. De oorzaak kan dan liggen in een taalstoornis.

Een taalstoornis die primair voorkomt, noemt men een *specifieke taalstoornis*, dat wil zeggen als geen sprake lijkt te zijn van problemen in andere aspecten van de ontwikkeling, zoals non-verbale intelligentie, motoriek, gehoor en sociale en emotionele vaardigheden. Drie andere termen die vaak worden gebruikt om hetzelfde verschijnsel aan te duiden zijn *primaire taalontwikkelingsstoornis*, de Engelse term *specific language impairment* (SLI) en *ernstige spraak- en taalmoeilijkheden* (ESM). Specifieke taalstoornissen komen bij meertalige kinderen niet meer of minder voor dan bij eentalige kinderen (o.a. Long, 1994; Wei e.a., 1997; Winter, 2001). Bij meertalige kinderen manifesteert een specifieke taalstoornis zich in alle talen die het kind spreekt.

In hoofdstuk 3 staat dat zich normaal ontwikkelende kinderen twee of meer talen tegelijkertijd kunnen leren. Maar is het voor een kind met een taalstoornis dan niet extra belastend om meer dan één taal te leren? Wat zijn eigenlijk de kenmerken van de taalverwerving bij meertalige kinderen met een specifieke taalstoornis? En is er verschil tussen *simultane* en *sequentiële* taalverwervers? Dit hoofdstuk gaat in op deze vragen.

6.1 Symptomen van specifieke taalontwikkelingsstoornissen

6.1.1 Algemene symptomen

Kinderen met een specifieke taalstoornis hebben vooral moeite met de morfosyntaxis, maar ook met andere aspecten van taal. Kinderen zonder taalstoornis die een taal als tweede of volgende taal leren, hebben vooral in de beginstadia eveneens moeite met de morfosyntaxis (zie hoofdstukken 4 en 5). Dit maakt het onderscheid tussen de twee soorten moeilijkheden lastig. Kinderen met specifieke taalstoornissen hebben echter bepaalde symptomen die verschillen van de tijdelijke moeite die sequentiële taalverwervers hebben bij het leren van een tweede of volgende taal. Bevestiging van de aan- of afwezigheid van deze symptomen, in combinatie met het waarnemen van de taalspecifieke symptomen die in 6.2 aan de orde komen, ondersteunt het stellen van een differentiële diagnose.

Algemene symptomen die in de taalontwikkeling van kinderen met een taalstoornis kunnen worden waargenomen, zijn de volgende.

- Veel taalgestoorde kinderen beginnen laat met de eerste woorden en woordcombinaties in hun moedertaal of -talen. Ongeveer 15 procent van de driejarigen is een 'late prater'. Van die kinderen bestaat bij de helft een groot risico op taal- en leerstoornissen (Thal & Katich, 1996).

- Bij de meeste kinderen met een taalstoornis is er een vertraagde verwerving van grammaticale morfemen in de moedertaal of -talen. De taal is weinig complex: de zinslengte is beperkt en bepaalde constructies en structuren worden vermeden.
- Normale cognitieve processen, zoals overgeneralisatie en simplificatie, blijven heel lang in gebruik.
- De problemen in de morfosyntaxis gaan vaak gepaard met fonologische problemen. Gedurende lange tijd hebben de kinderen grote moeite om bepaalde klanken te produceren. Leeftijdgenoten en familieleden geven aan dat ze moeite hebben het kind te verstaan en/of te begrijpen.
- Bij veel van deze kinderen is sprake van een zwak auditief geheugen. Ze hebben een grote behoefte aan herhaling van informatie.
- Ze moeten veel moeite doen om nieuwe woorden te onthouden. Vaak hebben ze hierdoor een kleine receptieve en/of productieve woordenschat in alle talen die ze actief gebruiken, ondanks een normaal cognitief niveau en ondanks ruime blootstelling aan die talen.
- Kinderen met een taalstoornis moeten veel moeite doen om zelfs de meest basale behoeften en wensen uit te drukken zonder gebruik van gebaren. Ze spreken soms heel weinig vloeiend en vertonen weinig of geen initiatief om verbaal te communiceren met leeftijdgenoten en familieleden.

Meertaligheid is op zich nooit de oorzaak van zulke problemen. Als een aantal van deze moeilijkheden zich in alle talen van een meertalig kind voordoet, is er een gegronde reden om te veronderstellen dat er sprake is van een taalstoornis. Andere mogelijke oorzaken, zoals een vertraagde cognitieve ontwikkeling, gehoorproblemen of sociale deprivatie, moeten natuurlijk zijn uitgesloten voordat men van een specifieke taalstoornis kan spreken.

Naast algemene symptomen bestaan er ook symptomen van een taalstoornis die taalspecifiek zijn. Zoals gezegd lijken veel van deze symptomen op de kenmerken die kinderen vertonen bij het leren van hun tweede of volgende taal.

6.1.2 Taalspecifieke symptomen

Cross-linguïstische literatuur over eentalige kinderen geeft aan dat de symptomen van een taalstoornis per taal verschillen (Leonard, 1998). Dat wil zeggen dat de symptomen in de ene taal van een meertalig kind een andere vorm kunnen aannemen dan de symptomen in de andere taal. Ook verschilt de ernst (de mate van voorkomen) van de symptomen per taal. Dat verschil lijkt samen te gaan met verschillen in de aard van de morfologie van de talen (Restrepo & Gutiérrez-Clellen, 2004; De Jong, Orgassa & Çavuş, 2007). In de fouten van kinderen die verschillende typen talen verwerven, zijn patronen waar te nemen.

Taalgestoorde kinderen die talen verwerven met een sterk *uniforme morfologie*, zoals het Turks, het Spaans, het Portugees, het Italiaans en het Frans, maken weinig fouten in de *werkwoordelijke constituent*. De werkwoorden in die talen zijn gemarkeerd, onder andere voor persoon en getal, en hebben aparte uitgangen voor (bijna) alle persoonsvormen, zowel in het meervoud als in het enkelvoud.

Aan de andere kant hebben taalgestoorde kinderen die een taal verwerven met een *gemengde morfologie*, zoals het Engels en het Nederlands, grote problemen met de vervoeging van de werkwoorden. De werkwoorden in deze talen hebben voor veel persoonsvormen geen aparte uitgang. In het Engelse vervoegingsysteem zijn er nauwelijks alternatieve vormen. Naast de *s*-vorm komen er in de tegenwoordige tijd alleen *nulmorfemen* voor. Dat wil zeggen dat de markering voor getal en persoon niet in de uitgang van de persoonsvorm terug te vinden is. Behalve bij de derde persoon enkelvoud zijn alle andere vervoegingen hetzelfde als de stam van het werkwoord. Bijvoorbeeld: *I go, you go, he goes, we go, you go, they go*. Het Nederlands heeft slechts drie mogelijke uitgangen: -0 (het nulmorfeem) voor de eerste persoon, -t voor de tweede en derde persoon, -en voor alle personen in het meervoud.

In hoofdstuk 3 wordt geïllustreerd dat zich normaal ontwikkelende kinderen de morfologische regels van een taal met een gemengde morfologie langzamer verwerven dan de regels van een taal met een uniforme morfologie. Bij taalgestoorde kinderen gaat het verwerven vaak nog langzamer. Ze hebben er nog meer moeite mee.

Kinderen met taalstoornissen die talen spreken met een uniforme morfologie, maken vooral substitutiefouten en minder omissiefouten. Kinderen die een taal verwerven met een gemengde morfologie, laten morfemen vooral weg (omissie). Volgens De Jong, Orgassa en Çavuş (2007) zijn substituties mogelijk omdat er vervoegde vormen zijn voor iedere persoon zowel in het enkel- als in het meervoud. Omissies vinden plaats omdat er geen andere morfemen zijn om het 'probleemmorfeem' door te vervangen.

Sommige deskundigen (o.a. Leonard e.a., 1992; Leonard & Eyer, 1996) geloven dat er een andere factor is die kan bijdragen aan de verschillende foutenpatronen in de verscheidene talen: de fonetische opvallendheid/waarneembaarheid van de morfemen. Morfemen die opvallen, bestaan vaak uit een hele lettergreep en kunnen soms ook worden verlengd. Ze zijn langer hoorbaar. Ook heeft de positie in de uiting en de mogelijkheid om de klemtoon op die morfemen te laten vallen invloed op de fonetische waarneembaarheid. Een vorm als de *-te* in 'Hij rookte' is bijvoorbeeld heel kort, terwijl *-ou* in 'Ele fumou' ('Hij heeft gerookt' in het Portugees) langer duurt. De klemtoon in 'rookte' valt op het eerste morfeem terwijl de grammaticale functie van dat woord door het fonetisch weinig opvallende morfeem *-te* wordt aangeduid. In 'Ele fumou' valt de klemtoon juist op het morfeem *-ou*, dat voltooid tegenwoordige tijd (v.t.t.) aanduidt. Dat morfeem is goed waarneembaar.

Kinderen met taalstoornissen hebben meer moeite met morfemen die weinig opvallend zijn dan kinderen zonder een taalstoornis. Morfemen die weinig opvallen zijn in het Engels en in het Nederlands zijn het achtervoegsel (suffix) van de derde persoon enkelvoud (de *-t* in het Nederlands en de *-s* in het Engels), de koppelwerkwoorden, de hulpwerkwoorden en de uitgang die de onvoltooid verleden tijd (o.v.t.) aanduidt *(-de/te* in het Nederlands en de *-ed* in het Engels).

In het Spaans, Frans en het Italiaans zijn het andere kleine woordjes, zoals de lidwoorden en *clitics* (onbeklemtoonde voornaamwoorden zoals *me/mi, se/si, le, la, les),* die weinig opvallend zijn. Deze woordjes hechten zich vast aan meer robuuste beklemtoonde woorden zoals werkwoorden. Daarom zijn ze moeilijker waar te nemen. Spaans, Frans en Italiaans sprekende kinderen met een taalstoornis hebben veel moeite met deze onderdelen van de *naamwoordelijke constituent* (Paradis, Crago & Genesee, 2003 en 2005/2006); Restrepo & Gutiérrez-Clellen, 2001; Bedore & Leonard, 2001). De meerderheid van de fouten met het lidwoord die Spaans sprekende kinderen met een taalstoornis maken, bestaat uit fouten van congruentie (geslacht) tussen lidwoord en zelfstandig naamwoord (o.a. Eng & O'Connor, 2000). Franssprekende kinderen maken vaak ongrammaticale zinnen door clitics in het midden van een zin weg te laten (Paradis, Crago & Genesee, 2003).

In talen met naamvalsmarkering zoals het Turks, het Hongaars en het Duits wordt de naamval soms uitgedrukt als een morfeem toegevoegd aan het zelfstandig naamwoord. Kinderen met taalstoornissen hebben problemen met die verbuigingen.

Onderzoekers als Paradis, Crago en Genesee (2005/2006) en Paradis (2007) hebben echter een andere verklaring voor de moeite die kinderen ervaren met deze morfemen. Volgens hen is de bron van het probleem met deze morfemen intrinsiek aan het linguïstische systeem en niet gelieerd aan fonetische opvallendheid. Om dit te illustreren geven ze onder andere het voorbeeld van de verwerving van de homofone morfemen -s in het Engels, die zowel tijd (derde persoon enkelvoud in de tegenwoordige tijd), getal (meervoud) als bezit ('Johns boek') markeren. Volgens de theorie van de fonetische opvallendheid zou er geen verschil zijn in de verwerving van deze morfemen. Ze zijn homofonen en dus even (niet-)opvallend. De studie van Paradis e.a. laat echter zien dat Engels sprekende kinderen met SLI meer moeite hebben met het verwerven van de tijdsmarkering -s dan met de meervoudsmarkering -s. Dit komt volgens de auteurs doordat de morfologie van de tijdsmarkering veel complexer is dan die van het meervoud. De oorzaak ligt dus in de linguïstische representatie van die structuren.

Is het niet extra belastend voor meertalige kinderen met een taalstoornis om meer dan één taal te leren? En bestaat daarin verschil tussen simultane en sequentiële taalverwervers? Er zijn niet veel studies van specifieke taalstoornissen bij meertalige kinderen die deze vragen behandelen. De weinige studies die er wel zijn, betreffen voornamelijk sequentiële taalverwervers, en in de meeste studies werd alleen de tweede of derde taal onderzocht, veelal de taal van het onderwijs. Veel studies hadden en hebben gewoon geen aandacht voor het verschil tussen simultane of sequentiële taalverwerving, en melden daarover dan ook niets. Onderzoek naar taalgestoorde kinderen die hun talen simultaan leren, is nog zeldzamer dan onderzoek naar sequentiële taalverwervers. Wel werden dan vaak alle talen van de kinderen onderzocht.

Enkele van de conclusies uit dit materiaal worden hierna besproken.

6.2 Taalstoornissen bij sequentiële meertalige kinderen

Het onderzoek naar taalstoornissen bij sequentiële taalverwervers geeft resultaten die vaak lastig te interpreteren zijn, vooral doordat de doelstellingen van de projecten zeer uiteenlopend waren, de onderzoeksvragen sterk verschilden en de opzet van de studies dus ook verschilde.

Studies waarin meertalige en eentalige kinderen met een taalstoornis vergeleken worden, laten zien dat meertalige kinderen met een taalstoornis complexere en ernstigere morfosyntactische problemen in hun tweede of derde taal hadden dan eentalige kinderen die diezelfde taal als moedertaal hadden (o.a. Botting e.a., 1997, 1998; Conti-Ramsden e.a., 1997; Crutchley e.a. 1997a/b). Ook hadden ze niet alleen problemen met de taalproductie, maar ook met taalbegrip.

Er werd in genoemde studies echter geen rekening gehouden met de andere taal of talen van de meertalige kinderen. De onderzoekers waren gericht op het antwoord op 'hoeveel moeite hebben deze kinderen om het Engels te leren?' Dit was een op onderwijs gerichte vraag. Engels is de taal van instructie op school. De onderzoeksvraag was niet gericht op het vaststellen van de moeite die deze kinderen in het algemeen moeten doen om een taalsysteem te leren.

Voor logopedisten en onderzoekers is het relevanter om te weten hoe meertalige kinderen met taalstoornissen presteren in vergelijking met meertalige kinderen die zich normaal ontwikkelen en in ongeveer dezelfde omstandigheden opgroeien. Håkansson, Salameh en Nettelbladt (2003) en Salameh (2003) hebben geprobeerd hierop een antwoord te vinden met een onderzoek waarbij een taalstoornis zichtbaar kon worden gemaakt in beide talen. Zij onderzochten Arabisch en Zweeds sprekende kinderen met en zonder ernstige taalstoornissen. Zij vonden dat de kinderen met taalstoornissen problemen hadden met de morfosyntaxis. Ze hadden in beide talen een laag grammaticaal niveau. De kinderen zonder taalstoornissen daarentegen hadden een hoog grammaticaal niveau in ten minste één van de talen. De resultaten van de studie die Steenge (2006) in Nederland uitvoerde, komen overeen met deze bevinding. Steenge vergeleek meertalige kinderen met ernstige spraak- en taalmoeilijkheden (ESM) met verschillende andere groepen kinderen: eentalige kinderen met een normale taalontwikkeling, eentalige kinderen met ESM en meertalige kinderen met een normale taalontwikkeling. Ook werd er één fout in de werkwoordvervoeging gevonden die een kenmerk zou kunnen zijn van een specifieke taalstoornis in het Nederlands: omissie van de uitgang voor de derde persoon enkelvoud (-t). Deze fout werd gemaakt door beide groepen ESM-kinderen. Deze fout in de congruentie tussen werkwoord en onderwerp wordt vaak gerapporteerd in onderzoek van de taal van eentalige kinderen met taalstoornissen (o.a. De Jong, 1999; Fletcher & Ingham, 1995), als een mogelijk kenmerk van een specifieke taalstoornis. Andere fouten die ook in de literatuur worden gerapporteerd als typisch voor taalstoornissen, bleken niet specifiek door de kinderen met ESM gemaakt te worden. Dat betrof onder andere de moeite met de verledentijdsmarkering en substitutie van morfemen.

Een andere belangrijke uitkomst van verschillende studies (o.a. Salameh, 2003; Steenge, 2006) is dat het *metalinguïstisch bewustzijn* (het zich bewust zijn van taal en van de structuur van woorden en zinnen) in het Turks grote invloed heeft op het metalinguïstisch bewustzijn in het Nederlands.

Metalinguïstisch bewustzijn in het Turks had ook op de linguïstische vaardigheden in het Nederlands een positieve invloed. Daarnaast bleek dat metalinguïstisch bewustzijn in een taal (hetzij Turks of Nederlands) grote invloed had op de linguïstische vaardigheden in diezelfde taal. Je zou dus kunnen concluderen dat metalinguïstisch bewustzijn in de moedertaal (in dit geval het Turks) meehelpt in de ontwikkeling van zowel metalinguïstische als linguïstische vaardigheden in de tweede taal (in dit geval het Nederlands). Dit bewustzijn van taal maakt dat het kind het vermogen ontwikkelt om niet alleen na te denken over taal, maar ook om onderdelen van taal te manipuleren. Een kind dat beschikt over metalinguïstisch vaardigheid is beter in staat taal te leren dan een kind dat niet over die vaardigheid beschikt.

In een andere studie, die bij dit schrijven nog in uitvoering was (De Jong, Orgassa & Çavuş, 2007), wordt geprobeerd om kenmerken te vinden waarmee SLI onderscheiden kan worden van de moeilijkheden van het leren van Nederlands als tweede (of volgende) taal. Voorlopige resultaten bevestigen dat congruentie tussen onderwerp (persoon en getal) en de daarbij behorende werkwoordsuitgang een kwetsbaar domein is binnen het taalprofiel van specifieke taalstoornissen. Zowel eentalige als meertalige taalgestoorde kinderen vertonen een vertraagd verwervingsproces van de werkwoordsvervoeging. Frequentie en vorm van de discongruentie hangen af van de kenmerken van de taal. Er worden meer fouten gemaakt in het Nederlands, een taal met een *gemengde morfologie*, dan in het Turks, een taal met een *uniforme morfologie*. In het Turks nemen de fouten daarnaast vooral de vorm aan van substitutie (vervanging), terwijl in het Nederlands meer omissiefouten (weglating) worden gemaakt.

Deze resultaten komen overeen met wat men zou verwachten op basis van de beschrijving van de symptomen van taalstoornissen, besproken in paragraaf 6.1.

Deze studie laat ook zien dat kinderen die het Nederlands als tweede taal leren, moeite hebben met lidwoorden (aanduiden van geslacht) en met de congruentie tussen lidwoord, bijvoeglijk naamwoord en zelfstandig naamwoord (als in 'een groot appel' in plaats van 'een grote appel'). Deze problemen komen overeen met de beschrijving in hoofdstuk 4 van de moeilijkheden van zich normaal ontwikkelende verwervers van het Nederlands als tweede taal.

Het verschil tussen meertalige kinderen met en zonder taalstoornis in de beheersing van het Nederlands is significant en wijst erop dat bij meertalige kinderen met een taalstoornis sprake is van een cumulatief effect. Dat wil zeggen dat ze bij het leren van het Nederlands niet alleen last hebben van hun taalstoornis, maar ook van hun meertaligheid. Wel wordt het effect van de genoemde morfosyntactische problemen die veroorzaakt worden door de meertaligheid overschat. Dat effect is groot in de tussentaalfase en verdwijnt in de loop der jaren, tenzij er sprake is van substractieve meertaligheid. Er zijn geen aanwijzingen dat additieve meertaligheid de schoolontwikkeling hindert.

Bij het stellen van een diagnose bij een meertalig kind bij wie een taalstoornis wordt vermoed, zijn met de nu beschikbare inzichten dus al enkele uitgangspunten te onderscheiden, die ook voor advisering aan betrokkenen van groot belang zijn.

- Een meertalig kind dat problemen laat zien in slechts één van de talen heeft geen echte taalstoornis.
- De hoeveelheid grammaticale fouten verschilt per taal. Het aantal fouten in de taal met een gemengde morfologie overtreft meestal die in de taal met een uniforme morfologie.
- Metalinguïstisch bewustzijn in de moedertaal is gunstig voor de ontwikkeling van die taal en ook van de volgende taal.
- Een deel van de fouten in het Nederlands van meertalige kinderen met een taalstoornis lijkt op de fouten die eentalige kinderen met taalstoornissen maken (b.v. de congruentie in de vervoeging van het werkwoord. Dat is een kenmerkend probleem van kinderen met SLI).
- Een ander deel van de fouten in het Nederlands van sequentieel meertalige kinderen is typisch voor hun meertaligheid. Dat betreft de congruentie tussen lidwoord en zelfstandig naamwoord en tussen bijvoeglijk naamwoord en zelfstandig naamwoord.
- Het is nog onbekend of de fouten die meertalige kinderen met SLI in het Turks maken dezelfde zijn als die eentalige Turks sprekende kinderen maken. Hierover is nog geen informatie beschikbaar.

Het spreekt voor zich dat men deze conclusies voorzichtig moet hanteren. Het betreft een nog beperkte dataverzameling en ook werd geen rekening gehouden met factoren als taaldominantie en kwantiteit en kwaliteit van taalaanbod.

De volgende logische vraag is nu: hebben simultane taalverwervers met een taalstoornis dezelfde moeilijkheden als sequentiële taalverwervers met een taalstoornis? De volgende paragraaf gaat hier op in.

6.3 Taalstoornissen bij simultaan meertalige kinderen

Over onderzoek van de taalvaardigheid van uitsluitend simultaan meertalige kinderen met een specifieke taalstoornis, is weinig literatuur beschikbaar. In veel studies werd bij de selectie van de meertalige kinderen geen rekening gehouden met het type meertaligheid van die kinderen, waardoor de vraag of simultane taalverwervers dezelfde problemen hebben als sequentiële taalverwervers, moeilijk te beantwoorden is. Ook is sequentiële meertaligheid de meeste voorkomende vorm van meertaligheid in de meeste landen. Meestal leren kinderen een taal thuis en een tweede taal op school.

Enkele onderzoekers hebben studies verricht waarbij zij de taalproductie van Frans-Engelse simultaan meertalige Canadese kinderen met een specifieke taalstoornis onderzochten (o.a. Paradis & Crago (2000); Paradis, Crago & Genesee (2003); Paradis, Crago, Genesee & Rice (2003); Paradis (2007)). Deze studies waren kleinschalig maar leveren overtuigend bewijs dat in het algemeen simultaan meertalige kinderen met een taalstoornis hetzelfde soort problemen hebben als eentalige kinderen met een taalstoornis. Ook zijn de aard en ernst van de stoornis dezelfde als die van eentalige Engels sprekende en eentalige Frans sprekende kinderen van dezelfde leeftijd met een taalstoornis. De meertalige kinderen met taalstoornissen in die studies presteerden niet slechter dan de eentalige kinderen met een taalstoornis. De kinderen maakten ook dezelfde fouten als eentalige Engels sprekende kinderen en eentalige Frans sprekende kinderen met een taalstoornis. Zo hadden zij in het Frans moeite met de clitics, vooral die met de functie van lijdend voorwerp. Ook hadden ze in beide talen problemen met aan het tijdsaspect gerelateerde morfologie.

Hierbij mag natuurlijk niet worden vergeten dat de kinderen in deze Canadese studies de talen leren in een context van *additieve* meertaligheid. Ze hadden een voldoende en rijke blootstelling aan beide talen. Vaak worden thuis beide talen gesproken; de ouders beheersen beide talen goed; beide talen worden in de gemeenschap en op school gesproken en beide zijn officiële talen. Dat is lang niet altijd het geval bij simultaan meertalige kinderen in de Nederlandse situatie. Daarom moeten we deze resultaten met de nodige voorzichtigheid interpreteren. De auteurs geven dan ook aan dat de resultaten wellicht anders zijn bij andere groepen simultane taalverwervers of bij sequentiële taalverwervers.

Bij het stellen van een diagnose bij een simultaan meertalig kind bij wie een taalstoornis wordt vermoed en voor advisering aan betrokkenen, bieden de resultaten van deze studie onder andere de volgende nuttige inzichten:

- simultaan meertalige kinderen met een taalstoornis laten problemen zien in alle talen die ze spreken;
- die problemen zijn dezelfde als die van eentalige kinderen met een taalstoornis;
- de aard en ernst van de stoornis is dezelfde als die van eentalige kinderen van dezelfde leeftijd met een taalstoornis;
- omdat de aard en ernst van de stoornis dezelfde zijn als bij eentalige kinderen, heeft het geen zin hun ouders af te raden hun kinderen meertalig op te voeden.

Met enige voorzichtigheid kan nu de vraag van het einde van de vorige paragraaf worden beantwoord: hebben simultane taalverwervers met een taalstoornis dezelfde moeilijkheden als sequentiële taalverwervers met een taalstoornis?

Het lijkt erop dat zowel sequentiële als simultane taalverwervers met een taalstoornis dezelfde fouten maken als eentalige kinderen met een taalstoornis die diezelfde talen spreken. De studie van De Jong e.a. (2007) wijst erop dat er een verschil lijkt te bestaan tussen de sequentiële en simultaan meertalige kinderen met een taalstoornis, namelijk dat sequentieel meertalige kinderen, naast de typische SLI-fouten, ook typische NT2-fouten maken. Deze fouten zijn te herleiden tot het leren van het Nederlands als tweede taal. De moeilijkheden lijken dus groter bij sequentiële taalverwervers dan bij simultane taalverwervers.

6.4 Mogelijke belastende en ongunstige factoren

De uitkomsten van verschillende studies (Bruck, 1982; Salameh, 2003; Paradis, Crago & Genesee, 2003; Paradis, Crago, Genesee & Rice, 2003; Genesee, Paradis & Crago, 2004; Paradis, Crago & Genesee, 2005, 2006) laten zien dat meertalige kinderen met taalstoornissen, zelfs met ernstige, in staat zijn om meerdere talen te leren. Dat gebeurt wel in een lager tempo dan bij de kinderen zonder stoornissen. Ook hebben deze kinderen een grotere behoefte aan een rijke en gevarieerde blootstelling aan beide talen.

Onder ongunstige omstandigheden kan meertaligheid echter negatieve gevolgen hebben voor de taalontwikkeling van het kind met een taalstoornis. Dit is bijvoorbeeld het geval wanneer er sprake is van subtractieve meertaligheid. Restrepo (2003) vond dat het Spaans van twee Spaanstalige kinderen met een taalstoornis, in scholen waar alleen Engels wordt gesproken, binnen één jaar aanmerkelijk achteruit was gegaan. De pogingen die daarna werden ondernomen om deze kinderen te helpen hun moedertaal op peil te houden, namelijk door hun twee uur per week logopedische behandeling in hun moedertaal (het Spaans) te geven, waren niet toereikend. In andere studies van Spaanstalige kinderen zonder een taalstoornis, maar waarvan ook sprake was van subtractieve meertaligheid, is de achteruitgang binnen één jaar lang niet zo opvallend (Anderson, 1999, 2002). Het verliezen van een taal kan ernstige gevolgen hebben als het kind al zijn talen nodig heeft om met de omgeving te communiceren. Als de ouders de inmiddels dominante taal van hun kind niet goed beheersen, kunnen ze het kind wellicht niet goed opvoeden. In zo'n situatie kunnen socio-emotionele problemen (bij ouders én kinderen) ontstaan.

Kinderen met een taalstoornis in de context van subtractieve meertaligheid lopen dus een groter risico een van hun talen te verliezen – vaak de moedertaal – dan hun leeftijdgenoten in een context van additieve meertaligheid. De oorzaak van het taalverlies is vooral gelegen in omgevingsfactoren en niet in factoren die inherent zijn aan het kind zelf.

Als bij een meertalig kind met een taalstoornis sprake is van subtractieve meertaligheid, zijn de taalproblemen in zo'n geval cumulatief; ze worden veroorzaakt door zowel de subtractieve meertaligheid als door de taalstoornis.

Deze uiterst belangrijke inzichten moeten aan de basis staan van beslissingen van ouders, school en logopedist over taalkeuzes, onderwijs en taaltherapie. In de hoofdstukken 8 en 9 gaan we in op wat de consequenties zijn van deze inzichten voor de logopedische behandeling en de advisering aan ouders en leerkrachten.

6.5 Samenvatting

Taalstoornissen komen bij meertalige kinderen niet meer of minder voor dan bij eentalige kinderen. Maar als een meertalig kind een taalstoornis heeft, vraagt men zich af of het niet al te belastend is voor het kind om meer dan één taal te leren. En maakte het uit of het kind de talen simultaan of sequentieel leert? Wat zijn de kenmerken in de taalontwikkeling van deze kinderen? Verschillen deze kenmerken van die van eentalige kinderen met een taalstoornis?

Kinderen bij wie het vermoeden bestaat van een taalstoornis, kunnen algemene symptomen laten zien die daarop wijzen. Dat zijn onder andere een late aanvang van de taalontwikkeling, een zwak auditief geheugen en extreme moeite met de morfosyntaxis en de fonologie in alle talen die het kind actief gebruikt.

Daarnaast bestaan er symptomen die specifiek zijn voor iedere taal. Cross-linguïstische literatuur over eentalige kinderen laat zien dat de kenmerken van een specifieke taalstoornis per taal verschillen. In het algemeen hebben kinderen met taalstoornissen beduidend meer moeilijkheden met morfemen die weinig opvallen en waarvan de betekenis niet transparant is. Kinderen die talen met een uniforme morfologie verwerven hebben minder moeite met de werkwoordelijke constituent dan kinderen die talen verwerven met een gemengde morfologie.

Vaststellen van de algemene symptomen en van de taalspecifieke symptomen is nodig voor het onderkennen van een taalstoornis en voor het stellen van een differentiële diagnose. De problemen moeten wel in alle talen die het kind gebruikt aanwezig zijn om van een taalstoornis te kunnen spreken. Andere mogelijke oorzaken, zoals een vertraagde cognitieve ontwikkeling, taaldeprivatie of gehoorproblemen, moeten dan uitgesloten zijn.

De voorlopige gegevens over de taal van zowel simultaan als sequentieel meertalige kinderen met taalstoornissen suggereren dat ze in elk van hun talen hetzelfde soort morfosyntactische fouten maken als eentalige kinderen met taalstoornissen. Een studie laat zien dat sequentiële meertalige kinderen met een taalstoornis, naast de typische SLI-fouten, ook fouten maken die veroorzaakt worden door hun meertaligheid. Sommige onderzoeken wijzen uit dat meertalige kinderen met een taalstoornis, die de talen in een context van additieve meertaligheid leren, niet méér belemmerd worden in hun taal- en leerontwikkeling door het leren van meer dan één taal, dan wanneer ze slechts één taal leren. Bij subtractieve meertaligheid, zoals bij veel kinderen die in Nederland opgroeien met Nederlands als tweede taal, ziet men vaker dat de moeilijkheden cumulatief zijn. Ze worden niet alleen door de taalstoornis veroorzaakt, maar ook door de meertaligheid.

Meertalige kinderen met een taalstoornis leren in een lager tempo dan meertalige kinderen zonder stoornissen. Ze hebben meer behoefte aan een intensieve, regelmatige en rijke blootstelling aan beide talen dan kinderen zonder een taalstoornis.

Verder heeft metalinguïstisch bewustzijn in de ene taal een positieve invloed op zowel metalinguïstische als linguïstische vaardigheden in de andere.

Kennis van de kenmerken van het taalverwervingsproces van meertalige kinderen met taalstoornissen moet de basis zijn van de beslissingen van ouders, school en logopedist over taalkeuzes, onderwijs en taaltherapie. Ook voor de diagnosticus, die de moeilijke taak heeft om onderscheid te maken tussen een gestoorde en een gewone meertalige taalontwikkeling, is deze kennis onmisbaar.

6.6 Opdrachten

1. Stel dat je een Spaans- en Nederlandstalige jongen van vijf jaar gaat onderzoeken. Hij heeft beide talen simultaan geleerd. De ouders en de school hebben het sterke vermoeden dat hij een taalstoornis heeft. De school vertelt dat hij veel moeite heeft met het formuleren van zinnen in het Nederlands. Welke problemen zou je, op basis van de informatie in dit hoofdstuk, verwachten te horen in de morfosyntaxis in beide talen?
2. Morfologie-oefening
   a. Vul het kader op pagina 100 in met het werkwoord 'lopen' in de tegenwoordige tijd in een taal van je keuze, maar kies een taal waarvan je écht niets weet! Ga na wat voor soort taal het is: heeft deze een uniforme morfologie (zoals het Turks) of een gemengde morfologie (zoals het Nederlands)?
   b. Welke mogelijke problemen kun je verwachten in de vervoeging van werkwoorden in die taal bij een kind met een taalstoornis? Motiveer je antwoord.

Nederlands	Ik loop	Jij loop**t**	Hij loop**t**	Wij lop**en**	Jullie lop**en**	Zij lop**en**
Turks	(Ben) yürüyor**um**	(Sen) yürüyor**sun**	(O) yürüyor	(Biz) yürüyor**uz**	(Siz) yürüyor**sunuz**	(Onlar) yürüyor**lar**

(Kader ook beschikbaar op www.clinicababilonica.eu)

7 Diagnose van taalstoornissen

Aisa heeft géén taalstoornis.
Haar taalontwikkeling in de moedertaal is adequaat voor haar leeftijd.
Ze heeft geen therapie nodig.

Hoezo heeft ze geen taalstoornis?
Haar beheersing van het Nederlands is waardeloos!
Zij moet logopedie krijgen!

Om bij meertalige kinderen de taalontwikkeling te kunnen beoordelen, moeten de diagnostische methoden en instrumenten niet alleen met de meertaligheid rekening houden maar ook met de multiculturaliteit van de kinderen. Wanneer instrumenten worden gebruikt die zijn ontwikkeld voor, en genormeerd op eentalige kinderen, bestaat het risico dat er een taalstoornis wordt vastgesteld terwijl het kind er geen heeft (*overdiagnosticeren*). Ook het tegenovergestelde kan zich voordoen wanneer men geen echte taalstoornis vindt, terwijl deze wel aanwezig is (*onderdiagnosticeren*). Dit kan gebeuren, zoals later in dit hoofdstuk wordt geïllustreerd, wanneer de gebruikte instrumenten niet gevoelig genoeg zijn om een differentiële diagnose te kunnen stellen, in andere woorden om een onderscheid te kunnen maken tussen zich normaal ontwikkelende kinderen die het Nederlands nog niet voldoende beheersen, en kinderen met een echte taalstoornis.

Er zijn verscheidene redenen waarom er zo weinig instrumenten zijn voor de beoordeling van de taal van meertalige kinderen. Een daarvan is dat het moeilijk is om normen te ontwikkelen voor zo'n diverse groep. Zoals in hoofdstuk 4 werd beschreven, zijn er in Nederland veel verschillende groepen meertalige kinderen. De ontwikkeling van de talen in de ene groep (bijvoorbeeld bij *simultaan meertalige* kinderen uit een kleine minderheid) verloopt anders dan in de andere groep (bijvoorbeeld *sequentieel meertalige* kinderen uit een grote minderheid).

Dit hoofdstuk gaat in op de vraag hoe over- en onderdiagnosticeren te vermijden is. Het zal duidelijk worden dat dit geen eenvoudige vraag is en dat slechts een deel van de mogelijke antwoorden aan de orde kan komen.

De eerste paragraaf gaat in op een aantal basisprincipes voor de diagnostiek, de volgende paragraaf op moeilijkheden en valkuilen bij het implementeren van die principes. Hierna volgen de voorwaarden voor het onderzoek van de taalbeheersing van het kind in andere talen dan het Nederlands. Alternatieve benaderingen die gebruikt (zouden) kunnen worden om taalstoornissen bij deze kinderen adequaat te kunnen diagosticeren, worden beschreven. Hierna volgt een discussie over de interpretatie van de gegevens om tot een diagnose te kunnen komen en hoe de advisering en doorverwijzing kan plaatsvinden.

7.1 Basisprincipes

Om een taalstoornis bij een meertalig kind te diagnosticeren zijn de volgende basisprincipes belangrijk.

- Een taalstoornis kan niet gediagnosticeerd worden zonder met alle talen van het kind rekening te houden. Als een kind meerdere talen actief gebruikt, moet de beheersing van al die talen beoordeeld worden. Als het kind een van de talen alleen maar receptief beheerst, zou de receptieve kennis van die taal ook beoordeeld moeten worden. Het spreekt vanzelf dat het geen zin heeft om bij die taal naar de productieve beheersing te kijken.

- Testresultaten mogen niet geïnterpreteerd worden volgens normen voor eentalige kinderen, omdat ze sterk beïnvloed worden door culturele, linguïstische en sociolinguïstische factoren. Bovendien hebben eentalige en meertalige kinderen een verschillende hoeveelheid taalaanbod aan hun talen. Op dit principe zijn uitzonderingen: kinderen die de talen simultaan leren in een omgeving waarin sprake is van *additieve* meertaligheid, ontwikkelen beide talen op een manier en in een tempo die vergelijkbaar zijn met die van eentalige kinderen. Met enige voorzichtigheid mag men dan beoordelen op basis van de normen die er zijn voor eentalige kinderen. Een andere uitzondering geldt voor kinderen die aan hun dominante taal evenveel worden blootgesteld als eentalige kinderen. Bij deze meertalige kinderen kunnen, ook met enige voorzichtigheid, de normen voor eentalige verwervers van die taal worden toegepast.
- Instrumenten voor het taalonderzoek van meertalige kinderen moeten zich richten op linguïstische aspecten die kenmerkend zijn voor de taalsystemen van die kinderen. Ook moeten ze rekening houden met dialectische verschillen. Dialectische en sociolectische varianten dienen niet als afwijking te worden beoordeeld: 'hun hebben' is een dialectische variant, representatief voor sommige groepen en niet voor alle.
- Meertalige kinderen met taalstoornissen zouden idealiter vergeleken moeten worden met meertalige kinderen zonder taalstoornissen die dezelfde talen spreken. Om de vergelijking echt geldig te maken moeten die kinderen strikt genomen (ongeveer) dezelfde hoeveelheid blootstelling aan de betreffende talen hebben gehad en in vergelijkbare omstandigheden opgroeien.

Het is niet gemakkelijk, en soms nagenoeg onmogelijk, om te allen tijde deze principes te volgen.

7.2 Moeilijkheden en valkuilen

Wat zijn zoal de problemen? De voorbeelden in deze paragraaf zijn op zich relevant, maar zeker ook bedoeld voor het ontwikkelen van het scherpe, eigen bewustzijn dat niet zomaar elke test, zelfs als deze genormeerd is op meertalige kinderen, zonder reserves en risico's kan worden gebruikt om een taalstoornis te diagnosticeren.

Veel in gebruik zijnde tests bevatten onderdelen die geen rekening houden met de taalsystemen, zoals de tussentaal van meertalige kinderen. Ze zijn gebaseerd op woorden, concepten en interactiepatronen die bekend zijn in de Nederlandse cultuur, maar misschien niet in de cultuur van de meertalige kinderen. Die testen zijn dan *taal-biased* of *inhouds-biased*. In het testjargon betekent *bias* een onbedoeld nadelig effect voor een bepaalde sociale of culturele groep. Zelfs met gebruik van tests die zijn ontwikkeld voor, en genormeerd op meertalige kinderen, kan bias ontstaan. Een voorbeeld is de opdracht in het onderdeel 'Woordvormingstaak' van de Taaltoets Allochtone Kinderen (de 'oude' TAK; Verhoeven en Vermeer, 1986), waarmee vooral de onvoltooid verleden tijd (o.v.t.) van sterke en onregelmatige werkwoorden wordt getest. Zes van de negen items van dit onderdeel testen kennis van precies deze vervoegingen. De opvolger van deze test, de Taaltoets Alle Kinderen (TAK) (Verhoeven & Vermeer, 2001), bevat een vergelijkbare opdracht in het onderdeel Woordvorming, waarmee kennis van het voltooid deelwoord wordt getest. Acht van de twaalf items van deze opdracht toetsen de kennis van sterke en onregelmatige werkwoorden. Zulke opdrachten zijn misschien relevant voor het onderwijs, maar zijn niet relevant voor de differentiële diagnostiek. De meeste sequentiële taalverwervers, zeker zij die zich in de tussentaalfase van het verwerven van het Nederlands bevinden, hebben moeite met de vervoeging van de o.v.t. en van het voltooid deelwoord van sterke en onregelmatige werkwoorden. Hun taalsysteem kenmerkt zich onder andere door het vermijden van de verledentijdsvervoeging, wat een heel normale cognitieve strategie is. In plaats daarvan wordt de combinatie 'ging + infinitief' gebruikt, zoals in 'De jongen ging lopen naar school', terwijl de zin 'De jongen liep naar school' meer voorkomt in het Standaardnederlands. Als een kind op deze onderdelen van deze tests slecht presteert, is nog steeds niet duidelijk of er sprake is van een taalstoornis of dat de fouten een andere oorzaak hebben, zoals een (nog) beperkte ervaring met het Nederlands.

De normgroep van veel tests bestaat uit eentalige Nederlandstalige kinderen. Deze testen zijn *norm-biased*. En zelfs de tests waarin wel rekening wordt gehouden met de meertaligheid van de kinderen, zoals de Taaltoets Allochtone Kinderen en de Taaltoets Alle Kinderen, moeten met voorzichtigheid worden gebruikt. Ze zijn vooral bedoeld voor het onderwijs van het Nederlands als tweede taal en zijn geschikt om lacunes in de beheersing van het Nederlands op te sporen. Ze zijn ook nuttig als eerste indicatie van een mogelijke stoornis (de leerkracht merkt dat het kind een van de talen niet goed beheerst, dus misschien heeft een kind een probleem ...), maar ze zijn niet gevoelig genoeg om taalstoornissen te diagnosticeren. Het voorbeeld hierna illustreert dit.

Een zesjarig kind in groep 2 behaalt bij het onderdeel 'Passieve woordenschat' van de TAK (Verhoeven & Vermeer, 2001) een score van 24. Dit is een gemiddelde score voor meertalige kinderen die thuis voornamelijk de moedertaal spreken. Deze score duidt er echter op dat dit kind een heel beperkte receptieve woordenschat (tussen 1500 en 2000 woorden) heeft in het Nederlands. De kans bestaat dat het kind om een andere reden dan zijn talige en sociaal-economische situatie, bijvoorbeeld vanwege een taalstoornis, deze beperkte woordenschat heeft. Als dit kind ook in de moedertaal een kleine receptieve woordenschat heeft, ondanks voldoende en rijke blootstelling, kan dit wijzen op een stoornis. Een zich normaal ontwikkelend kind van zes jaar hoort in ten minste een van de talen die hij spreekt een grotere receptieve woordenschat te hebben dan het voorbeeld hierboven. O'Rourke (1974) en Augst e.a. (1977) schatten de productieve woordenschat van eentalige zesjarige kinderen op tussen de 2500 en de 5000 woorden; Verhoeven en Vermeer (1985) vermelden voor eentalige Nederlands sprekende zesjarigen een productieve woordenschat van 3250 woorden en een receptieve woordenschat van 4550 woorden.

De receptieve woordenschat is altijd groter dan de productieve, soms wel twee keer zo groot (Baker, 2000). Dit betekent dat de taalbeheersing van het kind uit dit voorbeeld, met een receptieve woordenschat tussen de 1500 en de 2000 woorden, extreem beperkt is. Omdat zijn score in het Nederlands, zijn tweede taal, gemiddeld is, onderzoekt men echter niet verder. Zijn score valt immers binnen de normen voor zijn groep. Het gevaar voor onderdiagnose ligt hier op de loer.

Wat kan er gedaan worden om de basisprincipes toch zo veel mogelijk in praktijk te brengen? De volgende paragraaf gaat hierop in.

7.3 Voorwaarden voor het onderzoek van de andere taal of talen

Een groot verschil tussen het taalonderzoek bij eentalige en meertalige kinderen is dat bij de laatste groep niet alleen het Nederlands maar ook de andere taal of talen die het kind actief en passief gebruikt, onderzocht moeten worden. In alle gevallen dient bij de diagnostiek rekening te worden gehouden met de blootstelling aan verschillende talen, hoe beperkt deze ook is. De taalontwikkeling in alle talen moet altijd gezien worden tegen de achtergrond van het taalaanbod en de gelegenheid die het kind heeft gehad om die talen te leren. Zoals eerder gezegd zijn er slechts instrumenten beschikbaar voor een beperkt aantal talen (Turks, Tarifit-Berbers, Marokkaans-Arabisch en Papiamento). Veel kinderen spreken juist andere talen. Een grote – en begrijpelijke – belemmering is dat zij die bij diagnose en therapie zijn betrokken, de talen van de kinderen zelf niet machtig zijn. De diagnose van een taalstoornis bij meertalige kinderen is ook daarom lastiger dan bij eentalige Nederlandstalige kinderen. Wat kan er gedaan worden om over- en onderdiagnose toch te voorkomen? De afgelopen jaren zijn enkele *best practices* ontwikkeld, waarvan een aantal voorbeelden volgt in paragraaf 7.4. Om die best practices te implementeren moet aan enkele voorwaarden worden voldaan. Het is nodig om te weten hoeveel blootstelling het kind heeft gehad aan ieder van zijn talen. De onderzoeker die de taal of talen van het kind niet spreekt, heeft de hulp van een tolk nodig. Deze twee voorwaarden worden hieronder besproken.

7.3.1 Anamnese Taalaanbod

Een anamnesegesprek is bedoeld om informatie over het kind te verzamelen. Die informatie stuurt het onderzoek in de juiste richting en is nodig bij de interpretatie van de verzamelde gegevens. Bij meertalige kinderen is het niet alleen belangrijk om informatie te verzamelen over de algemene (motorische en sociaal-emotionele) ontwikkeling en de medische geschiedenis van het kind. Het is van uiterst belang om ook te weten hoe, en in welke omstandigheden, het meertalige taalaanbod tot aan dit moment is geweest. Dit heeft invloed op de houding en motivatie van het kind om de betreffende talen te leren en is bepalend voor succes of stagneren van de taalverwerving.

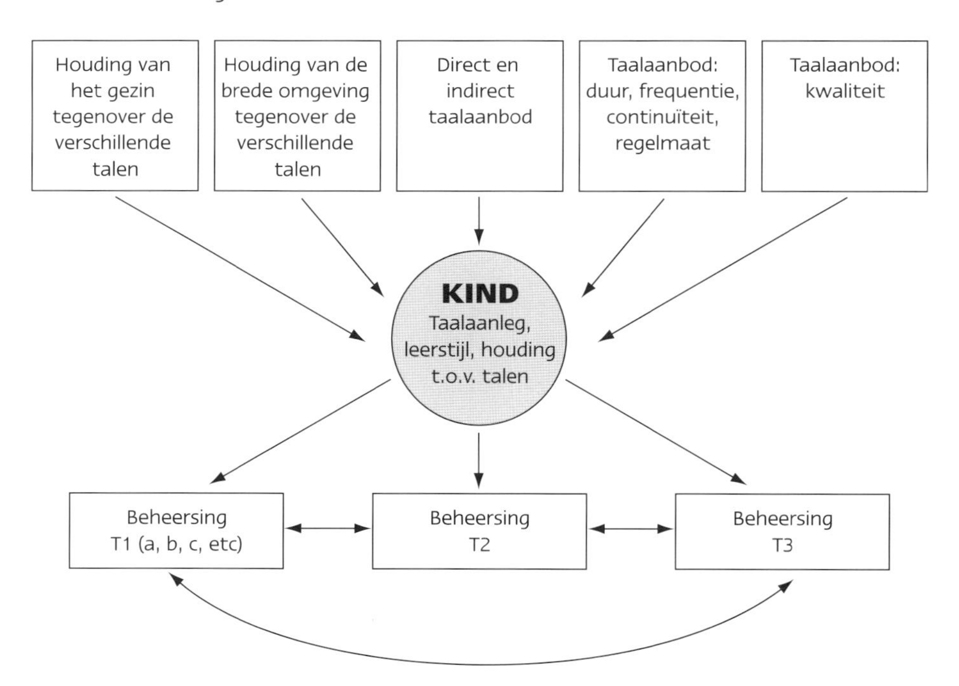

Figuur 7.1 Factoren die de meertaligheid van het kind beïnvloeden

Figuur 7.1 geeft de samenhang weer tussen de factoren die in de hoofdstukken 4 en 5 zijn besproken en die invloed hebben op de taalontwikkeling van een meertalig kind. Deze factoren bepalen voor een belangrijk deel de uiteindelijke beheersing van de talen. Er zijn factoren buiten het kind, zoals de houding van het gezin tegenover de verschillende talen, houding van de brede omgeving, en de hoeveelheid en kwaliteit van het taalaanbod. Er zijn ook factoren in het kind zelf, zoals taalaanleg, leerstijl en eigen houding van het kind ten opzichte van de talen. De combinatie van deze factoren bepaalt de beheersing van de eerste taal of talen (T1 a, b, c enzovoort) en ook van de tweede (T2) en eventueel derde (T3) (en volgende) talen. De beheersing van iedere taal beïnvloedt op zijn beurt de beheersing van de andere talen.

Om deze informatie zo goed en systematisch mogelijk te achterhalen zijn er verschillende vragenlijsten ontwikkeld, onder andere:

- de Anamnese Meertaligheid, door Blumenthal en Julien, 2000;
- de Anamnese Meertalige Kinderen (AMK), door SIG, 2006;
- de Anamnese Meertaligheid-Vragenlijst, die het resultaat is van een samenwerking tussen de Landelijke Commissie Toezicht Indicatiestelling (LCTI), Commissies voor de Indicatiestelling (CvI's), het Kenniscentrum Meertaligheid, Kind en Ontwikkeling en Siméa, 2005;
- de Anamnese Taalaanbod, door Julien, 2008 in bijlage 2 van dit boek.

Afhankelijk van het doel van het onderzoek kan een keuze worden gemaakt uit deze of andere vragenlijsten. De oorspronkelijke Anamnese Meertaligheid (Blumenthal & Julien, 2000) was vooral bedoeld voor diagnostiek en advisering. De Anamnese Meertaligheid-Vragenlijst is een meer beknopte versie van die eerste lijst en is ontwikkeld ten behoeve van de onderwijsindicatie. De AMK is een uitgebreidere lijst waarmee tevens gegevens over de speelervaringen (spel en speelgoed) van het kind in kaart gebracht kunnen worden. De Anamnese Taalaanbod is het resultaat van enkele jaren ervaring van de auteur met de Anamnese Meertaligheid en is deels daarop gebaseerd. Het doel is hetzelfde als dat van de oorspronkelijke lijst. Het verschil is dat de vragen sneller zijn door te nemen en dat de lijst vragen bevat die gericht zijn op het in kaart brengen van de belangrijkste aspecten die de taalbeheersing van het kind bepalen, zoals taalinput, taaldominantie, taalverlies en de houding van het kind zelf.

Voor een productief en relevant anamnesegesprek en voor het stellen van de juiste vragen is een goede voorbereiding nodig. Het helpt om van tevoren te weten welke taal of talen worden gesproken in het land of de streek waar de ouders van het kind vandaan komen en welke gevoelens met die taal of talen verbonden kunnen zijn.

Literatuur, mensen die uit hetzelfde land komen, en een snelle internetspeurtocht bieden vaak de noodzakelijke informatie. Zie ook de materiaal- en literatuursuggesties voor zelfstudie voor hoofdstuk 2 en voor dit hoofdstuk, achterin dit boek.

7.3.2 Werken met een tolk

Wanneer bij het onderzoek de begeleider van het kind het Nederlands niet voldoende beheerst, is het gebruik van een tolk aan te raden om de communicatie te vergemakkelijken. Zonder tolk bestaat het risico dat de uitgewisselde informatie te oppervlakkig blijft en misschien niet wordt begrepen, of dat er misverstanden ontstaan. Ook om de taalbeheersing van het kind in een andere taal dan het Nederlands te kunnen beoordelen is vaak de hulp van een tolk nodig. Wie kan er als tolk fungeren? Waar zijn tolken te vinden?

Professionele versus niet-professionele tolk

Soms nemen de ouders een familielid of een kennis mee die in het contact tussen hen en de logopedist tolkt. Deze persoon is meestal een niet-professionele tolk. Dit heeft nadelen en voordelen. Door de persoonlijke relatie die bestaat met het kind en diens ouders, is de tolk niet neutraal en onbevooroordeeld. Dit kan tot gevolg hebben dat deze persoon de informatie anders (bijvoorbeeld, afgezwakt) overbrengt. Toch kan het ook gebeuren dat zo'n tolk juist inzicht kan geven dat nodig is om ouders beter te begrijpen en om meer effectieve hulp te kunnen bieden. Zo'n tolk kan ook de informatie aan de ouders nuanceren en de medewerking van de ouders helpen verkrijgen.

Aan de inzet van een professionele tolk kleven ook voor- en nadelen. Het is iemand die normaliter geen (familie)band heeft met de cliënt. Het voordeel is ook dat de tolk de vertaalvaardigheden bezit die essentieel zijn voor het optimaal overbrengen van de wederzijdse boodschappen. Een nadeel kan zijn dat de ouders de tolk niet vertrouwen, omdat ze denken dat die niet 'aan hun kant' staat. Dit kan vooral gebeuren als de tolk uit een ander sociaal milieu of een ander gebied of land komt dan de cliënt. Een veel voorkomende fout is dat men gebruikmaakt van de hulp van een Arabischtalige Marokkaanse tolk om met een Berberstalige Marokkaanse cliënt te spreken.

Er zijn veel bureaus die tolkendiensten verlenen. Voor het onderzoek van andere talen dan het Nederlands worden vaak tolken van het Tvcn (Tolk- en Vertaalcentrum Nederland) gebruikt. Deze diensten worden door de overheid gesubsidieerd voor dienstverlening binnen de gezondheidszorg.

Het werken met een tolk is niet ingewikkeld, maar eist extra aandacht en kunde, ook van de tolk. Naast het vertalen van de gesprekken met de ouders, is het wenselijk dat de tolk helpt met het afnemen van tests, een letterlijke vertaling van de uitingen van het kind geeft en uitlegt welke fouten het kind maakt. Tolken zijn deze werkzaamheden vaak niet gewend. Sommige tolken zijn hierin beter dan andere.

Ook logopedisten en andere taalonderzoekers zijn niet altijd gewend om zo te werken. Ze moeten voor het onderzoek duidelijk aan de tolk kunnen uitleggen hoe de interactie tussen alle betrokkenen tijdens het onderzoek moet plaatsvinden, welk soort hulp aan het kind wel en niet is toegestaan, en hoe de uitingen vertaald moeten worden. Zoals Blumenthal (2007) schrijft: 'De samenwerking tussen tolk en taalonderzoeker (...) vraagt enerzijds een goede voorbereiding en anderzijds een goede afstemming tijdens het proces.'

Richtlijnen voor de samenwerking met een tolk

Om de samenwerking met een tolk zo soepel mogelijk te laten verlopen en het beste resultaat te bereiken zou van de volgende principes uitgegaan moeten worden.

- De logopedist blijft altijd volledig verantwoordelijk voor het hele diagnostische proces.
- De logopedist voert het gesprek met de ouders/begeleiders van het kind. De tolk vertaalt inhoudelijk zo goed mogelijk. Dat wil zeggen dat de vertaling zo exact mogelijk weergeeft wat de cliënt heeft *gezegd* (en niet wat hij *bedoelt*.).
- De tolk verricht alle taken in aanwezigheid en onder begeleiding van de logopedist.
- De tolk wordt niet om een mening gevraagd over de taalbeheersing van het kind, anders bestaat het risico dat het kind tekort wordt gedaan.

In de volgende richtlijnen zijn de bovengenoemde principes verder uitgewerkt.

Voorbereiding

Bij het vinden van een tolk om bij het onderzoek te assisteren moet van te voren met een aantal zaken rekening gehouden worden:

- Het is niet voldoende om te weten dat iemand uit Marokko komt, want in Marokko worden verschillende talen gesproken. Ook kennen die talen verschillende dialecten. Wanneer een tolk het dialect van het kind niet beheerst, kan het gebeuren dat dingen die het kind zegt, abusievelijk als fout worden bestempeld. Win daarom voldoende informatie in over taal en dialect van het kind en diens ouders om bij hen de juiste tolk te vinden;

- Het Tolk- en Vertaalcentrum Nederland hanteert soms een andere naam van een taal, bijvoorbeeld niet Tarifit, maar Noord- en Zuid-Berbers. Vraag dus niet alleen welke taal het kind en zijn ouders spreken, maar vraag ook naar de regio waar zij vandaan komen. Het Tolkencentrum probeert dan iemand te sturen die de taal beheerst uit die regio waar de ouders vandaan komen.
- Er zijn grote verschillen in de kwaliteit van tolken. De ene is meer effectief tijdens het gesprek met de ouders, de ander is goed in het afnemen van tests, en weer een ander is goed in het letterlijk vertalen van de uitingen van het kind.
  Bij een uitgesproken voorkeur voor een tolk die goed beviel, doet het Tolkencentrum zijn best om deze te leveren.

Het onderzoek

Het is wenselijk om vlak voor het onderzoek de tolk in te lichten over wat er gaat gebeuren en welke rol ieder heeft tijdens het gesprek en het onderzoek. Dit voorkomt ongewenste situaties. Bespreek na het onderzoek kort hoe de samenwerking is verlopen. Langdon en Cheng (2002) hebben het 'Briefing-Interaction-Debriefing'-protocol (BID) ontwikkeld om het werk met een tolk te vergemakkelijken. Zoals de naam al zegt, heeft dit protocol drie onderdelen.

Voorgesprek ('Briefing')

In deze fase bespreekt de logopedist de doelen, procedures en materialen van het onderzoek. Tolken kunnen hun werk goed verrichten wanneer ze weten wat het doel is van het onderzoek en wat hun rol is tijdens de verschillende onderdelen. Neem de tijd om dit duidelijk te vertellen. Laat de onderzoeksmaterialen zien en leg uit hoe er mee gewerkt wordt. Geef voorbeelden van hulp die de tolk het kind mag geven, manieren waarop het kind kan worden aangemoedigd, en van wat hij of zij wel en niet mag doen bij het testen. Vertel dat alles wat wordt gezegd, vertaald moet worden. Leg uit waarom het belangrijk is om met precisie te vertalen. Afhankelijk van het onderdeel van het onderzoek worden verschillende eisen gesteld aan de vertaling. Bij het gesprek met de ouders wordt bijvoorbeeld geëist dat de tolk inhoudelijk zo goed mogelijk weergeeft wat iedere partij heeft gezegd. Bij de transcriptie van de uitingen wordt een letterlijke vertaling van de uiting van het kind geëist, woord voor woord.

Interactie ('Interaction')

Dit is de fase waarin het onderzoek (anamnesegesprek, afnemen van tests, uitlokken van spontane taal, vertellen van resultaten en advies) plaatsvindt. Vaak zijn alle partijen aanwezig: kind, ouder(s), tolk en logopedist. Enkele nuttige tips:

- Kijk en spreek niet de tolk, maar direct de ouders en het kind aan. Zeg bijvoorbeeld: 'Ana heeft een ernstige taalstoornis.' en niet: 'Wilt u aan vader vertellen dat Ana een ernstige taalstoornis heeft?'.
- Vermijd meervoudige vragen en praat in korte zinnen, zodat de tolk goed kan vertalen wat je zegt. De ouder(s) en kind kunnen je zo ook beter volgen.
- Laat bij het afnemen van een test niet de tolk de scores op het formulier invullen, maar doe dit zelf. Al is het een taal die je niet beheerst, dan kun je toch horen wat het kind zegt en zelf scoren. Bij twijfel kun je aan de tolk een herhaling vragen. Zo ben je ervan verzekerd dat het scoren wordt gedaan zoals het hoort, en ook altijd op dezelfde manier plaatsvindt.

Nagesprek ('Debriefing')

Na het onderzoek wordt met de tolk de samenwerking besproken. De tolk kan feedback geven op het optreden van de onderzoeker, bijvoorbeeld over iets dat niet bij de cultuur van de cliënt past. Ook de tolk krijgt terugkoppeling over zijn functioneren. Vaak komt dezelfde tolk terug, en hoe vaker men met elkaar werkt, hoe beter de afstemming wordt.

De anamnese taalaanbod is onmisbaar voor effectief onderzoek bij meertalige kinderen. Een tolk is nodig als de onderzoeker de dominante taal van de cliënt en diens ouders/begeleiders niet beheerst. Een tolk is ook nodig als ouders/begeleiders het Nederlands niet voldoende beheersen. Wanneer de anamnese en het voorgesprek met de tolk achter de rug zijn, kan het echte onderzoek beginnen.

7.4 Alternatieve diagnostische benaderingen en methodes

De meeste genormeerde taaltests meten de kennis van die taal die het kind tot dat moment heeft opgebouwd. Als een meertalig kind slecht presteert, weten we nog niet waarom dat is. Is het door onvoldoende blootstelling aan de taal? Of komt het doordat het kind een taalstoornis heeft en geen taal goed kan leren?

Om deze vragen te beantwoorden moet de taalontwikkeling van een kind gezien worden tegen de achtergrond van het taalaanbod en de gelegenheid die het kind heeft gehad om die taal of talen te leren. Het kind moet vergeleken worden met normen die gebaseerd zijn op kinderen die in dezelfde omstandigheden hun taal of talen hebben geleerd. Zoals eerder gezegd, zijn er helaas voor de meeste tests geen normen voor veel verschillende groepen meertalige kinderen die in Nederland opgroeien.

Dat betekent niet dat het niet mogelijk is om de beschikbare tests te gebruiken om de taalbeheersing van meertalige kinderen te meten. De tests zijn ook voor deze groep nuttig als ze correct worden gebruikt en aan de resultaten de juiste interpretatie wordt verbonden.

Men kan om verschillende redenen een test willen gebruiken. Voor een beslissing in welke groep een (nieuwe) meertalige leerling het beste geplaatst kan worden, is het nuttig om de taalontwikkeling van dit kind te vergelijken met die van andere kinderen. Ook wanneer men vooruitgang wil meten of wil weten welke moeilijkheden een kind in een bepaalde taal heeft, ten behoeve van remedial teaching of extra hulp, is een test nuttig. Met deze doelstellingen kunnen tests zoals de Schlichting-test voor Taalproductie (Schlichting e.a., 1995), de Reynell-test voor Taalbegrip (Eldink, e.a., 2001), de Peabody Picture Vocabulary Test-III-NL (Dunn e.a., 2005) of de TAK (Verhoeven & Vermeer, 1986, 1993) worden gebruikt.

De Schlichting-test voor Taalproductie, de Reynell-test voor Taalbegrip en de Peabody Picture Vocabulary Test bieden de mogelijkheid om de prestatie van meertalige kinderen te vergelijken met die van eentalige Nederlands sprekende kinderen. Marquering en Mateboer (1993) en Bolten en Klooster (1994) voerden pilot-studies uit met de Reynell-test voor Taalbegrip en de Schlichting-test voor Taalproductie bij Turkse kinderen. De resultaten van Taalbegrip, Zinsontwikkeling en Woordontwikkeling liggen significant onder het gemiddelde dat Nederlandse kinderen behalen. Wat Auditief Geheugen betreft, waarvan de test genormeerd is tot en met 4;9 jaar, kon vastgesteld worden dat de gemiddelde score van Turkse kinderen van 4;9 jaar boven die van Nederlandse kinderen van dezelfde leeftijd lag (zie tabel 15 in hoofdstuk 7 van de handleiding van de Schlichting-test voor Taalproductie, Schlichting, 1995). Er is een verklaring voor de lage correlatie tussen de resultaten op de test voor auditief geheugen en de andere tests bij deze zich normaal ontwikkelende meertalige kinderen. De scores op de test voor auditief geheugen weerspiegelen de normale taalontwikkeling en de lage scores op de andere tests een nog onvoldoende beheersing van het Nederlands. Zoals Schlichting e.a. (1995) schrijven: 'Dit wijst er op dat het auditieve geheugen relatief onafhankelijk van de taal gemeten kan worden.' (p. 66). Deze bevinding bevestigt het idee dat het auditieve geheugen een van de onderliggende cognitieve processen is die nodig zijn voor de taalontwikkeling. Kinderen met een normale taalontwikkeling hebben geen problemen op dit gebied, terwijl kinderen met een specifieke taalstoornis hierop zwak presteren (Campbell e.a., 1997; Montgomery, 2002).

Het gebruik van de genoemde testen geeft echter geen antwoord op de vragen: waarom presteert een bepaald kind slecht op een test? Is er sprake van een taalstoornis of niet? Voor een differentiële diagnose is een andere benadering nodig. Dezelfde tests kunnen gebruikt worden, maar dan binnen het kader van *dynamische (of interactieve) diagnostiek* (DD). Dit is een diagnostische methode die steeds meer aandacht krijgt in het veld van spraak- en taalpathologie. Verschillende onderzoekers (Gutiérrez-Clellan & Peña, 2001; Peña e.a., 2006; Kamhi & Laing, 2003; Tzuriel & Caspi, 1992; Olswang e.a., 1992) geloven dat DD een nuttige en verantwoorde methode is bij het identificeren van taalstoornissen en het maken van prognoses. Het gebruik van deze aanpak, waarmee nog veel wordt geëxperimenteerd, neemt buiten Nederland snel toe.

Dynamische diagnostiek is vooral gebaseerd op het werk van Vygotsky (1978). Vygotsky stelt dat bij het leren een 'zone van proximale ontwikkeling' (*zone of proximal development*) bestaat. Die zone is het verschil dat het kind laat zien tussen het uitvoeren van een taak, met en zonder hulp. In DD kijkt men naar het niveau dat een kind kan bereiken als het problemen oplost onder begeleiding van een volwassene of samen met leeftijdgenoten die op dat leergebied een stuk verder zijn. Kortom, DD houdt in dat er hulp wordt aangeboden tijdens het uitvoeren van taken. Bij het testen met deze aanpak is de onderliggende idee dat de piekprestatie (onder invloed van de onderzoeker) meer informatie geeft over mogelijkheden van ontwikkeling en leren. Deze wijze van onderzoeken vormt een betere basis voor het plannen van interventie, bijvoorbeeld therapie, dan bij statische diagnostiek, waarbij alleen gestandaardiseerd testmateriaal gebruikt mag worden en geen hulp is toegestaan bij de uitvoering van de tests.

DD wordt in de psychologie al langer gebruikt. DD is vooral interessant wanneer een testprestatie van een kind wordt beïnvloed door beperkingen die van de klassieke testscore een vertekend beeld geven. Onvoldoende kennis van typisch Nederlandse uitdrukkingen, concepten en woorden is zo'n beperking. Dit maakt DD juist bij meertalige kinderen aantrekkelijk.

In de Verenigde Staten en in Engeland zijn studies gedaan om de toepasbaarheid van verschillende vormen van dynamische diagnostiek binnen de logopedie te onderzoeken. In Nederland is binnen de logopedie DD nog relatief onbekend.

De dynamische diagnostiek kent verschillende benaderingen om er achter te komen wat het leervermogen is van een kind. Twee daarvan hebben een groot potentieel bij het onderscheid tussen taalstoornissen en taalmoeilijkheden die bij de normale meertalige ontwikkeling horen, namelijk Stimulusmodificatie en Test-Teach-Retest. (Gutiérrez-Clellan & Peña, 2001; Peña e.a., 2006).

7.4.1 Stimulusmodificatie

Stimulusmodificatie is een van de benaderingen bij DD die neerkomt op het toepassen van een klassieke test, maar met aanpassingen (testhulp). Stimulusmodificatie gaat uit van het idee dat de stimulus die moet uitgaan van het materiaal van de testitems, om een of andere reden door het kind niet goed wordt waargenomen.

Stimulusmodificatie wordt geïllustreerd met de experimenten die Hijma (2001) en Dam (2002) voerden met een DD-versie van de Reynell-test voor Taalbegrip voor Friese kinderen. Hun DD-procedure was geïnspireerd op een eerdere DD-versie van de Reynell, gemaakt voor slechthorende kinderen (Lutjes Spelberg, Mundt & Aalbers-Van der Steege, 2001; Lutje Spelberg, Mundt & Voor in 't Holt, 2004). Het idee was dat slechthorendheid tot taalproblemen kan leiden. De mate daarvan kan niet met de Reynell-items worden bepaald, indien zij alleen auditief worden aangeboden. De testhulp bestond uit gebarenondersteuning. De DD-versie van de Reynell-test voor Taalbegrip hield in dat de test eerst op de standaardwijze werd afgenomen. Dat wil zeggen dat de test geheel volgens de aanwijzingen in de handleiding werd afgenomen, dus zonder gebarenondersteuning. De test werd stopgezet als aan het afbreekcriterium, zoals beschreven in de handleiding van die test, werd voldaan. Vervolgens werd de afname hervat – met gebarenondersteuning – vanaf de eerste sectie waarin fouten werden gemaakt. De testafname werd definitief beëindigd als opnieuw aan een afbreekcriterium werd voldaan. De eindscore was significant hoger dan de beginscore. De beginscore is de score die de kinderen op de klassieke wijze behaalden (met *statische diagnostiek*) en de eindscore is de score na het toepassen van stimulusmodificatie (dynamische diagnostiek). De conclusie was dat de belemmering van de slechthorendheid door de gebarenondersteuning geheel of gedeeltelijk wordt opgeheven. Wat betreft het niveau van taalbegrip komen slechthorende kinderen beter tot hun recht met de eindscore dan met de beginscore.

Dezelfde procedure als die voor slechthorende kinderen werd gevolgd bij de experimenten met meertalige kinderen. De test werd eerst op de standaardwijze afgenomen in een van de talen (in de zwakste taal van het kind). Het afnemen stopte als aan een afbreekcriterium van die test werd voldaan. Vervolgens werd de afname hervat – in de andere en sterkste taal – vanaf de eerste sectie waarin fouten werden gemaakt. Zoals eerder gezegd wordt stimulusmodificatie toegepast als het stimulusmateriaal van de items om een of andere reden door een proefpersoon niet goed wordt waargenomen. In het geval van meertalige kinderen moet het woord 'waarnemen' echter worden vervangen door het woord 'geïnterpreteerd'. Een testitem dat in een minder bekende taal mondeling wordt aangeboden, zou goed kunnen worden waargenomen, maar slecht kunnen worden geïnterpreteerd. In dit geval fungeert de sterkste taal van het kind als testhulp.

De testafname werd definitief beëindigd als een tweede keer aan een afbreekcriterium werd voldaan. Met deze procedure werden drie groepen Friestalige kinderen onderzocht. In alle steekproeven was de eindscore significant hoger dan de beginscore.

Deze resultaten wijzen er op dat ook bij meertalige kinderen het toepassen van dynamische diagnostiek een goede optie kan zijn. Wel is meer onderzoek nodig om deze vorm van onderzoek in de praktijk te kunnen toepassen. Omdat het wel duidelijk is dat het afnemen van de klassieke Reynell in het Nederlands, als dat de zwakste taal is van het kind, tot een onderschatting leidt van het algemene taalbegripniveau, zou de stimulusmodificatieprocedure toch al kunnen worden ingezet bij het diagnostische onderzoek van meertalige kinderen.

Het gebruik van DD in het voorbeeld hierboven is voornamelijk gericht op het opheffen van testbias. Daarnaast kan de aanpak ook bijdragen aan het vaststellen van leerpotentieel. Immers, het verschil tussen begin- en eindscore kan aangeven welk niveau in de nu nog zwakkere taal uiteindelijk zou kunnen worden bereikt.

Hier volgen nog een paar voorbeelden van het bepalen van het leerpotentieel van een kind.

7.4.2 Test-Teach-Retest

Deze variant van de dynamische diagnostiek is ook gebaseerd op het concept van leerpotentieel. Door na een testafname het kind iets te leren en vervolgens het kind opnieuw te testen, kan diagnostische informatie worden verkregen over de leergeschiktheid van een kind. Met deze variant is de dynamische diagnostiek te beschouwen als een mini-leertest.

Met de Test-Teach-Retest-methode wordt eerst een bepaald aspect van de taalontwikkeling getest door middel van een gestandaardiseerde test (= Test). Wanneer het kind slecht scoort, wordt kortdurende therapie (= Teach) gegeven om dat aspect van het functioneren van het kind te verbeteren. Na de kortdurende therapie wordt dat aspect weer beoordeeld (= Retest).

Op deze manier kan worden bepaald in hoeverre het kind iets heeft geleerd. Afhankelijk van hoeveel hulp het kind nodig heeft bij de oefeningen, de responsies van het kind en de generalisatie van het aangeleerde naar nieuwe context, kan beoordeeld worden of het kind meer of minder moeite heeft met taalleren. Verscheidene onderzoekers hebben experimenten uitgevoerd met deze variant van DD

(Peña e.a., 1992; Lidz & Peña, 1996; Gutiérrez-Clellan & Peña, 2001; Peña e.a., 2006; Camilleri & Law, 2007). Zij kwamen tot de conclusie dat men zwakke taalleerders zo kan onderscheiden van sterkere en daarmee kinderen met taalstoornissen kan identificeren.

Test-Teach-Retest werd gebruikt om verschillende taalaspecten en vaardigheden te testen zoals woordenschat (Lidz & Peña, 1996; Camilleri & Law, 2007) en verhalen vertellen (Peña e.a., 2006). Omdat de procedure die Camilleri en Law (2007) gebruikten, relatief eenvoudig is toe te passen, wordt deze hier verder uiteengezet.

Camilleri en Law (2007) gebruikten Test-Teach-Retest om de receptieve woordenschat van kinderen tussen 3;5 en 5 jaar met een vermoedelijke taalstoornis te onderzoeken. De statisch diagnostische test, waarvan de DD-procedure was ontwikkeld, was de British Picture Vocabulary Scales, BPVS (Dunn e.a., 1997). Niet alleen het vermogen van kinderen om een woord te koppelen aan een referent werd onderzocht maar ook hun vermogen om woorden te onthouden om ze vervolgens te gebruiken in productieve en receptieve taken.

De DD-procedure binnen deze studie bestond uit vijf onderdelen en was als volgt.

De eerste twee onderdelen hadden betrekking op een pretest-fase (= Test). Het eerste was een test van de non-verbale cognitieve vaardigheden van het kind. Hij werd gebruikt als referentiepunt en fungeerde als een warming-up waarin het kind bezig kon zijn zonder dat het taal moest gebruiken. Het tweede onderdeel was het afnemen van een tweede test, de BPVS, volgens de aanwijzingen in de handleiding. De BPVS gaf een statische maat van de receptieve woordenschat. Deze score gaf tegelijkertijd een basis en een beginpunt voor de interventiefase. Op het moment dat het kind zijn hoogste resultaat bereikte op de BPVS, was het mogelijk om een aantal woordenschat-items te identificeren die het kind bij de statische afname van de test fout had. Zes van deze items werden geselecteerd.

Het derde onderdeel van de DD-procedure was de interventiefase (= Teach). Deze bestond uit een spel waarin het kind drie kaarten met tekeningen kreeg. Het kind kreeg de mogelijkheid om steeds een van de zes woorden uit de pretest-fase aan een plaatje te koppelen. De testafnemer presenteerde de kaart die correspondeerde met dat doelwoord en legde er twee afleiders (*distractors*) naast. De afleiders waren twee van de kaarten die het kind goed had aangewezen tijdens de statische afname van de BPVS. Dit gaf het kind de mogelijkheid om strategieën voor probleemoplossing te gebruiken bij het identificeren van het doelwoord. Door de woorden uit te sluiten die het wel kende, kon het kind tot de conclusie komen welke kaart hij moest aanwijzen. Nadat het kind een kaart had aangewezen, mocht het deze in een brievenbus doen. Een gestandaardiseerde hiërarchie van aanwijzingen (*cues*) van minste naar meeste hulp werd gebruikt als criterium om de kinderen te beoordelen.

De pretest en de interventiefase vonden plaats binnen één sessie van maximaal 45 minuten.

Het vierde onderdeel van de procedure was een maat van de non-verbale cognitieve vaardigheid van het kind, net zoals het eerste onderdeel. Ook bood dit de mogelijkheid een pauze van enkele minuten in te lassen tussen de interventiefase en de retest-fase. Dit was belangrijk omdat een van de doelen het bepalen was van het vermogen om nieuw geleerde woorden langer te onthouden dan binnen het leermoment zelf.

Het laatste onderdeel, de posttestfase (= Retest), was dan ook een geheugentest van de geoefende woordenschat-items. Alle zes items werden aan het kind gepresenteerd en het kind werd gevraagd ieder door de testafnemer willekeurig genoemd item aan te wijzen. Alle items bleven op tafel liggen tot het kind kon worden beoordeeld op zijn vermogen om alle items aan te wijzen. Tijdens deze fase kreeg het kind geen feedback over zijn responsies; het was dus een statische retest. Pas nadat het kind geprobeerd had alle zes genoemde items aan te wijzen en een score had gekregen, werd er feedback gegeven over zijn responsies.

De resultaten van de studie wijzen uit dat eentalige en meertalige kinderen met een beperkte beheersing van het Engels (beide groepen kinderen kregen logopedische behandeling vanwege taalproblemen) vergelijkbare scores hadden in de DD-procedure, na de interventie, ondanks significante verschillen tussen hun scores op de statische pretest. Verder leverden met deze DD-procedure normaal ontwikkelende kinderen en kinderen met taalproblemen een significant verschillende prestatie. De scores van de kinderen met taalproblemen waren lager, wat een aanwijzing is dat deze procedure gevoelig genoeg lijkt om een taalstoornis te vinden.

Deze resultaten komen overeen met die van de eerdere studies waarin het effect van DD werd onderzocht. Peña e.a. (2006, p. 1037) vatten de conclusies uit enkele van die studies samen als: 'Observation of modificability was de single best indicator of language impairment.'

Er zijn ook pogingen gedaan om het leerpotentieel van kinderen met taalstoornissen te diagnosticeren met verzonnen taal (Roseberry & Connel, 1991; Silvertand, 1995). Het experiment van Roseberry en Connel bestond uit het leren van een verzonnen morfeem aan twee groepen meertalige Engels- en Spaans sprekende kinderen met een beperkte beheersing van het Engels: een groep bestond uit zich normaal ontwikkelende kinderen en de andere groep bestond uit kinderen met een specifieke taalstoornis. De groep van de kinderen met een taalstoornis leerde het morfeem langzamer dan de zich normaal ontwikkelende kinderen. De onderzoekers concludeerden dat deze manier van onderzoeken het mogelijk maakte om de twee groepen te onderscheiden.

Silvertand (1995) voerde een vergelijkbaar experiment uit met een test met verzonnen taal, gemaakt voor vier- tot zesjarige kleuters die minimaal één jaar klassikaal Nederlandse les hadden gehad. De test bestond uit honderd plaatjes van objecten en had drie delen: voortesten, leren, en algemeen testen. Met het voortesten werd vastgesteld of de kinderen de plaatjes herkenden en wisten te benoemen. Vervolgens werd het pseudo-morfeem aangeleerd in twee sessies van ongeveer 15 minuten. In de laatste fase werd getest hoeveel plaatjes ze correct benoemden met het geleerde morfeem. De kinderen met een vermoedelijke taalstoornis presteerden slechter dan de kinderen die zich normaal ontwikkelden.

Deze test lijkt veelbelovend. Met de nodige aanpassingen en in combinatie met andere instrumenten kan hij wellicht gebruikt worden om niet alleen bij meertalige kleuters een specifieke taalstoornis te signaleren, maar ook bij eentalige Nederlandstaligen.

Gutiérrez-Clellan en Peña (2001) en Peña e.a. (2006) suggereren dat voor de differentiële diagnostiek het gebruik van DD-procedures nuttiger kunnen zijn dan het afzonderlijke gebruik van gestandaardiseerde taaltests. Niet-taalgestoorde kinderen met een andere culturele achtergrond die weinig ervaring hebben gehad met testprocedures, blijken effectief te kunnen leren met gestructureerde en gestuurde hulp. Hun slechte prestaties worden voornamelijk veroorzaakt door hun gebrek aan blootstelling aan de taal en ervaring met de testprocedures. Aan de andere kant zijn er kinderen die de mogelijkheid hebben gehad om te leren, maar die de onderliggende cognitieve vaardigheden missen om daarvan te kunnen profiteren. Zij hebben mogelijk een (taal)stoornis.

Dynamische diagnostiek kent binnen de taalpathologie helaas nog geen stabiele methodologie. Er zijn nog geen vastgestelde procedures die breed (kunnen) worden gebruikt door logopedisten. De validiteit en betrouwbaarheid van DD-onderwerpen zijn nog steeds bron van discussie. Vooral het gebrek aan *intra-beoordelaar-betrouwbaarheid* van de methode baart zorgen. Het is noodzakelijk om een gestructureerd raamwerk te ontwikkelen waarin de parameters voor de beoordeling worden vastgesteld. Zoals Lutje Spelberg (2005) schrijft over zijn hier boven besproken experimenten met de Reynell: 'De resultaten lijken iets te beloven, maar er zal nog veel onderzoek moeten worden uitgevoerd voordat er sprake kan zijn van een instrument dat voldoet aan de eisen van betrouwbaarheid, validiteit en normering.' (p. 220)

De komende jaren zal, buiten maar hopelijk ook binnen Nederland, het nut van DD als diagnostisch middel voor de logopedie worden bewezen of weerlegd. Voorlopige onderzoeksresultaten wijzen uit dat een combinatie van DD-procedures waarbij de cognitieve vaardigheid van het kind wordt beoordeeld, en taalspecifieke maten de beste oplossing zijn voor de differentiële diagnostiek en behandeling van meertalige kinderen (Slattery, 2005).

7.4.3 Onderzoek van onderliggende cognitieve processen

Onderzoek van de onderliggende universele taalverwerkingsprocessen kan met verschillende tests plaatsvinden. Twee fundamentele taalverwerkingsprocessen zijn: het verbale kortetermijngeheugen en de auditieve (spraak)perceptie. Voorbeelden van tests die het verbale kortetermijngeheugen meten zijn het nazeggen van reeksen hoogfrequente woorden, van zinnen en van nonsenswoorden. Voorbeelden van tests die de auditieve perceptie (de snelheid en accuraatheid van verwerking) meten, zijn spraakherkenning in ruis, toondiscriminatietaken en het nazeggen van nonsenswoorden.

Het auditief geheugen

Er zijn aanwijzingen in de literatuur (o.a. Tallal & Piercy, 1973; Bishop, North & Donlan, 1996) dat kinderen met specifieke taalontwikkelingsstoornissen een verminderd vermogen hebben voor het onthouden van auditief aangeboden verbale reeksen. Het onderzoek van het verbale kortetermijngeheugen en ook de auditieve spraakperceptie zou in alle talen die het kind actief en passief gebruikt moeten plaatsvinden. Wanneer deze processen alleen worden gemeten met tests in het Nederlands, wordt niet duidelijk of de moeite die het kind heeft, veroorzaakt wordt door onvoldoende kennis van de Nederlandse taal of door echte auditieve verwerkingsproblemen. Mijn ervaring is dat wanneer die vaardigheden in alle talen worden onderzocht, dat soms een ander beeld oplevert van het vermogen van het kind, dan wanneer het auditieve geheugen alleen in het Nederlands wordt gemeten.

Hier volgt een voorbeeld van (een deel van) een lijst waarmee het auditieve geheugen voor woordreeksen in een andere taal gemeten kan worden, in dit geval het Tarifit-Berbers. De woorden in de lijst zijn afkomstig uit de Lexiliconlijst voor het Tarifit-Berbers (Schlichting, 2006). De criteria voor de selectie waren: lengte (van een tot twee lettergrepen) en bekendheid met de woorden.

Tabel 7.1 Auditief geheugen voor woordreeksen in het Tarifit-Berbers

Auditief Geheugen in het Tarifit-Berbers			
Naam:		Geboortedatum:	
Onderzoeker:		Onderzoeksdatum:	
Oefenitem	**ḍar** (voet)		
yis (paard)			
Oefenitem	**ṭit** (oog)	**iḥma** (heet/warm)	
ayrum (brood)	**tqacir** (sok)		
druj (trap)	**arbiɛ** (plant)		
lkas/rkas (beker)	**iri** (nek)		
Oefenitem	**ṭinzar/anzaan** (neus)	**fenjan** (kopje)	**rkazi** (raam)
qama (bed)	**aɣir** (arm)	**aqzin** (hond)	
lkitab (boek)	**qarara/ṭgagra** (kikker)	**uma** (broer)	
rqird/rqiḍ (aap)	**lkursi/rkursi** (stoel)	**jeddi** (opa)	

De door de auteur gevolgde werkwijze is de volgende: eerst wordt het onderdeel Auditief Geheugen van de Schlichting-test voor Taalproductie (1995) in het Nederlands afgenomen in de aanwezigheid van de ouder of tolk. Aan de ouder (of tolk) wordt verteld dat hij of zij hierna hetzelfde moet doen in de andere taal van het kind. Na de afname van het testonderdeel in het Nederlands doet de ouder of de tolk hetzelfde in de moedertaal met woordreeksen die vergelijkbaar zijn met die van tabel 7.1. Het aantal woorden per volgende set van woordreeksen loopt op. De Schlichting-test voor Taalproductie is een test die genormeerd is op eentalige Nederlands sprekende kinderen. De normen kunnen daarom niet gebruikt worden om meertalige kinderen te beoordelen. Wat wel gedaan kan worden, is het vergelijken van de score die het kind in de ene taal heeft met die in de andere taal. Hiermee wordt duidelijk of de moeite die het kind met deze taak in het Nederlands heeft, gerelateerd is aan de meertaligheid of aan een echt probleem in het auditieve geheugen. Hetzelfde kan gedaan worden met reeksen van cijfers. Het spreekt voor zich dat als het kind nog geen Nederlands spreekt, het testen van het auditief geheugen alleen in de moedertaal plaats moet vinden.

Nonsenswoorden

Een andere test die onderliggende taalverwervingsprocessen meet, is het nazeggen van nonsenswoorden. Kenmerkend voor nonsenswoorden is dat ze klanken bevatten die in een bepaalde taal bestaan en de *fonotactiek* van die taal volgen. Door nonsenswoorden te gebruiken die nauwelijks overeenkomen met bestaande woorden in de talen waaraan het kind wordt blootgesteld, wordt het effect van verschillen in woordenschat en taalkennis beperkt. Zo'n test blijkt cultureel en linguïstisch weinig bevooroordeeld te zijn, omdat de onderliggende taalverwerkingsprocessen worden getest en niet de taal. In Nederland is een onderzoek in uitvoering (Gerrits, 2005) op de bruikbaarheid van dit soort tests bij meertalige kinderen. De meertalige kinderen die deelnamen aan Gerrits studie hadden diverse taalachtergronden (Turks, Berbers en Arabisch). Bij het ontwikkelen van de nonsenswoorden-repetitietaak (NRT) werden daarom klanken en klanksequenties vermeden die niet in elke taal voorkomen. Deze taak bevat bijvoorbeeld geen clusters en diftongen.

Bij meertalige kinderen die nog weinig blootstelling hebben gehad aan het Nederlands, kan een nonsenswoord-repetitietest goede aanvullende diagnostische informatie bieden. Verschillende onderzoekers hebben aangetoond dat kinderen met verschillende culturele achtergronden op een vergelijkbare wijze presteren op nonsenswoord-repetitietaken. Een zwakke prestatie op nonsenswoord-repetitietaken wordt gezien als een mogelijke *markeerder* van een taalstoornis (Bishop, North & Donlan, 1996; Dollaghan & Campbell, 1998; Ellis-Weismer e.a., 2000).

De zogenoemde normatieve benadering (het gebruiken van genormeerde tests), al dan niet met dynamische diagnostiek, is niet de enige aanpak. Er zijn andere benaderingen: de descriptieve benadering en de functionele benadering.

De descriptieve benadering gaat uit van een beschrijving van het spontane taalgedrag van het kind. Door middel van een zo nauwkeurige mogelijk beoordeling van taal-samples van het kind kan worden bepaald in welke taaldomeinen de belemmeringen bestaan die de taalontwikkeling problematisch maken.

De functionele benadering integreert de normatieve en de descriptieve benadering. Zoals Slofstra-Bremer schrijft (2006, p. 8) 'Deze benadering lijkt het meeste recht te doen aan waar het om gaat: het bepalen van het gehele communicatieve functioneren van het kind.' In deze benadering wordt alles benut wat kan bijdragen aan een beter inzicht in het communicatieve functioneren van het kind.

Hierna wordt een aanpak beschreven voor het beoordelen van de spontane taal van meertalige kinderen. Vervolgens wordt een alternatieve procedure gepresenteerd om de woordenschat van meertalige kinderen te meten.

7.4.4 Beoordeling van spontane taal

Een andere manier om een objectief beeld te krijgen van het communicatievermogen van een kind is de observatie van het kind in spontane interactie. Hiermee krijgt men inzicht in de alledaagse taal- en communicatievaardigheid van het kind.

Beoordeling van de spontane taal is minder biased dan testen, omdat het kind zelf kan kiezen welke woorden, concepten en interactiepatronen het gebruikt. Daarnaast kan de beoordeling van de spontane taal minder taal-biased zijn door rekening te houden met de kenmerken van dialecten en sociolecten, bijvoorbeeld 'Hij heb een koekje gegeten', of kenmerken van meertaligheid, zoals *interferentie- en tussentaalfouten* (deze concepten werden uitgelegd in hoofdstukken 4 en 5). De taal in taaltests is de standaardtaal. In taaltests wordt geen rekening gehouden met de kenmerken van Nederlandse dialecten of kenmerken van meertaligheid. Ook is spontane taal minder norm-biased, want de nadruk wordt eerder gelegd op de kwalitatieve dan op de kwantitatieve beoordeling van de taalbeheersing van het kind. De soort van fouten wordt geanalyseerd en geïnterpreteerd op basis van wat bekend is over de normale taalontwikkeling en over de kenmerken van taalstoornissen in verschillend typen talen.

In de volgende paragraaf wordt een beknopte beschrijving gegeven van een aanpak bij de beoordeling van spontane taal bij meertalige kinderen.

In deze aanpak wordt de beheersing van de ene taal vergeleken met die van de andere. Wanneer het kind problemen in beide talen vertoont, mits die niet veroorzaakt worden door *subtractieve meertaligheid* (zie hoofdstuk 4), is dat een teken dat er waarschijnlijk een taalstoornis bestaat. Als de ontwikkeling in een van de talen goed is, is er waarschijnlijk geen sprake van een taalstoornis.

Om deze aanpak te kunnen toepassen, is verdieping in de thuistaal van het kind nodig, voornamelijk in basale informatie over de structuur: schrift, fonologie, morfologie en syntaxis. Zie daarvoor de suggesties voor materiaal en literatuur van de hoofdstukken 4 en 5, achterin het boek. Deze informatie kan diagnostisch worden gebruikt bij de beoordeling van de taalontwikkeling in de niet-Nederlandse taal. Het geeft ook inzicht in de moeilijkheden die het kind kan ervaren bij het leren van Nederlands als tweede taal.

We geven eerst enkele richtlijnen voor het uitlokken van de spontane taal en de transcriptie en beoordeling van de uitingen. Ze zijn gebaseerd op die in de STAP-methode voor spontane taalanalyse (Van den Dungen & Verbeek, 1999) en in Lahey (1988):

Het uitlokken van spontane taal

- Er wordt een beeld- en/of audiobandopname gemaakt van het gesprek. De aanwezige ouder of tolk moet worden verteld dat hun gesprek wordt opgenomen.

- De duur van het gesprek in iedere taal kan tussen 5 en 15 minuten zijn, afhankelijk van hoe spraakzaam het kind is. Er wordt gestreefd naar het verzamelen van minimaal 25 *vrije uitingen* per taal.
- Heel jonge kinderen (tot ongeveer vier jaar) praten gemakkelijk over het hier-en-nu. Hun gespreksonderwerp moet zichtbaar zijn. Een speel-setting met speelgoed, boekjes of andere afbeeldingen is geschikt om de taal van jonge kinderen uit te lokken.
- Bij kinderen ouder dan vier jaar is het wenselijk dat het gesprek wordt gevoerd zonder visueel materiaal. Er wordt gesproken over thema's buiten het hier-en-nu. Er moet gesproken worden over dingen die het kind interessant vindt om over te vertellen. Houd rekening met de religieuze en culturele achtergrond van het kind. Ramadan, suikerfeest en offerfeest zouden goede onderwerpen voor een moslimkind zijn, holi of diwali voor een Hindikind (zoals Surinaams-Hindoestaans), drakenfeest of vuurwerkfeest voor een Chinees kind, en halloween voor een Amerikaans kind.
- Toon interesse voor het land van herkomst van het kind of diens ouders en/of grootouders. Bij dit onderwerp komen kinderen vaak los: 'Ga je dit jaar op vakantie naar X?'; 'Ga je bij opa en oma logeren?'; 'Wat doe je als je in X bent?'; 'Is X heel anders dan Nederland?'; 'Vertel mij eens over X. Ik ben daar nog nooit geweest.'
- Stel bij voorkeur open vragen, dus vragen waarop niet uitsluitend met ja of nee of een ander kort antwoord wordt gereageerd: 'En verder?'; 'En toen?'; 'Wat gebeurde er toen?'; 'Waarom?'; 'Hoe kwam dat?'; 'Vertel eens...'
- Soms zijn gesloten vragen niet te vermijden. Ze zijn belangrijk om vervolgens verder en dieper op een onderwerp te kunnen ingaan, zoals in dit voorbeeld.
  Vraag: 'Zit je in groep 3?'
  Kind: 'Ja.'
  Vraag: 'Heb je veel vrienden?'
  Kind: 'Ja.'
  Vraag: 'Wat doen jullie samen?'
  Kind: 'Spelen.'
  Vraag: 'Wat voor spelletjes doen jullie?'; 'Wat vind je leuk om te spelen?'; 'Waarom?' enzovoort.
- Vraag door als de uiting van het kind niet duidelijk is. Zo kan beoordeeld worden of en hoe goed een kind iets kan verduidelijken. Als onduidelijkheid ontstaat doordat het kind woorden verkeerd uitspreekt, kan de onduidelijke uiting van het kind worden herhaald om te controleren of het kind dat had willen zeggen. Herhalen helpt ook bij de transcriptie van de opname.

- Ga niet te snel praten als het kind even niets zegt. Spreek zelf rustig en duidelijk en wees niet bang voor stiltes in het gesprek. Vaak praat het kind vanzelf verder en kan men volstaan met minimaal commentaar, zoals 'Oh, ja?'; 'Echt?'; en 'Zo!'
- Om een taal-sample te krijgen in een andere taal van het kind is goede instructie nodig aan de persoon die met het kind in die taal gaat praten. De ouder of tolk moet begrijpen wat het doel is van het gesprek met het kind. Naast het geven van uitleg kan de logopedist aan de ouder of tolk demonstreren hoe het uitlokken van taal in het Nederlands gaat. Dit kan gedaan worden door meekijken of door een videofragment te laten zien, gevolgd door een expliciet verzoek om te proberen het gesprek op dezelfde manier te voeren en om over dezelfde onderwerpen te praten. Dat vergemakkelijkt de vergelijking van de beheersing van de talen.
- Als ouder en kind in gesprek zijn, worden ze alleen in de kamer gelaten. Dit geeft een beter zicht op de omgang thuis, dan wanneer een vreemde persoon erbij blijft. Veel kinderen laten een heel ander beeld zien wanneer ze in de moedertaal praten met iemand bij wie ze zich op hun gemak voelen, dan wanneer ze in het Nederlands moeten praten. Zelfs met een vreemde tolk zijn ze vaak meer ontspannen, en praten vrijer en vlotter. Dit is natuurlijk op zichzelf al veelzeggend en geeft waardevolle informatie voor de diagnose.
- Wanneer de tolk met het kind gaat praten, vraag hem of haar om het gesprek in te leiden door zelf iets te vertellen en interesse in het kind te tonen: 'Ik heet ... en hoe heet jij?'; 'Heb je broers en zusjes?'; 'Ik ben ... en ik kom uit Marokko net als jouw ouders. Ben je ook in Marokko geboren?'
- Als voldoende uitingen in de moedertaal zijn verzameld, wordt het gesprek beëindigd. Het spreekt vanzelf dat de ouder/tolk en het kind de gelegenheid krijgen om hun gespreksonderwerp af te ronden.

Transcriptie van de uitingen

De transcriptie en beoordeling van een onbekende taal wordt gedaan met de tolk nadat kind en ouder(s) weg zijn. Het formulier in bijlage 3 kan worden gebruikt om de uitingen te registreren en te beoordelen. De beoordeling van het Nederlands kan later worden gedaan, met een kopie van hetzelfde formulier.

Om de uitingen in de andere talen dan het Nederlands te beoordelen is dus veelal de hulp van een tolk nodig. Voor dit onderdeel van het onderzoek geldt het volgende advies.

- Reserveer ruim tijd voor dit onderdeel van het onderzoek. Transcriptie en beoordeling van de 25 uitingen met behulp van de tolk kunnen tussen een en twee uur duren.

- Gebruik per uiting één formulier. De formulieren worden oplopend genummerd.
- Als deze tolk niet degene was die het gesprek met het kind voerde, luister dan eerst samen met de tolk naar ongeveer twee minuten van het begin van de opname. Dit geeft hem de mogelijkheid om er in te komen. Hij weet nu waar het gesprek over gaat en hoe moeilijk of makkelijk de uitspraak van het kind te verstaan is.
- Laat de tolk in het eerste vak de letterlijke uiting van het kind noteren in de taal waarin het kind heeft gesproken. De tolk moet precies opschrijven wat het kind heeft gezegd, inclusief fouten in grammatica en uitspraak. Morfologische precisie is nodig. Het is belangrijk dat de tolk de betekenis aangeeft van ieder morfeem.

Vertaling van de uitingen

- Laat de tolk onder de uiting van het kind een letterlijke vertaling (woord voor woord) van die uiting schrijven.
- Wanneer de tolk de uiting en de letterlijke vertaling heeft genoteerd, vraag dan aan de tolk of deze uiting correct is. Luister actief met de tolk mee bij het beluisteren van een opname! Soms zegt een tolk iets anders dan het kind heeft gezegd. Met enige kennis van de structuur van de taal in kwestie kan men de uiting ook meebeoordelen door naar de letterlijke vertaling te kijken. Wanneer de tolk bijvoorbeeld het Nederlandse werkwoord in de derde persoon meervoud opschrijft, maar het Turkse achtervoegsel voor meervoud (-lar/ler) staat niet in de geschreven uiting van het kind, kan de tolk om toelichting of correctie worden gevraagd. Je kunt altijd vragen om nog een keer naar dezelfde uitingen te luisteren, omdat je zelf iets anders hoorde. Door dit te doen, zal de tolk accurater te werk gaan en een letterlijke vertaling van de uiting geven.
- Wanneer de uiting correct is, ga je verder met de volgende uiting. Wanneer de uiting niet correct is, vraag je de tolk om in het volgende vak de correcte vorm van de uiting te schrijven. Het is belangrijk dat de tolk, ook bij een noodzakelijk vrije vertaling, zo dicht mogelijk blijft bij de uiting van het kind. Het gaat erom dat duidelijk wordt waar het kind een fout heeft gemaakt.

Beoordeling van de uitingen

- Een goede beoordeling hangt af van een accurate transcriptie. Het volgende voorbeeld illustreert wat er mis kan gaan als de logopedist niet actief meeluistert. Dit is de vertaling die de tolk gaf van een van de uitingen van een kind:
  Tolk: *'Er is een kind dat heel veel van de kikker houdt.'*
  Logopedist: *'Dat is een heel ingewikkelde zin, heeft hij precies dat gezegd?'*

Tolk: *'Nee, maar dat is wat hij wilde zeggen.'*
Na het verzoek om nog een keer naar de uiting van het kind te luisteren kwam er een andere vertaling.
Tolk: *'Kind gaat naar... hij heeft een kikker... hij houdt heel veel van die kikker omdat hij houdt veel van.'*

Het spreekt vanzelf dat de beoordeling van de tweede vertaling heel anders is dan van de eerste. Dit kind maakt verschillende korte zinnen, sommige ervan zijn afgebroken en er ontbreekt logica in. Hij kan eigenlijk niet vertellen waarom de verhaalspersoon in het boek van de kikker houdt. De eerste vertaling zou tot de foutieve conclusie leiden dat dit kind in staat is om een correcte samengestelde zin te maken.

- De andere vakken in het formulier bieden ruimte voor de beoordeling. Vraag aan de tolk wat er mis is met de uiting. Is de taalvorm niet correct? Heeft een kind een verkeerd woord gebruikt? Is er sprake van een pragmatische fout? Is de uitspraak niet correct? Of is de uitspraak kenmerkend voor het dialect dat de ouders spreken? Vraag wel over de grammaticaliteit van elke uiting, maar vraag de tolk niet om de taalontwikkeling van het kind te beoordelen! Je loopt dan het risico het kind tekort te doen. De verantwoordelijkheid voor de beoordeling ligt altijd bij degene die het onderzoek doet.
- Schrijf in het vak 'observaties en opmerkingen' in het 'Algemeen Formulier Spontane Taal' alle relevante opmerkingen en observaties van jezelf en van de tolk.
- Bekijk nadat de tolk weg is, de transcriptie aandachtig en vul de laatste twee vakken (communicatieve functies, semantische relaties) van iedere bladzijde in. (zie bijvoorbeeld 'Kinderen met taalontwikkelingsstoornissen', Van den Dungen & Verboog (1991), voor een uitgebreide uitleg van deze functies en relaties).

Het beoordelingsformulier is niet bedoeld om een uitgebreide taalanalyse van de spontane taal te maken. Daarvoor is meer kennis en informatie nodig dan dit boek kan bieden. De logopediepraktijk is vaak om praktische redenen niet de meest voor de hand liggende plaats voor dit werk. Toch bestaat ook in instellingen die zich uitsluitend bezighouden met diagnostiek van taalstoornissen nog geen methodiek om spontane taalanalyse bij meertalige kinderen voldoende adequaat te verrichten.

Het formulier is een hulpmiddel om van iedere taal een algemene indruk te krijgen van de gebieden waarin het kind mogelijk problemen heeft. Door het kind in gesprek te zien in verschillende talen wordt vaak duidelijk, zelfs zonder uitgebreide taalanalyse, of er sprake is van problemen in beide talen of dat de moeilijkheden zich slechts in een taal voordoen. Met behulp van deze observatie zijn algemene uitspraken mogelijk betreffende de interactie, verstaanbaarheid, vloeiendheid, gemak waarmee gedachten worden geuit en volledigheid van zinnen. Op basis van de kenmerken van een normale meertalige ontwikkeling kunnen symptomen worden herkend die mogelijk duiden op een abnormale taalontwikkeling en op een taalstoornis.

7.4.5 Het meten van conceptuele en de cumulatieve woordenschat

De woordenschat is een van de belangrijkste indicatoren van taalbeheersing en wordt bijna in ieder logopedisch onderzoek getoetst. Pearson (1998) en Pearson, Fernandez en Oller (1993) voeren aan dat de *conceptuele woordenschat* van meertalige kinderen in omvang vergelijkbaar is met de normale woordenschat van eentalige kinderen. De conceptuele woordenschat is het aantal woorden dat het kind of in de ene en/of in de andere taal kent, waarbij slechts één woord geteld wordt per concept.

Het is verder aannemelijk dat meertalige kinderen een grotere totale woordenschat hebben dan eentalige kinderen, doordat ze voor een bepaald concept vaak meer dan één woord kennen. Dit noemen we de *cumulatieve woordenschat*. De cumulatieve woordenschat is het aantal woorden dat het kind in beide talen samen kent, bij elkaar opgeteld.

Grech en Dodd (2007) bevelen aan om uit zowel de conceptuele als de cumulatieve woordenschat te meten. De Lexiconlijsten (Schlichting, 2006) werken met de cumulatieve woordenschat. Men zou ook tests zoals de TAK (Verhoeven & Vermeer, 1986 en 2001), de Peabody Picture Vocabulary Test (Dunn e.a, 2005) of de Taaltests voor Kinderen (Van Bon, 1982) kunnen gebruiken om de conceptuele en de cumulatieve woordenschat te meten.

Hieronder wordt geïllustreerd hoe dit gedaan kan worden.

Tabel 7.2 illustreert hoe niet alleen de woorden in iedere taal geregistreerd en opgeteld kunnen worden, maar ook die van de conceptuele woordenschat en de cumulatieve woordenschat. Het is duidelijk te zien dat het meten van de woordenschat in slechts één van de talen van het kind een onvolledig en daardoor verkeerd beeld kan geven van de actuele kennis van het kind. Het meten van zowel de conceptuele als de cumulatieve woordenschat geeft een objectiever beeld van de omvang van de woordenschat van het kind. De normen in het Nederlands kunnen alsnog gebruikt worden om het kind te vergelijken met andere kinderen met dezelfde achtergrond. Voor de taalontwikkeling van de andere talen afzonderlijk bestaan geen normeringen. Wel wordt zichtbaar hoeveel woorden het kind gebruikt in deze taal, en hoe deze woordenschat zich verhoudt tot de woordenschat in het Nederlands.

Deze procedure kan worden gebruikt om zowel de receptieve als de productieve woordenschat te meten.

Tabel 7.2 Conceptuele en cumulatieve (productieve) woordenschat (deel van de Taaltoets Allochtone Kinderen (1986), de 'oude-TAK')

Naam kind: Shashi K.

Datum onderzoek: 10 mei 2007

Voorbeelden aap, vissen

Opgaven	Nederlands	Urdu	Conceptuele woordenschat	Cumulatieve woordenschat
1 paddestoel	+	-	1	1
2 rat/muis	+	+	1	2
3 bril	-	+	1	1
4 neus	+	+	1	2
5 lezen	+	-	1	1
6 kraan	+	-	1	1
7 roken	-	-	0	0
8 schommelen	+	-	1	1
9 veer	-	-	0	0
10 (op) pompen	-	-	0	0
11 wiel	+	-	1	1
12 leeg	-	-	0	0
13 brug	+	-	1	1
14 bad(kuip)	-	+	1	1
15 flat	-	-	0	0
16 kaarten / kwartetten	-	+	1	1
Totaal	**8**	**5**	**11**	**13**

0 = kent geen woord voor dat concept;

1 = kent woord voor dat concept;

2 = kent woord voor dat concept in beide talen

7.5 Interpretatie van gegevens en diagnosestelling

Het is duidelijk dat geobserveerde fouten en verschijnselen niet los van hun context mogen worden geïnterpreteerd. Bij een eentalig kind kan men nog zeggen: 'Deze fouten passen niet bij de taal van een zesjarige.' Bij een meertalig kind is echter meer kennis van de context nodig, bijvoorbeeld hoeveel blootstelling het kind heeft gehad aan iedere taal. Inzicht in de normale meertalige taalontwikkeling (hoofdstukken 4 en 5) en van kenmerken van een taalstoornis (hoofdstuk 6) complementeert de onmisbare achtergrond voor de interpretatie van alle verzamelde gegevens.

De anamnese ten aanzien van het meertalige taalaanbod, de resultaten van tests, de resultaten van de beoordeling van de spontane en de ingevulde checklist van symptomen van een taalstoornis (bijlage 4), worden nu geïntegreerd om een totaal beeld te krijgen van de taalontwikkeling van het kind. Voor een goede interpretatie van de gegevens volgen hier enkele richtlijnen.

- Bekijk de gegevens uit de anamnese. Begon het kind laat te praten? Verliep de vroege taalontwikkeling moeizaam? De vroege mijlpalen in de ontwikkeling zijn voor meertalige kinderen ongeveer dezelfde als voor eentalige kinderen: eerste woorden, vroege woordenschat, tweewoordcombinaties, basistaalfuncties, pragmatiek, vloeiendheid en fonologie.
- Beoordeel de kwantiteit en kwaliteit van de blootsteling die het kind heeft gehad aan de verschillende talen. Heeft een kind weinig blootstelling aan een van de talen gehad, dan zal die taal minder goed ontwikkeld zijn dan de andere. Dit is normaal.
- Is er sprake van subtractieve meertaligheid en van taalverlies? Is een taal dominanter dan de andere? De vaardigheden in de talen van een kind veranderen in de tijd. De beheersing van een taal kan in de loop van de tijd verbeteren door ervaring. De ontwikkeling kan dus geleidelijk doorgaan, maar het kan ook gebeuren dat de taalbeheersing in een van de talen achteruit gaat (taalverlies) of dat een taal op hetzelfde niveau blijft steken.
- Ga na voor welke doel het kind zijn of haar talen gebruikt. Taalvaardigheden kunnen gespreid zijn over de talen van het kind. Een kind kan in een taal alleen DAT ontwikkelen en in de andere zowel DAT als CAT (zie hoofdstuk 5 voor een uitleg van deze termen). CAT is vooral belangrijk voor schooltaken, maar het niet beheersen van CAT wil niet zeggen dat een kind een taalstoornis heeft. Houd er rekening mee dat het onder optimale omstandigheden ongeveer vijf tot zeven jaar kost om CAT te beheersen.
- Kijk of de fouten die het kind maakt, passen bij de normale meertalige taalontwikkeling van dat bepaalde kind, bijvoorbeeld: zijn de fouten typisch voor tussentaal (zie hoofdstuk 5)? Zijn het misschien interferentiefouten? Zijn het overgeneralisatiefouten?
- Beoordeel in welke omstandigheden het kind code-mixing en codewisseling (deze concepten werden in hoofdstuk 4 besproken) gebruikt. Dit zijn normale verschijnselen. Frequente code-mixing met een eentalige spreker kan echter een teken zijn van beperkte taalvaardigheid of van onvoldoende afstemming op de

gesprekspartner. Dat hoeft niet op een stoornis te duiden, maar als een kind zich na enige tijd niet aanpast aan de eentalige spreker door alleen die taal te gebruiken die beiden kennen, zou dit kunnen betekenen dat er iets niet in orde is.

- Observeer het gedrag van het kind met verschillende gesprekspartners. Is er sprake van telegramstijl, versimpeling en vermijding in alle talen? Of alleen in de tweede (of derde) taal? Meertalige kinderen gebruiken soms strategieën, bijvoorbeeld door bepaalde structuren of uitdrukkingen die ze nog niet beheersen te ontwijken.
- Was of is er sprake van een stille periode? Sommige sequentiële taalverwervers spreken een aantal maanden, soms zelfs een jaar, niet in de tweede (of derde) taal.
- Wees voorzichtig met de interpretatie van niet-vloeiendheden, aarzelingen en dergelijke symptomen die aan woordvindingsmoeilijkheden doen denken. Meertalige kinderen hebben soms onvoldoende gelegenheid gehad om bepaalde woorden te gebruiken en kunnen dan moeite hebben om op een woord te komen dat ze receptief wel kennen. Dit kan gebeuren in alle talen en is geen aanwijzing voor echte pathologische woordvindingsmoeilijkheden.
- Ga na of er in iedere taal van het kind problemen zijn met grammaticale morfemen. Kinderen met een taalstoornis hebben daar vaak moeite mee. Welke morfemen moeilijk zijn, verschilt van taal tot taal (zie hoofdstuk 7).

De interpretatie van de verschijnselen die worden waargenomen in de taal van meertaligen, blijft lastig, ook met gebruik van deze richtlijnen. Er zijn veel factoren waarmee men rekening moet houden. Belangrijk om te onthouden is dat taalgestoorde kinderen een laag grammaticaal niveau hebben in beide talen, terwijl kinderen zonder taalstoornissen een goed grammaticaal niveau in ten minste één van de talen hebben. Hier zijn enkele uitzonderingen op. In het geval van subtractieve meertaligheid komt het vaak voor dat kinderen beide talen niet voldoende beheersen. Gebruik bij aanhoudende twijfels over de correcte diagnose de Test-Teach-Retest-procedure om de leerbaarheid van het kind te testen. Door de preteach- en de postteach-scores op een bepaalde test of taak te vergelijken, kan de diagnose worden verfijnd.

7.6 Advisering en doorverwijzing

Ouders moeten goed worden geïnformeerd over de gestelde diagnose. Adviezen en verwijzingen moeten zo duidelijk mogelijk worden gegeven. Bij ouders die het Nederlands niet goed beheersen, is daarvoor de hulp van een tolk onmisbaar.

Als het kind een ernstige taalstoornis heeft, is het extra belangrijk dat het voor de ouders duidelijk is wat de mogelijkheden zijn voor ondersteuning van het kind. Het kan wenselijk zijn dat zo'n kind hulp krijgt vanuit een school voor kinderen met spraak- en taalmoeilijkheden (een zogeheten cluster 2-school). Het traject dat ouders moeten doorlopen om het kind aan te melden voor dat soort hulp, is voor hen soms ingewikkeld. Ook voor hulpverleners is de aanmeldingprocedure voor cluster 2 niet gemakkelijk.

Op 1 augustus 2003 is de Wet op de Leerlinggebonden Financiering in werking getreden. Deze wet schrijft voor dat kinderen een indicatie nodig hebben voordat zij speciaal onderwijs kunnen volgen of gebruik kunnen maken van ambulante begeleiding. Een indicatie wordt aan de hand van landelijk vastgestelde criteria afgegeven door een Commissie voor de Indicatiestelling (CvI). De ernst van taalproblemen wordt gedefinieerd in termen van standaarddeviaties. Dit betekent dat men bij de indicatiestelling moet werken met genormeerde tests.

De volgende brief van een logopediste aan de auteur illustreert hoe moeilijk het is om aan de criteria voor aanmelding bij cluster 2-scholen te voldoen.

> Beste collega,
>
> Ik moet regelmatig diagnostisch onderzoek doen bij kinderen tussen 2 en 5 jaar die in een tweetalige omgeving opgroeien. Het onderzoek is meestal van groot belang voor het verwijzen naar een passende onderwijsvorm (...)
> In het werken met ESM-kinderen (de doelgroep van ons team) word ik geconfronteerd met de vernieuwde indicatiecriteria voor ons cluster 2 (auditief/communicatief beperkt). De indicatiestellingscommissies vragen in de logopedische rapportage harde cijfers in de vorm van standaarddeviaties, vaak ook bij kinderen die het Nederlands als tweede taal verwerven. Dit betekent voor mij dat ik taaltests als Reynell en Schlichting vaak in twee talen afneem. Dan stuit je op bezwaren, zoals het te snel op korte termijn afnemen van de tests, en voor het onderdeel zinsontwikkeling geldt dat het vrijwel niet mogelijk is dit onderdeel zomaar in de moedertaal van het kind af te nemen (...)
> Heb jij nog een idee hoe je bij jonge NT2-kinderen met een mogelijk spraak/taalprobleem toch een gedegen onderzoek kunt doen dat tevens standaarddeviaties oplevert?

Het aanleveren van standaardscores bij het onderzoek van meertalige kinderen is erg moeilijk. Geen van de bestaande tests, genormeerd op meertalige kinderen, genereert deze gegevens. Bij de PPVT (Dunn, e.a. 2005) zijn er standaarscores bepaald voor Turkse en Marokkaanse kinderen. Die scores zeggen iets over de woordenschat in het Nederlands van die kinderen als groep. Uit de resultaten blijkt onder meer dat Marokkaanse kinderen een hogere score hebben (gemiddelde WBQ 78.1 met een standaarddeviatie van 12.5) dan de Turkse kinderen (gemiddelde WBQ 68.2 met een standaarddeviatie van 12.8). Dit komt overeen met gegevens van de Lexiconlijsten waarin duidelijk werd dat de beheersing van het Nederlands van de Marokkaanse kinderen groter is dan die van de Turkse kinderen.

Voor de Schlichting-test voor Taalproductie (Schlichting e.a.,1995) en de Reynell-test voor Taalbegrip (Eldik e.a., 2001) bestaan leeftijdsequivalenten voor Turkse kinderen in de leeftijden 5;3 jaar, 5;9 jaar en 6;3 jaar.

Deze scores bieden de mogelijkheid om kinderen uit verschillende groepen met elkaar te vergelijken. Ze bieden ook de mogelijkheid om de scores van kinderen te vergelijken met een gemiddelde score voor die etnische groep. Als de receptieve woordenschat van een Turks kind bijvoorbeeld onderzocht wordt met de PPVT, kan zijn score (zeg WBQ 68) worden vergeleken met de gemiddelde scores en kan een standaarddeviatie aan die score worden toegekend (0 standaarddeviatie). Er kan geconcludeerd worden dat dit kind binnen de normen voor Turkse kinderen valt. Dat zegt dan nog niets over de aan- of afwezigheid van een stoornis.

Het niet kunnen werken met standaarddeviaties wil niet zeggen dat er geen gedegen onderzoek mogelijk is. Testresultaten zijn gelukkig niet de enige onderzoeksresultaten die meetellen bij de indicatiestelling. De aard van de stoornis(sen) en de aard van de beperking in de onderwijsparticipatie zijn in dat geval bepalend voor de onderwijssoort waar de leerling kan worden toegelaten.

In de beschrijving van het diagnostische proces in de vorige paragrafen is duidelijk geworden dat men bij goede diagnostiek veelzijdig bezig is. Met een functionele benadering is het mogelijk om aan te tonen dat er bij een meertalig kind sprake is van een ernstig gestoorde taalontwikkeling. De mate van de afwijking kan men dan beredeneren. Je gebruikt dan tests aangevuld met gegevens uit observatie, taalanalyse en informatie van ouders en anderen, zoals de leerkracht. Het beeld van het kind ontstaat door al deze gegevens met elkaar in verband te brengen. Bij deze beoordeling speelt altijd een subjectieve component mee. Uiteindelijk gaat het om de vragen: kan dit kind in de eigen omgeving voldoende communiceren? Is er voldoende uitzicht op een maximale ontplooiing van de mogelijkheden van het kind? Zoals Slofstra-Bremer (2006) schrijft: 'Juist als het gaat om de communicatieve vermogens van het kind, zijn cijfers en getallen niet het juiste antwoord. Alleen door middel van overwogen deskundige en menselijke interpretatie van een veelzijdig onderzoek kan een verantwoord antwoord geformuleerd worden.'

7.7 Samenvatting

In dit hoofdstuk wordt gepleit voor het gebruik van een functionele benadering bij de diagnostiek van taalstoornissen bij meertalige kinderen. Binnen deze benadering staat communicatie voorop. Men zoekt naar manieren om die kinderen te identificeren die taalproblemen hebben in alle talen die ze gebruiken, die zo ernstig zijn dat hun dagelijkse functioneren erdoor wordt beïnvloed. Om een zo goed mogelijk inzicht te krijgen in de stoornis worden niet alleen gestandaardiseerde tests gebruikt. Zij moeten worden gebruikt in combinatie met observatie en beoordeling van de spontane taal (in alle talen die het kind actief gebruikt), anamnese over onder andere het taalaanbod, en vormen van dynamische diagnostiek. Dynamische diagnostiek lijkt meer geschikt te zijn voor meertalige kinderen dan de klassieke, statische diagnostiek, omdat de taalleergeschiktheid van het kind zo beter kan worden bepaald.

Interpreteren van de gegevens kan alleen als men rekening houdt met kenmerken van een normale meertalige ontwikkeling en met de factoren die de meertaligheid van het kind beïnvloeden, zoals kwantiteit en kwaliteit van de blootstelling aan de betreffende talen. Over- en onderdiagnose van taalstoornissen bij meertalige kinderen kunnen geminimaliseerd worden bij toepassing van de juiste uitgangspunten.

Bij meertalige kinderen is het belangrijk om naast de beoordeling van de ontwikkeling van het Nederlands ook de ontwikkeling van de andere taal of talen te beoordelen. Zo kan men te weten komen of er sprake is van een taalstoornis, dan wel van een onvoldoende beheersing van het Nederlands of van de andere taal/talen. De normale meertalige ontwikkeling die in hoofdstuk 4 werd behandeld, vormt het denkkader voor de interpretatie van de gegevens binnen de context van de omstandigheden waarin ieder kind opgroeit. Dat denkkader weerspiegelt de heterogeniteit van meertalige kinderen in Nederland en biedt zo een basis voor een verantwoorde vergelijking tussen kinderen die ongeveer in dezelfde omstandigheden opgroeien.

7.8 Opdrachten

1. Kies een woordenschattest zoals de TAK of de PPVT en maak voor eigen gebruik twee formulieren om de receptieve en de actieve conceptuele en de cumulatieve woordenschat van de meertalige kinderen te meten. Zie tabel 7.2 in dit hoofdstuk voor een voorbeeld.
2. Een jongen van 5;6 jaar spreekt thuis Somalisch en heeft pas Nederlands aangeboden gekregen vanaf de leeftijd van circa 3 jaar toen hij naar de peuterspeel zaal ging.

Welke taaltests en ander materiaal zou je gebruiken om de taal van dit kind in kaart te brengen? Waarom?

3 Er bestaan verschillende lijsten/anamneseformulieren voor het in kaart brengen van de meertalige situatie van het kind.
   a Bestudeer ze aandachtig en maak een keuze. Welke zou je voor welke situatie willen gebruiken? Waarom?
   b Als je niet tevreden bent met deze lijsten, ontwikkel je eigen lijst. Welke aanpassingen heb je aangebracht? Waarom?
4 Tijdens het onderzoek is de houding van de aanwezige tolk ten opzichte van codewisseling heel negatief en hij corrigeert het kind een paar keer.
   Hoe zou je hierop reageren?
   a Schrijf je reactie op in een paar zinnen. Zijn je reactie anders zijn als de tolk een niet-professionele tolk zou zijn? Waarom?
   b Oefen met een medestudent dit gesprek in een rollenspel. De een speelt de rol van de logopedist en de ander van de tolk.

5 Deze opdracht is voor de werkende logopedist of stagiaire: test samen met de aanwezige ouder of begeleider de receptieve woordenschat van een kind in de andere taal die het kind spreekt.
   a Schrijf de instructie op die je aan die ouder zou geven voorafgaande aan het testen.
   b Scoor zelf terwijl de ouder de test afneemt. Hoe ging het?

8
De behandeling van taalstoornissen

Na het onderzoek volgen keuzen voor het vervolgtraject. Heeft dit kind behandeling nodig of niet? Wanneer logopedische behandeling wordt geïndiceerd, is het belangrijk om stil te staan bij de samenwerking met de betrokkenen. Een goede samenwerking tussen logopedist, ouders, tolk (hulpbehandelaar), dagverblijfcentrum, peuterspeelzaal, school en eventuele anderen is onmisbaar voor een goede begeleiding van het kind. Daarnaast zijn er vragen. Welke doelen wil je bereiken? Welke benadering is de geschiktste? Is voor dit kind directe of indirecte behandeling het beste? Hoe kan indirecte therapie worden gegeven? Is het mogelijk hiervoor een tolk in te schakelen? Wat voor materiaal kun je inzetten? Wanneer stopt de behandeling?

8.1 Behandelen of niet behandelen?

Er is geen eenduidig antwoord op de vraag: wanneer moet een kind in behandeling worden genomen en wanneer niet? De volgende aanwijzingen kunnen helpen bij het nemen van een beslissing.

- Bij jonge sequentiële taalverwervers die nog maar een korte tijd (tot bijvoorbeeld een jaar) aan het Nederlands zijn blootgesteld en die na anamnese en onderzoek geen problemen blijken te hebben met de ontwikkeling van hun eerste taal, is logopedische behandeling niet gerechtvaardigd.
- Als een sequentiële taalverwerver na anderhalf jaar regelmatige blootstelling aan het Nederlands (bijvoorbeeld via peuterspeelzaal, school en contact met Nederlands sprekende mensen) nog ernstige problemen heeft met DAT in het Nederlands, is multidisclipinaire diagnostiek, en mogelijk ook behandeling gewenst. Deze richtlijn is gebaseerd op resultaten van de studie van Salameh (2003), waarbij de kinderen zonder stoornis in de voorschoolse periode na anderhalf jaar blootstelling aan het Zweeds hoge scores in Zweedse grammatica en fonologie behaalden. Dit was niet het geval bij de kinderen met een ernstige taalstoornis. Deze richtlijn moet echter met de nodige voorzichtigheid worden gevolgd. Studies van zich normaal ontwikkelende kinderen laten zien dat de meeste kinderen die het Engels als tweede taal leren, zelfs na twee jaar nog niet redelijk vloeiend zijn in die taal (Wong Filmore, 1983; Genesee e.a., 2004).
- Directe logopedische behandeling is niet de geschiktste oplossing voor taalproblemen die niet gerelateerd zijn aan een taalstoornis. Als de ontwikkeling in een van de talen leeftijdsadequaat is, en als de problemen zich maar in één taal voordoen, veelal het Nederlands en alleen op school, wordt directe logopedische behandeling afgeraden. Bij sequentiële taalverwervers met een normale taalontwikkeling zijn de moeilijkheden in de tweede (en volgende) taal tijdelijk.

Naarmate het kind meer blootstaat aan het Nederlands, gaat de ontwikkeling van DAT in die taal snel vooruit. Het probleem is dat deze kinderen op school niet alleen DAT, maar ook CAT nodig hebben. Zoals in hoofdstuk 5 werd gezegd, kost het leren van CAT vijf of meer jaren afhankelijk van de lees- en schrijfervaring in de moedertaal. Als op school geen expertise is op het gebied van het Nederlands leren als tweede taal, kan de logopedist een adviserende en begeleidende rol op zich nemen om de school hierbij te helpen. De logopedist kan ook de ouders instrueren en begeleiden bij het stimuleren van alle talen die het kind nodig heeft om met zijn directe omgeving te communiceren. Paragraaf 8.2. en 8.4 gaan in op vormen van ondersteuning die een logopedist aan ouders, peuterspeelzaal, dagverblijfcentrum en school kan geven.

- Er zijn kinderen die door onderstimulering en subtractieve meertaligheid (zie hoofdstuk 3) geen van de talen goed beheersen en worden belemmerd in hun communicatie en ontplooiing. Deze kinderen en hun ouders hebben extra ondersteuning nodig om te zorgen dat de taalontwikkeling alsnog wordt gestimuleerd. Directe individuele behandeling is wenselijk, maar niet het enige wat een logopedist kan bieden. Advies en begeleiding om de blootstelling aan de betreffende talen te verbeteren en vergroten is even belangrijk als directe therapie.
- Soms is na afloop van het onderzoek de diagnose nog niet duidelijk. In dat geval kan een kortdurende diagnostische behandeling waarbij de techniek Test-Teach-Retest wordt gebruikt, uitkomst bieden. Kies een of twee taalaspecten waarmee het kind problemen heeft en behandel die consequent en intensief gedurende bijvoorbeeld drie weken, met een frequentie van twee keer per week. Als het kind snel vooruitgaat op die aspecten, is dat een teken dat het leerbaar is. De logopedist kan, na het behandelen van de meest belemmerende problemen, de behandeling beëindigen en advies geven aan ouders, peuterspeelzaal of school om te zorgen dat de vooruitgang zich voortzet.

Het basisprincipe bij de behandeling moet altijd zijn dat 'het kind behandeld moet worden, niet de zinsbouw van een kind of de woordenschat van een kind' (Van den Dungen & Verboog, 1991). Dat wil zeggen dat logopedisten de behoeften van het kind als uitgangspunt moeten nemen. Het doel moet zijn dat het kind meer communicatieve mogelijkheden en een positiever zelfbeeld krijgt, waardoor het zich beter gaat voelen.

8.2 Samenwerken met de ouders

Logopedisten komen vaak in aanraking met meertalige kinderen die in allerlei taalsituaties opgroeien: in gezinnen waarin iedere ouder een verschillende taal spreekt, in gezinnen waarin beide ouders dezelfde minderheidstaal spreken of in gezinnen waar beide ouders meer dan een gemeenschappelijke taal hebben. Ieder van deze ouderparen maakt keuzes over het gebruik van de talen die het beste bij hun eigen situatie passen. De meertaligheid van hun kinderen is echter voor veel ouders een feit en geen keuze. Hun kinderen, ook als ze een taalstoornis hebben, hebben in zulke gevallen meer dan één taal nodig om goed te kunnen communiceren met hun omgeving. Het is essentieel dat de logopedist die met meertalige of anderstalige ouders werkt, zich bewust is van deze verscheidenheid aan taalsituaties bij meertalige gezinnen. De verscheidenheid in de manier waarop gezinnen met de meertaligheid van hun kinderen omgaan, wordt hieronder besproken.

8.2.1 Taalstrategieën

In de meertalige situatie hebben ouders bepaalde strategieën om met hun kinderen te communiceren. De meeste ouders spreken niet van tevoren af hoe ze hun taal of talen aan hun kinderen zullen leren. Spontaan ontstaat een patroon dat bij het gezin past. Verschillende patronen of strategieën zijn mogelijk:

- Er zijn mensen die thuis een andere taal dan het Nederlands spreken. Die gebruiken de zogenoemde *minderheidstaal thuis*-strategie. Dit is de vertaling van de Engelse term *minority language at home*, vaak afgekort als ml@h. Voorbeelden van deze strategie zijn te vinden in veel Friese of Limburgse gezinnen en in gezinnen van immigranten van de eerste generatie.
- Er zijn anderstalige ouders die ervoor kiezen om thuis met hun kinderen Nederlands te praten. Die gebruiken de *meerderheidstaal thuis*-strategie. In het Engels wordt die vaak aangeduid als ML@h (*majority language at home*). Echtparen afkomstig uit Suriname, de Antillen en uit andere (ex-)Nederlandse koloniën praten vaak Nederlands met hun kinderen en onderling een taal zoals Sarnami, Sranantongo, Papiamento, Maleis of Indonesisch. Die kinderen worden dan blootgesteld aan die talen, maar ze hoeven ze vaak niet te spreken.
- In de situatie waarin beide ouders een andere moedertaal hebben, kiezen ze soms voor de strategie *Één-Ouder-Één-Taal* (EOET). In de Engelse literatuur wordt de term OPOL *(One Parent One Language)* gehanteerd. Dat gebeurt veelal in gemengde huwelijken.

Een combinatie van de genoemde strategieën is ook mogelijk. Sommige mensen uit de Antillen en Aruba spreken thuis, ook met de kinderen, vaak Papiamento, maar ook Nederlands. Er zijn ook gezinnen die kiezen om op sommige momenten de ene taal te spreken en op andere momenten de andere taal. Bijvoorbeeld: een gezin kan beslissen om wanneer het hele gezin samen is, één gezamenlijke taal te gebruiken, en op andere momenten, bijvoorbeeld als elk van de ouders alleen is met het kind, de taal van die ouder te spreken. Helaas wordt soms een bepaalde strategie door een van de ouders opgelegd, zoals het volgende voorbeeld illustreert.

Casus Vladimir, 5 jaar

Vladimir is het enige kind van een Nederlandse vader en een Russische moeder. Vladimir heeft taalproblemen en de school heeft logopedische behandeling geadviseerd. De logopedist komt er tijdens het anamnesegesprek achter dat toen Vladimir geboren werd, vader besloten heeft dat het beter voor Vladimir zou zijn om thuis alleen Nederlands te praten. Moeder heeft niet mogen meebeslissen. Vader reist veel en brengt weinig tijd met Vladimir door. Moeder spreekt heel beperkt Nederlands. Het gezin heeft een Russische au pair en onderling spreken de moeder en dit meisje Russisch. Als vader afwezig is, praten ze ook Russisch met Vladimir. In aanwezigheid van vader probeert moeder met Vladimir in het Nederlands te communiceren, maar daar heeft ze veel moeite mee.

Dit laat zien dat wanneer een van de ouders niet achter een bepaalde strategie staat of kan staan, dit de taalontwikkeling van het kind negatief kan beïnvloeden. Deze moeder praat met haar kind, in aanwezigheid van vader, gebrekkig Nederlands. Dit is niet bevorderlijk voor de taalontwikkeling van Vladimir. Verderop in dit hoofdstuk wordt deze casus opnieuw besproken wanneer het erom gaat ouders te adviseren om realistische keuzes te maken, en om hun taalaanbod goed te structureren.

De taalstrategie in meertalige gezinnen kan in de loop van de tijd veranderen. Factoren die hier invloed op hebben, zijn onder andere: 1) de beheersing van de talen door de ouders en de samenwerking of juist de tegenwerking van de omgeving; 2) de intensiteit en kwaliteit van het contact met sprekers van de verschillende talen; 3) de eigen voorkeur van de kinderen voor de ene of de andere taal.

Vaak verandert de taalstrategie thuis als de taaldominantie van het kind verschuift. Dat gebeurt vaak vanaf het moment dat het kind naar de peuterspeelzaal of de basisschool gaat. Ook omstandigheden als een echtscheiding, een langdurige afwezigheid van een van de ouders of het moment dat een of beide ouders na verloop van tijd het Nederlands voldoende goed beheersen, kunnen het patroon van taalgebruik thuis veranderen.

8.2.2 Wensen van ouders en kinderen

Iedere ouder heeft, bewust of onbewust, verwachtingen van de meertaligheid van hun kind(eren). De ene ouder is blij als het kind een eenvoudig gesprek met oma en opa kan voeren, en de andere ouder wil dat het kind leert lezen en schrijven in zijn moedertaal. De ene ouder vindt het absoluut noodzakelijk dat het kind de moedertaal leert. De andere vindt het minder of helemaal niet belangrijk. Deze wensen van de ouders zijn soms realistisch en haalbaar, maar soms niet. Ouders zijn het vaak in hun wensen met elkaar eens, maar soms ook niet, zoals de casus van Vladimir illustreert.

Ook kinderen hebben, vaak onbewust, een eigen wil. Er zijn factoren binnen en buiten het kind zelf die invloed hebben op zijn meertaligheid. Dat zijn onder meer de persoonlijkheid van het kind, het gemak waarmee het met taal omgaat en welke taal zijn of haar broers, zussen en vriendjes spreken. Een algemene trend is dat kinderen voorkeur hebben voor de taal van leeftijdgenoten. Dit is afhankelijk van de leeftijd van de kinderen en het contact met de buitenwereld. Kleine kinderen brengen meer tijd door met hun ouders (vooral met moeders) dan kinderen die al naar school gaan. Daarom beheersen kinderen aanvankelijk vaak de thuistaal het beste. Als ze naar school gaan en minder tijd met de ouders doorbrengen, wordt de taal van de brede omgeving geleidelijk aan de taal die ze het vaakst horen. Daardoor verschuift de taaldominantie bij de meeste kinderen naar het Nederlands.

De volgende paragraaf bespreekt hoe de logopedist de ouders kan helpen om realistische en haalbare keuzes te maken over de meertaligheid van hun kind, rekeninghoudend met de situatie waarin het gezin verkeert.

8.2.3 Ouders helpen om realistische keuzes te maken

Om het kind zo goed mogelijk te kunnen behandelen, moeten alle partijen op een lijn zitten. In ieder geval moet voor iedereen duidelijk zijn wat de houding en mening van iedere ouder en van de logopedist zijn ten opzichte van het taalprobleem, de behandeling, en de meertaligheid van het kind. Als deze duidelijkheid er niet is aan het begin van de behandeling, is het risico groot dat ouders en logopedist elkaar gaan tegenwerken.

De logopedist kan de ouders helpen realistische keuzes maken over de meertaligheid van hun kind. Ze kan ook hen begeleiden om hun doelen te bereiken. Het formulier 'Wensen van de ouders' in bijlage 5 helpt hierbij. Er staan vragen op als: Hoe belangrijk is het voor u dat uw kind uw moedertaal leert? Wat is voor u de belangrijkste taal en waarom? Welke gelegenheid heeft uw kind om iedere taal te horen en te spreken? Welke vaardigheden wenst u dat uw kind leert in iedere taal?

De logopedist neemt de vragen samen met de ouders door om er achter te komen wat hun wensen voor de meertaligheid van hun kind zijn. Ze worden ook aan het denken gezet over de randvoorwaarden in het gezin om hun doel te bereiken. Belangrijk is dat de logopedist de vragen aan elke ouder stelt, zodat duidelijk wordt hoe zij individueel erover denken. Als de ouders verschillende doelen en meningen hebben, is consensus nodig. Alleen dan is succes door de behandeling mogelijk.

Op basis van de antwoorden van de ouders kan de behandeling een vorm krijgen die gunstig is voor de taalontwikkeling van het kind. De logopedist kan de ouders adviseren over wat het beste is voor het kind , welke taalvaardigheden haalbaar zijn in iedere taal en welk niveau bereikt kan worden in ieder van die vaardigheden. Als de randvoorwaarden niet gunstig zijn, moeten logopedist en ouders samen bekijken wat er gedaan moet worden om de doelen toch te bereiken, of de doelen moeten worden bijgesteld. Dit kan gebeuren als de ouders te ambitieus zijn. Sommige ouders willen dat het kind in beide talen leert praten én lezen én schrijven, en liefst zo snel mogelijk. Dat is vaak niet mogelijk.

Andere ouders zijn gauw geneigd om te denken dat als het kind een taalstoornis heeft, het beter is om een van de talen - meestal de minderheidstaal - te laten vallen. Die beslissing moet gebaseerd zijn op wat er tot nu toe uit wetenschappelijk onderzoek bekend is. In een stimulerende omgeving kunnen kinderen, ook die met een taalstoornis, meer dan één taal leren (Salameh, 2003; Genesee e.a., 2004). Kinderen met een taalstoornis in de context van *subtractieve* meertaligheid lopen waarschijnlijk een groter risico om een van de talen te verliezen dan hun leeftijdgenoten in een context van *additieve* meertaligheid (Restrepo, 2003).

Sommige ouders kiezen toch voor het gebruik van alleen Nederlands, omdat ze vinden dat dat het beste voor hun kind is, ondanks de evidentie en het advies om de moedertaal niet te laten vallen. 'Mijn moedertaal zal hij later leren,' zeggen sommige ouders. De logopedist moet zo'n keuze respecteren. Het is echter haar taak om ouders die het Nederlands niet voldoende goed beheersen, erop te wijzen dat ze hierdoor misschien niet vlot en ongedwongen kunnen communiceren met hun kind. Het risico dat de kwaliteit van de communicatie vermindert, is groot. Dit kan het begeleiden van de psychosociale en emotionele ontwikkeling van het kind belemmeren, en ook het contact tussen ouders en kind. In dit geval is het belangrijk dat de ouders proberen hun beheersing van het Nederlands te verbeteren, bijvoorbeeld door het volgen van een cursus.

Bij gezinnen waarin meer dan twee talen een rol spelen, kunnen de keuzes ingewikkelder zijn zoals het geval van Anath illustreert:

Casus Anath, 4 jaar

Na onderzoek in de twee talen waaraan ze het meest is blootgesteld (Engels en Nederlands), was de conclusie dat Anath een taalstoornis heeft. De ouders van Anath spreken onderling Engels, de moedertaal van vader. De moeder van Anath spreekt ook af en toe Tamil (haar moedertaal) met Anath en ze gaan regelmatig naar Sri-Lanka, waar haar familie nog woont.
Het advies was logopedische behandeling. Na overleg met moeder en vader viel de keuze op zowel directe behandeling in het Nederlands als indirecte behandeling in het Engels, via de ouders. Het dringende advies was dat elke ouder consequent Engels met Anath zou spreken. De logopedist adviseerde om het Tamil te laten vallen, want dat zou te veel voor Anath zijn.
De ouders van Anath stemmen in met dit advies, maar drie maanden later zegt moeder dat het haar niet lukt om consequent te zijn in het gebruik van het Engels met Anath. In het verleden zong ze liedjes en las ze voor in het Tamil. Ook dingen zoals kooswoordjes zeggen, troosten of berispen deed ze in het Tamil. Moeder is verdrietig, omdat ze dat niet meer mag doen. Ook wil ze graag dat Anath met de Tamilse grootouders kan communiceren. Ze vraagt zich af of er geen plek voor het Tamil in het leven van Anath kan zijn.

Wanneer blijkt dat een advies niet haalbaar is, moeten logopedist en ouders verder zoeken naar andere mogelijkheden. Zowel de ouders als de logopedist moeten flexibel genoeg zijn om hun oorspronkelijke plan aan te passen. Het is heel belangrijk dat de logopedist zich realiseert dat ouders van kinderen met taalstoornissen emotioneel belast zijn. De bezorgdheid over hun kind maakt dat ze vaak teleurgesteld, ontevreden, verdrietig en onzeker zijn. In het geval van Anath kan het Tamil een plek krijgen door deze taal op een laag pitje te blijven gebruiken, met de bedoeling hem weer op te pakken als de taalontwikkelingsproblemen zijn verminderd of opgeheven. Door liedjes met moeder te zingen en verhaaltjes te horen wordt Anaths receptieve kennis van die taal gestimuleerd, moeder voelt zich beter en het interactiepatroon met Anath raakt er niet door verstoord.

Soms lukt het niet om consensus te bereiken over welke talen belangrijk zijn voor het kind. Neem de casus van Vladimir als voorbeeld. Deze moeder praat blijkbaar liever in haar moedertaal met het kind, het Russisch. Het Nederlands beheerst ze onvoldoende. Zij en de Russisch sprekende au pair zijn degenen die de meeste tijd met het kind doorbrengen. In dit geval moet overwogen worden om het kind toch tweetalig in plaats van eentalig te laten opgroeien.

Het is belangrijk om met de ouders af te spreken om na een bepaalde tijd te evalueren of de doelen werden bereikt. Het formulier in bijlage 5 geeft ruimte om iedere vaardigheid in iedere taal op een schaal van 1 tot 5 te evalueren. Dit is een grove en subjectieve beoordeling, maar ze geeft wel enige houvast.

8.2.4 Structureren van taalaanbod

Als een keuze en een plan zijn gemaakt om een taal, de twee belangrijkste talen of alle talen van het kind te stimuleren, hebben ouders vaak begeleiding nodig om dat plan in praktijk te brengen. De logopedist kan hun adviseren over het structureren van het taalaanbod en hen daar in begeleiden. Structureren van het taalaanbod is belangrijk. Advies hierover moet gefundeerd zijn en moet voor het gezin in kwestie realistisch en haalbaar zijn.

Vaak krijgen de ouders adviezen als: 'Wees consequent in uw taalaanbod.' 'Spreek altijd uw moedertaal met uw kind.' 'Spreek tijdens de maaltijd alleen taal X en op andere momenten taal Y.' Of: 'Spreek de talen nooit door elkaar.'

De gezichtsuitdrukking op de foto, aan het begin van hoofdstuk 9, van een moeder die het advies krijgt om consequent te zijn, spreekt voor zich. Betekent consequent zijn dat ik maar één taal met mijn kind mag praten? Of dat ik nooit Nederlands met mijn kind mag praten, omdat het niet mijn moedertaal is? Of dat ik alleen binnenshuis in mijn eigen taal met mijn kind mag praten en buitenshuis Nederlands? Maar... soms meng ik beide talen. Ben ik dan niet consequent? Dit zijn slechts enkele van de mogelijke vragen van deze moeder.

De logopedist moet aan de ouder(s) goed uitleggen wat ze met het advies bedoelt. Ook is het belangrijk om niet te vergeten dat ieder kind, iedere ouder en ieder gezin specifieke behoeftes, vermogens en mogelijkheden heeft. De casus van Anath illustreerde hoe moeilijk het is om strakke strategieën en regels te volgen. Taal is vooral en voornamelijk een instrument om sociale contacten te onderhouden, emoties uit te drukken en gedachten uit te wisselen. Sociale contacten, emoties en gedachten ontstaan spontaan en ongedwongen. Sommige dingen worden beter in de ene taal uitgedrukt dan in de andere. Daarom lukt het de meeste ouders niet om zich aan zulke strakke afspraken te houden, zeker als ze gezamenlijk verschillende talen goed beheersen.

Strategieën geven houvast maar zijn niet bedoeld om strak te worden gehanteerd. Structuur bieden wil niet zeggen dat beide talen niet in dezelfde situatie gebruikt mogen worden, of dat men niet mag codewisselen. Zoals in hoofdstuk 3 werd gezegd, is codewisseling een normaal verschijnsel. Het is geen bewijs van linguïstische onbekwaamheid. Van ouders verlangen om dit niet te doen, is niet realistisch. Er kan zo een onnatuurlijke situatie ontstaan met het risico dat het aanbod in beide talen armer wordt.

De logopedist kan de ouders wel uitleggen dat het waarschijnlijk beter is om maar één taal te gebruiken op momenten dat ze direct met het kind praten. Dat heeft ermee te maken dat kleine kinderen tot een jaar of vijf de talen nog aan het leren zijn. Dit advies is echter intuïtief en niet gebaseerd op wetenschappelijk bewijs. Er is geen overtuigend bewijs dat codewisseling nadelig zou zijn voor kinderen met taalstoornissen. Kinderen leren heel snel de impliciete regels en patronen van normale codewisseling.

Soms moeten ouders op verzoek van de logopedist bepaalde oefeningen in de ene of in de andere taal met het kind doen. Op die momenten is het goed flexibel om te gaan met de regels. Vooral bij oudere kinderen is het mogelijk en zelfs wenselijk om dingen uit te leggen in de sterkste taal van het kind. Wanneer bijvoorbeeld het kind zijn huiswerk in het Nederlands maakt, kan de ouder de andere taal gebruiken om iets uit te leggen wat het kind in het Nederlands moeilijk begrijpt.

Wat wel negatief kan zijn, is wat met de vijfjarige Nederlands-Russische Vladimir gebeurt. Hier ontstaat de taalmenging niet omdat moeder ervoor kiest, maar omdat ze het Nederlands onvoldoende beheerst voor het uiten van haar gedachten. Om een gestructureerd en consequent taalaanbod te kunnen geven, zou deze moeder alleen Russisch met haar kind moeten praten.

Er zijn ook ouders die zelf geen van de talen goed beheersen waarmee ze met het kind communiceren (denk aan ouders die zelf in een omgeving van subtractieve meertaligheid zijn opgegroeid). In dat geval volgt het mengen van de talen ook vaak geen normaal patroon en kan de menging van de talen hierdoor inderdaad negatief zijn voor de taalontwikkeling van het kind. In dit geval moet deze ouder afgeraden worden om dit te doen. De vraag is of die ouders zo'n advies kunnen volgen. Het is vaak geen kwestie van willen maar van kunnen.

8.2.5 Stimuleren taalontwikkeling

Mensen hebben verschillende meningen over de manier waarop kinderen taal leren. De ene ouder ziet het als zijn verantwoordelijkheid om taal aan zijn kind te leren en een andere ouder ervaart dit niet als zijn taak. De interactie tussen ouders en hun kinderen wordt beïnvloed door de overtuiging van de ouders over zaken als: de status van kinderen binnen het gezin en die ten opzichte van ouderen, de waarde van het praten met kinderen en de rol van de ouder als 'taalleraar'(Van Kleeck, 1994).

Enkele kleine studies in de Verenigde Staten en in Groot-Brittannië hebben aangetoond dat Chinese, Tamil en Mexicaans-Amerikaanse moeders een autoritaire manier hebben van communiceren met hun kind. Discipline en respect voor ouderen is voor hen heel belangrijk. Ze geloven bijvoorbeeld dat een kind de taal leert door te imiteren wat de ouder zegt en door vragen te beantwoorden (o.a. Johnston & Wong, 2002; Hettiarachchi, 2007). Deze 'leervragen' die sommige ouders aan hun kinderen stellen, zijn vaak gesloten vragen zoals: Wat is dit? Hoe heet dit? Het zijn vragen die vooral bedoeld zijn om de woordenschat van het kind te testen en er nieuwe woorden aan toe te voegen. Spelen met hun kind en uitgebreid informele gesprekken voeren zien sommige ouders niet als een adequate manier om de taal van hun kind te stimuleren. Ouders die zo denken, hebben waarschijnlijk moeite met de VAT-principes (Volgen, Aanpassen en Toevoegen) van het Hanenprogramma. (Manolson, 2000). Dit is een van de gangbare programma's om de ouder-kind-interactie en het taalaanbod te optimaliseren. Logopedisten volgen vaak de principes van dit programma, wanneer zij ouders adviseren hoe de taal van hun jonge kind te stimuleren. Deze principes worden in het volgende samengevat.

Volgen houdt in dat de ouder wacht tot het kind initiatief neemt; dat betekent dat de ouder kijkt, wacht, luistert en dan het kind volgt. Door te kijken sluit de ouder aan bij de beleving van het kind; door te wachten geeft de ouder het kind de kans zich te uiten (volwassen herhalen of vragen vaak al na één seconde!); en door te luisteren verstaat de ouder ook moeilijk verstaanbare uitingen. Het kind voelt zich begrepen.

Aanpassen betekent dat de ouder het gesprek gaande houdt door te laten merken dat hij of zij luistert. De ouder doet bijvoorbeeld het kind na of begeleidt de handelingen van het kind. Het betekent ook dat de ouder zijn taal aan de taal van het kind aanpast, dat hij en het kind om de beurt praten en dat de ouder op ooghoogte van het kind gaat zitten.

Toevoegen houdt in dat de ouder taal en ervaringen toevoegt die passen bij het niveau van het kind. Op het moment dat de ouder door te volgen en zich aan te passen, contact heeft met het kind, is het mogelijk taal en ervaring toe te voegen. De ouder nodigt het kind daarmee uit om in zijn of haar beleving mee te gaan. Op die manier stimuleert de ouder de taal en/of het spel. Zo leert het kind weer van de ouder.

Andere programma's die vaak aan ouders worden geadviseerd, zijn bijvoorbeeld Spel aan huis, Taaltalent of Opstapje (zie Keuzegids VVE, Dekker e.a., 2000). Het is relevant om erbij stil te staan dat deze programma's, of welke andere dan ook, mogelijk niet geschikt zijn voor sommige ouders. Zij zijn immers gebaseerd op vooral westerse interactiepatronen. De logopedist die een meertalig kind in behandeling heeft, moet eerst nagaan hoe de ouders met hun kind omgaan. Dit kan ze doen door met de ouders te spreken en door ouders en kind te observeren, zowel in de logopediepraktijk als ook thuis, indien dat mogelijk is. Video-opnames zijn een goed hulpmiddel om bepaalde aspecten van het taalaanbod en de interactie met de ouders te bespreken. Ouders die al taalstimulerende activiteiten met hun kinderen ondernemen, moeten aangemoedigd worden om dat te blijven doen. De ouders die dat nog niet doen, kunnen het beste worden begeleid om dat wel te gaan doen, maar wel op een manier die past bij hun cultuur.

De kansen dat de behandeling succesvol verloopt, is groter als de logopedist met de ouders in gesprek gaat over wat zij als hun rol zien in het stimuleren van de taal van hun kind. Als de logopedist aan de ouders vraagt hoe ze denken en voelen over de activiteiten die ze suggereert, is de kans minder groot dat ze de ouders vraagt om activiteiten met het kind te ondernemen die niet passen bij hun cultuur en overtuigingen. Het is ook belangrijk dat de logopedist uitlegt waarom ze vindt dat bepaalde activiteiten belangrijk zijn voor de ontwikkeling van het kind. Komen de taalstimulerende activiteiten niet overeen met de manier van denken en doen van de ouders, dan kunnen ouders en logopedist samen zoeken naar geschikte activiteiten die hetzelfde doel en dezelfde functie hebben als de activiteiten die de logopedist in gedachten had. In plaats van boeken voorlezen, kunnen ouders ook verhalen vertellen uit het land van herkomst.

Hier volgt een lijst van adviezen om de taal van het kind te stimuleren. De logopedist beoordeelt samen met de ouders welke activiteiten voor die ouders wel en niet mogelijk en wenselijk zijn:

- luister goed naar wat het kind zelf inbrengt en reageer op zijn of haar niveau;
- kijk samen naar familiefoto's en praat erover;
- zing liedjes en zeg rijmpjes op;
- vertel verhalen en sprookjes;
- word lid van de bibliotheek en lees veel voor in de andere taal en zo mogelijk ook in het Nederlands;
- word lid van de speel-o-theek en haal er spelletjes voor uw kind;
- laat het kind kijken naar bepaalde goed geselecteerde kindertelevisieprogramma's. Kijk mee om er vervolgens over te kunnen praten, zodat het kind van een bepaald thema weer wat leert;

- overweeg om een satellietschotel aan te schaffen om televisiezenders in de andere taal te ontvangen;
- laat het kind leeftijdsadequate educatieve films kijken waarvan de taal niet te ingewikkeld is;
- vergroot het contact van het kind met mensen die de betreffende talen goed beheersen;
- Et cetera.

Een eenmalig advies is vaak niet voldoende om een bepaald doel te bereiken. Veel ouders hebben meer begeleiding nodig. Ouders moeten sommige dingen gedemonstreerd krijgen en zelf oefenen voordat ze in staat zijn om het advies te volgen. Veel ouders zijn niet geoefend in het vertellen van verhalen, in het *interactief voorlezen* of weten niet hoe ze op het niveau van hun kind moeten praten. De logopedist kan er dus niet van uitgaan dat ouders elk gegeven advies in één keer kunnen opvolgen.

De logopedist kan bepaalde dingen in de therapiesetting samen met de ouders oefenen. Ze kan bijvoorbeeld een verhaal aan het kind interactief voorlezen, terwijl de ouder meekijkt. Vervolgens kan de ouder proberen uit een boek in de eigen taal op dezelfde manier voor te lezen.

Begeleiding met video-interactie is uitermate geschikt om samen met de ouders hun gedrag te analyseren. De logopedist kan een activiteit opnemen en deze vervolgens samen met de ouder(s) bespreken. Het is hierbij belangrijk succesvolle stukken te laten zien, feedback en bevestiging te geven en per keer één advies te geven. De logopedist kan de ouder laten zien dat het een positief effect heeft op het kind als de ouder het verhaal op een interactieve manier vertelt. Vertellen, afgewisseld met vragen stellen en informatief commentaar geven, nodigt het kind uit tot praten.

De ouders moeten ook minder succesvolle videobeelden te zien krijgen, zodat ze leren om het (negatieve) effect te zien van het wegkijken, niet goed luisteren, te snel conclusies trekken, verkeerd interpreteren, in de rede vallen, van onderwerp veranderen enzovoort. Bekendheid met de principes van Video-interactiebegeleiding is nuttig om deze techniek te gebruiken bij de begeleiding van ouders.

Mijn ervaring is dat ouders over het algemeen openstaan voor ideeën over de taalstimulering van hun kinderen. Culturele verschillen zitten hierbij meestal niet in de weg. Het opleidingsniveau en de socio-economische omstandigheden waarin ze verkeren, zijn vaak de voornaamste reden dat ze weinig spelen met hun kinderen en de taalontwikkeling beperkt stimuleren. Ook al weten ouders dat het belangrijk is om de kinderen goede en educatieve televisieprogramma's te laten zien en om spelenderwijs de taalontwikkeling van hun kind te stimuleren, ze weten vaak niet hoe ze dat moeten aanpakken; welke activiteiten, welke televisieprogramma's, welk speelgoed en welke spelletjes zijn geschikt om de taal te stimuleren? De logopedist kan de ouders ook hierbij begeleiden.

Het stimuleren van de taal van oudere kinderen eist zowel van de ouders als van de logopedist evenveel inspanning als bij jongere kinderen. Meertalige kinderen worden, in vergelijking met eentalige leeftijdgenoten, relatief laat aangemeld bij de logopedist vanwege taalproblemen. De meeste kinderen zijn ongeveer vier jaar, soms nog ouder op het moment dat een taalstoornis wordt gesignaleerd. Dit maakt de behandeling ingewikkelder en de kans op succes kleiner dan wanneer de kinderen jonger zijn.

Omdat deze op school nodig zijn, hebben oudere kinderen specifieke taalvaardigheden nodig, zoals vertelvaardigheid, begrijpen van instructies, begrijpend lezen enzovoort. Het vergroten, uitbreiden en verdiepen van de woordenschat is bij bijna alle kinderen heel belangrijk, omdat een te kleine Nederlandse woordenschat bij meertalige kinderen een groot probleem is (zie hoofdstuk 5). Ouders kunnen de woordenschat helpen vergroten, niet alleen in de thuistaal maar ook in het Nederlands. Wat ook bij oudere kinderen zowel thuis als in de therapiesetting kan worden toegepast, is interactief lezen. Daarnaast kan de logopedist ouders aanmoedigen om hun kind zo veel mogelijk aan nieuwe en rijke ervaringen bloot te stellen, waarbij taal in functionele en communicatieve situaties wordt gebruikt. Voorbeelden hiervan zijn: samen met het kind boodschappenlijsten samenstellen en het kind die woorden laten opschrijven. Het kind laten beschrijven hoe het van plek A naar plek B moet lopen of fietsen; hierdoor leert het plaats- en richtingbepalingen. Het kind opa of een vriend laten bellen om te vertellen hoe de voetbalwedstrijd van zijn team is verlopen. Hierbij leert het kind allerlei termen van dat spel. Het kringgesprek op school thuis voorbereiden door het kind thuis te laten vertellen wat hij in het weekeind heeft gedaan en gezien. Dit zijn slechts enkele voorbeelden van situaties die te gebruiken zijn om onder andere de woordenschat uit te breiden en conversatie- en vertelvaardigheden te oefenen. Veel ouders kunnen leren dit te begeleiden.

Welke activiteiten de ouders met hun kind ook ondernemen, het is belangrijk om het kind een gevoel van trots mee te geven over zijn talen en culturen en over zijn vaardigheid als meertalige spreker.

8.3 Samenwerken met een hulpbehandelaar

Net zoals bij de diagnostiek kan ook bij de behandeling een tolk worden ingeschakeld. De voorkeur gaat echter uit naar een vaste hulpbehandelaar die er routine in krijgt door vaak te helpen bij de behandeling. De principes voor het werken met een tolk tijdens de diagnostiek (zie hoofdstuk 7) gelden ook voor de behandeling. De werkwijze volgens de principes 'voorgesprek – interactie – nagesprek' zijn ook hier relevant. De hulpbehandelaar moet van tevoren goed worden geïnstrueerd over wat er gaat gebeuren en wat van hem of haar wordt verwacht. Hij of zij moet tijd krijgen om bekend te raken met de doelen van de behandeling, de werkwijze en het behandelmateriaal. De logopedist is uiteraard verantwoordelijk voor het behandelplan en voor de keuze van oefeningen en materiaal.

Tijdens de therapie moet de hulpbehandelaar wel een bepaalde vrijheid hebben om spontaan te kunnen reageren op wat in de therapie gebeurt. Daarvoor is het belangrijk om van tevoren af te spreken wat wel en wat niet gewenst is. Na afloop van de behandeling is het belangrijk om de samenwerking te evalueren. Dit is vooral relevant als de logopedist vaak met dezelfde hulpbehandelaar werkt, wat zoals eerder gezegd de voorkeur heeft.

In landen als de Verenigde Staten en Engeland zijn er steeds meer hulpbehandelaars, zogenoemde logopedie-assistenten. Zij helpen bij behandeling in de taal die de logopedist niet beheerst (Kayzer, 1998; Langdon & Cheng, 2002; Kohnert & Derr, 2004; Pert & Stow, 2001). Die mensen, vaak afkomstig uit de gemeenschap waartoe ook het kind hoort, worden door de logopedist getraind. Ze ontwikkelen tijdens hun training vaardigheden om de taal van de kinderen te stimuleren en om de ouders te begeleiden, zodat die daar ook bij worden betrokken. De logopedist stelt het behandelplan op, en kiest het materiaal en de werkwijze. De uitvoering van het plan wordt uitgevoerd door de logopedie-assistent.

De volgende praktische tips zijn nuttig als de logopedist ervoor kiest een tolk van het Tolken Centrum of een ander soort hulpbehandelaar in te schakelen om te assisteren bij de behandeling.

- Voor een tolk van het Tolken Centrum is het niet efficiënt om lange afstanden te reizen om slechts gedurende een halfuur te tolken. Daarom staat het Tolken Centrum vaak niet toe om een tolk voor zo'n korte tijd te reserveren om op locatie te werken. Als de tolk voor een langere periode komt, ligt dat anders. De logopedist kan bijvoorbeeld twee behandelingen van kinderen die dezelfde taal spreken, na elkaar plannen. De voorkeur gaat uit naar behandelingen van drie kwartier in plaats van het gebruikelijke halfuur, omdat er voldoende tijd moet zijn voor de afstemming tussen tolk en logopedist.

- Ook voor groepstherapie – een optie wanneer de logopedist meer kinderen behandelt met dezelfde taalachtergrond en dezelfde problematiek – kan een hulpbehandelaar worden ingeschakeld. Het is goed als de logopedist de groepstherapie van kinderen die dezelfde taal spreken, op een bepaalde vaste tijd plant, bijvoorbeeld iedere woensdagmiddag. Ook hier verdient het de voorkeur steeds met dezelfde hulpbehandelaar af te spreken. Zo wennen de kinderen aan deze persoon en wordt de continuïteit en de kwaliteit van de behandeling gewaarborgd. Ook deze persoon krijgt de kans om aan de werkwijze en samenwerking met de logopedist te wennen en kan een band creëren met de kinderen.

8.4 Samenwerken met de peuterspeelzaal en de school

In de samenwerking met de peuterspeelzaal, centra voor kinderdagverblijven of de school is het essentieel om vanaf het begin de taken van iedere partij duidelijk vast te leggen. Ook is het belangrijk dat iedereen op een lijn zit. Logopedisten en leerkrachten kijken echter vaak verschillend naar de taalproblemen van meertalige kinderen, zoals de tekening aan het begin van dit hoofdstuk illustreert. De vragen die bij de logopedist centraal staan zijn: kan dit kind voldoende met zijn omgeving communiceren, in welke taal dan ook? Kan dit kind met succes het onderwijs volgen? De leerkracht is vaak alleen geïnteresseerd in de tweede vraag: 'Kan het kind met succes het onderwijs in het Nederlands volgen?'

Voor het kind zijn de antwoorden op beide vragen van belang. Het kind moet zowel goed met zijn of haar directe omgeving kunnen communiceren als over voldoende Nederlandse taal beschikken om het onderwijs te kunnen volgen. De vraag is wel of directe logopedische therapie de enige en beste oplossing is voor kinderen bij wie de taalmoeilijkheden veroorzaakt zijn door onvoldoende aanbod van de Nederlandse taal. Deze kinderen hebben geen taalprobleem. Ze hebben te weinig Nederlandse taal aangeboden gekregen. De oorzaak ligt in factoren die speciaal om het leren van het Nederlands (vaak als tweede of derde taal) gaan.

Dit betekent dat directe behandeling niet de beste oplossing is. De oplossing moet dus zijn: vergroten van het taalaanbod in het Nederlands en zorgen dat meertalige kinderen didactisch verantwoord Nederlands onderwijs krijgen. De logopedist kan hierbij een belangrijke begeleidende rol spelen. Ze kan zowel de school als de peuterspeelzaal begeleiden bij de keuze van geschikte methoden, materiaal en technieken om de taal te stimuleren, om de woordenschat te vergroten en het semantische netwerk te versterken. Hiervoor moet de logopedist bekend zijn met het beleid van de gemeente op het terrein van voor- en vroegschoolse educatie. Ook moet ze bestaande taalstimuleringsprogramma's kennen, zoals Kaleidoscoop, Piramide, Startblokken en basisontwikkeling, Doe je mee?, Puk & Ko, Puk & Ko Thuis, en ondersteuningsmateriaal zoals die van de Taallijn (voor een uitgebreide beschrijving en bespreking van deze en andere programma's, zie Keuzegids VVE, Dekker e.a., 2000). Ook kan de logopedist de peuterspeelzaal en de school begeleiden bij het gebruik van technieken zoals *voorinstructie*, *interactief voorlezen*, *taal- en foneembewustzijn* en *ontluikende geletterdheid*.

De logopedist hoeft niet alle bestaande NT2-methodes uitgebreid te kennen, maar zij moet de school kunnen vertellen wat de kenmerken van een goede methode zijn. NT2-methodes zijn bedoeld voor leerlingen die het Nederlands als tweede of derde taal leren. Ze hebben een ander doel dan methodes die bestaan voor sprekers van het Nederlands als moedertaal. In goede NT2-methodes komen de aspecten aan bod waarmee deze kinderen moeite hebben. Deze methodes houden rekening met het feit dat sequentiële verwervers van het Nederlands niet de voorkennis hebben die eentalige kinderen bezitten. Voordat een kind kan beginnen met bijvoorbeeld analyseren van woorden of synthetiseren van klanken, moet het weten wat die woorden en onderdelen ervan betekenen. Ook moet het de klanken in die woorden goed kennen. In een goede NT2-methode moet voldoende aandacht en veel tijd worden besteed aan receptieve vaardigheden, woordenschat, klankonderscheid en ook het betekenisverschil die deze klanken opleveren. De betekenis en functie van taaluitingen moeten veel aan bod komen. In een didactisch goed doordachte taalmethode heeft de leerling eerst de mogelijkheid om de leerstof te verwerven. Nieuwe woorden worden bijvoorbeeld eerst gepresenteerd in de context van een leesverhaal of in een mondelinge klassikale activiteit met een prentenboek. Andere geschikte oefeningen zijn die waarbij de kinderen de betekenis van nieuwe woorden zonder hulp van buiten kunnen achterhalen, bijvoorbeeld op grond van de context. De nadruk mag, zeker in de eerste jaren, niet liggen op het actieve taalgebruik. Vermeer, 2005 schrijft: 'In moedertaalmethodes Nederlands wordt er traditioneel weinig aandacht aan de woordenschat besteed en gaat het meestal om de vorm van taal, niet om de inhoud.' Zo'n methode is dus niet geschikt voor kinderen die het Nederlands als tweede of derde taal leren. Een meer uitgebreide uitleg van effectieve NT2-methodes en didactische werkvormen valt buiten het bestek van dit boek. Enkele uitstekende informatiebronnen hierover, zowel voor de logopedist als voor de leerkracht, zijn Verhallen en Verhallen (1994), Meijnen (1991), Appelhof (1994) en Teunissen en Hacquebord (2002) en de hoofdstukken 4 en 8 in Kuiken en Vermeer (2005).

De grootste verschillen in taalvaardigheid tussen een- en meertalige kinderen in Nederland zitten in de woordenschat (Verhoeven & Vermeer, 1985; Verhallen, 2005). Dat is dan vaak ook de voornaamste oorzaak van de problemen waarvoor meertalige kinderen door de school naar de logopedist worden verwezen. Dat zijn vooral problemen met begrijpend lezen en moeite met het begrijpen van verbale opdrachten.

Dit is niet verbazingwekkend. De meerderheid van meertalige kinderen in Nederlandse scholen bestaat uit sequentiële taalverwervers. Zij kennen veel minder Nederlandse woorden dan hun eentalige Nederlandstalige leeftijdgenoten. Absoluut gezien neemt het verschil toe naarmate de kinderen ouder worden: in het begin van de basisschool hebben vierjarige meertalige leerlingen gemiddeld een achterstand in het Nederlands van 2000 woorden. Twaalfjarigen hebben aan het eind van de basisschool een achterstand in het Nederlands van 7000 woorden (Kuiken & Vermeer, 2005). Bovendien kennen deze sequentiële taalverwervers van het Nederlands niet alleen minder woorden, maar ze weten ook minder van de verschillende betekenisaspecten van woorden. Zoals Verhallen schrijft (Kuiken & Vermeer, 2005: 108) 'Voor de verwerving van schoolse kennis is begrip van hiërarchische betekenisrelaties en een geleidelijke opbouw van diepe woordkennis belangrijk.' Meertalige kinderen leren vaak wel de woordvorm, maar niet het geheel van achterliggende betekenissen van dat woord. Ook het feit dat ze een te geringe woordenschat hebben, belemmert het aanhaken van het nieuwe woord bij andere woorden in het netwerk van hun mentale woordenschat.

Deze constatering is zowel voor de leerkracht als voor de logopedist heel belangrijk. Dit verklaart waarom veel meertalige kinderen de instructies op school niet goed begrijpen, moeite kunnen hebben met opdrachten, met begrijpend lezen en met rekenen. Die verschillen in woordkennis hebben een enorm effect op de schoolprestaties van de kinderen. Wanneer deze kinderen in groep 6 en 7 moeilijke vakteksten krijgen voorgeschoteld, kennen ze maar de helft van het aantal woorden van hun eentalige klasgenoten. Een goede didactiek om deze kinderen een grotere woordenschat te geven moet prioriteit hebben voor de school (zie bijvoorbeeld Verhallen & Verhallen, 1994; Van der Nuft & Verhallen, 2001).

Het aanleren van woorden eist veel inspanning van school en ouders. Eén of twee keer aanbieden van een woord is niet voldoende om dat woord te leren. 'Onderzoek naar de verwerving van woorden in een tweede taal laat bijvoorbeeld zien dat een woord en zijn betekenisaspecten pas worden onthouden als het minimaal zeven keer voorkomt of gebruikt wordt in verschillende contexten, (...) afhankelijk van context en moeilijkheidsgraad wordt ook vijf tot zestien keer voorkomen genoemd als voorwaarde voor verwerving.' (Kuiken & Vermeer, 2005, p. 35).

De logopedist kan niet alleen adviseren over geschikte taal(stimulerende) methodes. Ze kan zowel de school als de peuterspeelzaal algemene adviezen geven, waardoor de kinderen opdrachten makkelijker begrijpen, zoals niet te snel praten, en het vermijden van lange zinnen, ingewikkelde constructies, onbekende woorden, uitdrukkingen en spreekwoorden. De logopedist kan ook de peuterspeelzaalleider en leerkracht erop attenderen dat het belangrijk is ondersteunend visueel materiaal te gebruiken tijdens het uitleggen. Het koppelen van zwakke kinderen aan kinderen die sterker zijn in het Nederlands, kan ook positieve resultaten opleveren, omdat dat vriendje de opdracht nog een keer kan uitleggen of demonstreren. Konhert (2005) en Tzuriel en Shamir (2007) beschrijven het succesvolle gebruik van deze aanpak, de zogenoemde *peer mediation*, in Amerikaanse scholen.

Belangrijke concepten om met de peuterspeelzaalleider en leerkracht te bespreken zijn:
- de stille periode;
- additieve versus subtractieve meertaligheid;
- DAT en CAT;
- de afhankelijkheids-hypothese van Cummins (1979, 1984);
- metalinguïstische vaardigheid.

Zie de hoofdstukken 4, 5 en 6 voor een uitgebreide beschrijving van deze concepten.

Als een logopedist een kind in behandeling neemt, zijn er vragen te beantwoorden. Welke doelen moeten worden bereikt? Welke benadering is het geschiktst? Is voor dit kind directe of indirecte behandeling het beste? Hoe kan indirecte therapie worden gegeven? Is het mogelijk hiervoor een tolk in te schakelen? Wat voor materiaal kun je inzetten? Wanneer stopt de behandeling?

De volgende richtlijnen zijn hiervoor een hulpmiddel.

8.5 Richtlijnen voor de behandeling

8.5.1 Welke therapiedoelen?

De specifieke therapiedoelen kunnen natuurlijk pas na het onderzoek worden bepaald, maar er zijn algemene richtlijnen.
- Het stimuleren van metalinguïstische vaardigheden is heel belangrijk. Dit betekent dat een deel van de therapie zich erop richt het kind te leren nadenken over taal om afzonderlijke aspecten van taal te kunnen onderscheiden en ana-

lyseren. Een van de voordelen van meertaligheid is dat kinderen min of meer spontaan metalinguïstische vaardigheden ontwikkelen. Ze beseffen snel dat er een arbitraire relatie bestaat tussen woord en concept. Dit brengt een flexibiliteit in denken teweeg. Het onderzoek van Steenge (2006) laat zien dat het metalinguïstische bewustzijn in een taal niet alleen invloed heeft op de linguïstische vaardigheden in dezelfde taal, maar ook op het metalinguïstische bewustzijn en de linguïstische vaardigheid in de andere taal. Bij kinderen bij wie die vaardigheid, om een of andere reden, nog niet voldoende is ontwikkeld, moet de logopedist ervoor zorgen dat dit alsnog gebeurt. Eenvoudige metalinguïstische oefeningen zijn zelfs met heel jonge kinderen uit te voeren. Voorbeelden hiervan zijn: het identificeren welke woorden, 'boot, baard, laars', dezelfde finale, mediale of initiale klank hebben; of het kunnen zeggen welke klanken (of welk woord) overblijven als de eerste klank (of deel) van het woord wordt weggehaald. Bijvoorbeeld 'goud' wordt 'oud' of 'pindakaas' wordt 'kaas' (raadpleeg de handleiding van de TAK (Verhoeven & Vermeer, 2001) voor meer voorbeelden). Deze vaardigheid is niet alleen belangrijk voor de dagelijkse communicatie maar ook voor het leren lezen en schrijven. Er is een sterke positieve correlatie tussen metalinguïstische vaardigheden, vooral in de fonologie, en het verwerven van lees- en schrijfvaardigheden. Kinderen die goed kunnen lezen en schrijven, hebben goede kennis van de fonologische en structurele eigenschappen van de talen die ze spreken. Dit cognitieve voordeel vindt vooral plaats als het kind een rijk taalaanbod krijgt in al zijn talen. Om deze reden moet een ander doel van de behandelende logopedist zijn:

- Ervoor zorgen dat de taalontwikkeling wordt gestimuleerd, niet alleen in het Nederlands maar in alle talen die het kind nodig heeft om goed te kunnen functioneren binnen- en buitenshuis. Alleen dan is additieve meertaligheid te bereiken. Het is vooral belangrijk de fonologische ontwikkeling te stimuleren door rijmen, spelletjes met klanken en auditieve discriminatietaken. Ook het vergroten van de woordenschat in beide talen en het ontwikkelen van een goede luisterhouding dragen ertoe bij dat het kind zowel goede mondelinge taalvaardigheden als een metalinguïstisch bewustzijn ontwikkelt.
- Het verbeteren van taalfouten die kenmerkend zijn voor het Nederlands van meertalige kinderen, kan beter geen therapiedoel zijn zolang die fouten de communicatie niet hinderen. Bijvoorbeeld als een kind lidwoorden niet correct gebruikt, wat heel kenmerkend is voor meertalige kinderen die het Nederlands als tweede of derde taal leren (zie hoofdstuk 4 voor meer voorbeelden van fouten die kenmerkend zijn voor meertalige kinderen).

8.5.2 Welke benadering?

Meertalige kinderen, ook die met een taalstoornis, hebben vaak meer dan één taal nodig om met hun omgeving te kunnen communiceren. Daarom moet het kind in alle talen die het nodig heeft, worden gestimuleerd. Dit wil niet zeggen dat alle talen gebruikt moeten worden in elke therapiesessie. Het is zelfs niet altijd nodig dat beide talen worden behandeld in dezelfde tijdsperiode, hoewel dit soms wenselijk kan zijn. De behandeling moet zo gepland worden dat zo veel mogelijk vaardigheden die in één taal worden getraind, overdraagbaar zijn naar de andere taal. In de literatuur worden twee benaderingen aanbevolen om de ontwikkeling en vaardigheid in verschillende talen te bevorderen (o.a. Kohnert, Scarry-Larkin & Price, 2000; Kohnert & Derr, 2004), namelijk de Tweetalige benadering en de Cross-linguïstische benadering.

Tweetalige benadering

De tweetalige benadering heeft als doel vaardigheden te bevorderen die in alle talen nodig zijn voor effectieve communicatie. Dit is op verschillende manieren te bereiken.

- Door te focussen op perceptuele, cognitieve of motorische fundamenten die alle gesproken talen gemeenschappelijk hebben. Voorbeelden:
  - het trainen van het auditieve geheugen (bijvoorbeeld het nazeggen van reeksen acties of klanken), de auditieve perceptie (bijvoorbeeld het onderscheiden van steeds subtielere verschillen tussen klanken) en de luisterhouding;
  - het categoriseren (bepalen welke voorwerpen of woorden bij elkaar horen);
  - het zoeken van cijfers, letters en vormen, die zijn verborgen tussen afleiders van verschillende complexiteit;
  - het snel identificeren of benoemen van voorwerpen;
  - het verbeteren van de mondmotoriek.

De verwachting is dat het trainen van onderliggende cognitieve processen zoals perceptie, aandacht en kortetermijngeheugen zal leiden tot een beter algemeen taalvermogen. Deze training kan voorafgaan aan meer taalspecifieke training, maar het kan ook een deel zijn van de doorgaande behandeling (Konhert & Derr, 2004).

- Door het direct trainen van die aspecten van fonologie, taalinhoud, taalvorm of taalgebruik die de betreffende talen gemeenschappelijk hebben. Voorbeelden:
  - het verwerven van fonologische contrasten om universele fonologische processen zoals fronting, stopping of clusterreductie op te heffen;

- het vergroten van het klankrepertoire van een kind, beginnende met klanken die beide talen delen;
- het leren van communicatieve functies zoals gezamenlijke aandacht, het nemen van een beurt en informatie vragen.

Cross-linguïstische benadering

Binnen de cross-linguïstische benadering worden de talen één voor één gestimuleerd, waarbij de behandeldoelen steeds op de unieke kenmerken van iedere taal gericht zijn. Bij oudere kinderen kan de logopedist de overeenkomsten en verschillen tussen talen uitleggen. Deze vergelijking bevordert de metalinguïstische vaardigheid van het kind. Zo helpt de logopedist het kind in iedere taal de juiste vorm en inhoud toe te passen. Die verschillen in kenmerken kunnen zich manifesteren op de niveaus van fonologie, semantiek, morfosyntaxis of pragmatiek. Voorbeelden van het trainen van aspecten die betrekking hebben tot een van de talen en niet tot de andere, dat wil zeggen het benadrukken van verschillen tussen T1, T2 en eventueel T3 zijn:

- het vertalen van zinnen. Dit kan het beste worden gedaan met iemand die beide talen beheerst;
- het vergelijken van de betreffende talen wat betreft inhoud, vorm en gebruik om na te gaan waar overeenkomsten en verschillen zitten. Zo zijn congruentie tussen onderwerp en werkwoord in Berbertalen of de woordvolgorde in het Turks heel anders dan in het Nederlands. In Berbertalen, bijvoorbeeld, wordt de persoon en het geslacht in de voegsels (affixes) uitgedrukt. Omdat iedere persoon een apart voegsel heeft, kunnen de persoonlijke voornaamwoorden weggelaten worden.

  Een ander voorbeeld van een verschil tussen het Nederlands en het Turks is dat het Turks geen onderscheid maakt in grammaticaal geslacht en het Nederlands wel. Het aanleren van het gebruik van hij/zij en zijn/haar in het Nederlands kan dan speciaal aandacht krijgen bij meertalige Turkssprekende kinderen.

8.5.3 Directe of indirecte behandeling?

Wanneer een jong kind therapie nodig heeft maar nog geen Nederlands spreekt, is het heel belangrijk dat de therapie in de moedertaal plaatsvindt. Als de logopedist de taal van het kind niet beheerst, is indirecte therapie de beste optie. De behandeling is uit te voeren door een spreker van die taal aan te trekken als hulpbehandelaar. Deze hulpbehandelaar kan een ouder zijn, een familielid (bijvoorbeeld een oudere broer of zus), een kennis van de familie of een vrijwilliger die de taal van het kind spreekt.

Het is belangrijk dat een logopedist die indirect wil behandelen, niet te snel met de behandeling start. Het is beter als de logopedist eerst naar de omgeving van het kind kijkt, voordat de therapie begint. Denk aan vragen als: hoe denken ouders over de verschillende talen en wat voor gevoelens met betrekking tot hun identiteit roept hun moedertaal op? Hoe staan ze ten opzichte van de behandeling en hoe handelen ze zelf? Wat zijn hun mogelijkheden en moeilijkheden? Sluit aan bij wat thuis al gebeurt. Lezen de ouders voor? Hoe doen ze dat? Wat voor boeken gebruiken ze? Waar halen ze de boeken vandaan? In welke taal zijn die boeken geschreven?

De persoon die als hulpbehandelaar optreedt, moet goed worden geïnstrueerd en getraind. De logopedist moet de oefeningen demonstreren die de hulpbehandelaar met het kind gaat uitvoeren, buiten de therapiesetting. Het beste is om die oefeningen in de aanwezigheid van de logopedist uit te proberen. Laat bijvoorbeeld de hulpbehandelaar zien hoe bepaalde communicatieve functies gestimuleerd kunnen worden en welke woorden daar bij kunnen horen. Veel indirecte therapie behelst ook het uitleggen van wat, hoe en waarom. Vertel en demonstreer het in het Nederlands, waarna de hulpbehandelaar het herhaalt in de moedertaal. De hulpbehandelaar rapporteert de volgende keer terug welke functies en woorden zijn geoefend (in de moedertaal).

Ook wanneer een kind met een taalstoornis verschillende talen spreekt en al op school zit, is het noodzakelijk te kiezen tussen directe en indirecte behandeling en in welke taal of talen de behandeling wordt uitgevoerd. Het lijkt vanzelfsprekend te kiezen voor directe behandeling in het Nederlands, omdat Nederlands de taal van de school en van de wijdere omgeving is. Dat de meeste logopedisten de talen van de kinderen niet spreken, versterkt deze opvatting.

Maar is het wel zo logisch dat alle meertalige kinderen in het Nederlands behandeld moeten worden? Nee, zelfs als kinderen dominant zijn in het Nederlands, betekent dat nog niet dat er niets hoeft te gebeuren met de andere taal of talen. Vaardigheden verdelen zich over de talen. Het kind heeft alle talen nodig, leren kan zowel plaatsvinden in de zwakke als in de sterkste taal. Bij kinderen die zich normaal ontwikkelen, vindt overdracht van vaardigheden in een taal naar een andere taal vanzelf plaats. Kinderen met een taalstoornis hebben hulp nodig bij de generalisatie van het geleerde naar een andere taal, situatie of gespreksonderwerp.

Logopedisten en ouders vragen zich vaak af of het leereffect vermindert door het taalaanbod te spreiden over meerdere talen. Als we per taal minder aandacht geven, ontwikkelt elke taal zich dan wel voldoende? In deze vraag wordt kwaliteit verward met kwantiteit. Meer is niet altijd beter. Bovendien neemt de tijd die wordt besteed aan behandeldoelen toe, omdat het kind functioneert in omgevingen waarin alle talen optimaal worden gebruikt. Als de logopedist zich alleen op het

Nederlands richt, beperkt ze de mogelijkheden om vaardigheden te oefenen, en geeft ouders en kind het idee dat de andere taal minder of niet relevant is.

8.5.4 Welk materiaal?

De algemene factoren die taalontwikkeling faciliteren bij eentalige kinderen, gelden ook voor meertalige kinderen. De behandeling moet erop gericht zijn functionele en communicatieve vaardigheden te bevorderen die passen bij het ontwikkelingsniveau van het kind. Hiervoor is materiaal nodig dat betekenisvol en motiverend is. Ook moeten de activiteiten pragmatisch en cultureel geschikt zijn. De keuze van het materiaal hangt af van het doel dat de logopedist met een bepaalde oefening wil bereiken.

Universele cognitieve taalfuncties zijn in principe te oefenen met hetzelfde materiaal als bij eentalige Nederlands sprekende kinderen. Denk bijvoorbeeld aan plaatjes om taal-denkrelaties te leren uitdrukken, zoals begrippen van tijd, hoeveelheid en ruimte, of om oorzaak-gevolgrelaties te verwoorden.

Soms moet de logopedist met behulp van ouder of tolk materiaal aanpassen of ontwikkelen. Neem het voorbeeld van het auditieve geheugen. Dat is een universele vaardigheid waarbij transfer kan optreden naar de andere taal, wanneer het getraind wordt in één taal.

De logopedist kan ervoor kiezen om die vaardigheid alleen in het Nederlands te oefenen, omdat ze materiaal in die taal heeft. Omdat het wenselijk is zo veel mogelijk te oefenen, helpt het zeker om materiaal te ontwikkelen in de andere taal die het kind spreekt. De logopedist kan bijvoorbeeld samen met de ouder of tolk opdrachten schrijven (vertalen) die de ouders thuis, in de andere taal, aan het kind kunnen geven. Het kind krijgt dan verbale opdrachten die, naarmate zijn auditief geheugen verbetert, langer worden. Dit is een informele training die in dagelijkse bezigheden is te integreren.

Om taalspecifieke aspecten te behandelen is het ook mogelijk om het materiaal aan te passen of eigen materiaal te creëren. Bijvoorbeeld, pictogrammen kunnen helpen de zinsvolgorde in een taal met een andere zinsvolgorde dan het Nederlands (bijvoorbeeld het Turks) te oefenen.

De logopedist en/of de ouders kunnen boeken en materiaal in verschillende talen aanschaffen in het land van herkomst of in Nederland. Zie suggesties voor behandel- en taalstimulerend materiaal achter in het boek.

8.5.5 Wanneer eindigt de behandeling?

Wanneer een kind in behandeling is, is het belangrijk om regelmatig de taalbeheersing (in alle talen die direct of indirect onder behandeling staan) opnieuw te beoordelen.

De logopedist moet de taalprestaties op dat moment vergelijken met de eerdere prestaties, liefst gebruikmakend van dezelfde meetinstrumenten. Omdat het risico bestaat dat het kind de test al kent, wordt veelal geadviseerd om gestandaardiseerde tests pas na een halfjaar opnieuw te gebruiken. Als de logopedist het kind eerder wil beoordelen, is ander materiaal nodig. Als de vooruitgang voldoende is, kan de behandeling stoppen. Als de vooruitgang onvoldoende is, moet de logopedist proberen te achterhalen wat daarvan de reden kan zijn. Eventueel moet de logopedist het kind doorverwijzen voor verder multidisciplinair onderzoek.

'Voldoende' is echter subjectief. Wanneer beschouwt een logopedist de taalbeheersing van een meertalig kind als voldoende? Voor de beoordeling van het Nederlands is er de TAK. Voor de beoordeling van het Turks, Marokkaans-Arabisch en Papiamento is er de Toets Tweetaligheid. Voor de beoordeling van andere talen zijn er geen genormeerde tests. Kwantificeren van de vooruitgang is dus vaak niet mogelijk. De beoordeling moet kwalitatief zijn. Als richtlijn voor een beslissing zou men de volgende vragen moeten beantwoorden.

- Is er sprake van transfer naar spontane situaties?
- Zijn de taalbeperkingen die de communicatie (binnen en buiten de school) en het leerproces op school belemmerden opgeheven of aanzienlijk vermindert?
- Zit het kind lekker in zijn vel?

Zijn de antwoorden hierop positief, dan kan de behandeling stoppen. Het is nuttig wanneer de logopedist deze vragen ook met de ouders en met de leerkracht doorneemt. In zo'n gesprek kan ze vragen om voorbeelden van taal- en communicatieaspecten die vooruit zijn gegaan. Enkele voorbeelden van vragen die de logopedist aan de leerkracht en ouders kan stellen zijn: is het zelfvertrouwen groter? Heeft het kind meer plezier in het vertellen? Is de verstaanbaarheid beter geworden? Begrijpt het kind mondelinge opdrachten beter? Is het kind op school bij opdrachten en toetsen vooruitgegaan? Vertelt het kind nu in de kring? Is het beter te begrijpen voor de andere kinderen, zonder tussenkomst van de leerkracht?

Een positief antwoord op deze vragen wil niet zeggen dat het kind de talen perfect beheerst op het moment dat de behandeling wordt beëindigd. Het wil wel zeggen dat het kind voldoende vaardigheden heeft gekregen om zonder belemmeringen zijn leerpotentieel te blijven ontwikkelen. De logopedist moet niet streven naar een beheersing van de talen, vergelijkbaar met die van eentalige kinderen die dezelfde talen spreken. De therapiedoelen moeten realistisch zijn. Het kost nu eenmaal veel tijd om sommige aspecten van de Nederlandse grammatica correct te beheersen. Denk aan incorrect gebruik van lidwoorden, het weglaten van de -e aan het eind van bijvoeglijke naamwoorden, de vervoeging van niet frequente sterke en onregelmatige werkwoorden en de volgorde van de bijzin. Meestal hinderen deze problemen de communicatie niet. Het is voor niemand wenselijk lang door te gaan met behandelen in een poging deze problemen op te heffen. Deze kinderen moeten wel buiten de therapie verder worden geholpen door te zorgen voor een omgeving waarin zij voldoende communicatie-ervaring in de doeltaal/talen krijgen. Vaak zitten deze kinderen in taalgroepjes op school om schoolthema's nog wat meer in kleine stapjes uit te werken, zodat ze het thema kunnen volgen in het tempo van hun klas.

8.6 Samenvatting

Dit hoofdstuk reikt richtlijnen aan voor de logopedist om de juiste keuzes te maken en beslissingen te nemen over het vervolgtraject na het onderzoek.

De meertaligheid van hun kinderen is voor veel ouders een feit en geen keuze. Ook wanneer ze een taalstoornis hebben, hebben deze kinderen dus meer dan één taal nodig om goed te kunnen functioneren in verschillende omgevingen. Logopedische behandeling moet dan ook gericht zijn op het stimuleren van alle talen die het kind nodig heeft. Kinderen met een taalstoornis kunnen meer dan één taal leren, mits ze in een omgeving verkeren waarin de talen goed gestimuleerd worden.

Elke gezin gaat anders om met meertaligheid. Strategieën zoals minderheidstaal thuis, meerderheidstaal thuis en Een-Ouder-Een-Taal ontstaan vaak spontaan zonder dat de ouders expliciete afspraken hierover hebben gemaakt.

Iedere ouder heeft bepaalde verwachtingen van wat het kind zou moeten kunnen in iedere taal. Deze wensen van de ouders zijn soms realistisch en haalbaar, maar soms ook niet. Er zijn factoren binnen en buiten het kind zelf die invloed hebben op zijn meertaligheid. De logopedist kan ouders helpen om in die meertaligheid realistische en haalbare keuzes te maken. Daarbij wordt rekening gehouden met de situatie waarin het gezin verkeert. Iedere beslissing over een verandering van de taalsituatie van het kind, moet voor zover mogelijk gefundeerd zijn op resultaten uit wetenschappelijk onderzoek. Het advies dat ouders vaak krijgen om het kind eentalig op te voeden, omdat kinderen met taalstoornissen niet in staat zouden zijn om meer dan een taal te leren, is voor de meeste kinderen een slecht advies. Voor een succesvolle behandeling is een goede samenwerking nodig tussen ouders, hulpbehandelaar, peuterspeelzaal en school. Er worden suggesties gegeven om die samenwerking zo soepel mogelijk te laten verlopen.

Meertalige kinderen kunnen problemen hebben op school wanneer ze nog onvoldoende zijn blootgesteld aan het Nederlands. In dat geval is directe logopedische behandeling niet raadzaam. De logopedist kan wel als begeleider, via indirecte behandeling, helpen om de problemen te verminderen. Er worden suggesties gegeven om deze rol zo goed mogelijk te vervullen.

Tijdens de directe behandeling kan zowel de tweetalige benadering als de cross-linguïstische benadering gehanteerd worden. Deze vullen elkaar aan. In de tweetalige benadering krijgen vaardigheden die relevant zijn voor beide talen aandacht. Binnen de cross-linguïstische benadering worden de talen een voor een gestimuleerd, waarbij de behandeldoelen steeds gericht zijn op de unieke kenmerken per taal.

8.7 Opdrachten

1 Ga naar de website http://www.taalsite.nl/-l9l7-/bibliotheek/lexicon/00457/
   - a Zoek de link naar 'Nederlands als tweede taal' en lees deze tekst aandachtig.
   - b Print 5 bladzijdes uit die relevante informatie geven over het stimuleren van de taalontwikkeling van meertalige kinderen. Maak voor jezelf een map met de informatie die relevant is voor je werk.

2 De ouders van de achtjarige Gresa, een Albanees-Nederlands sprekend meisje, willen heel graag dat haar taalontwikkeling in het Nederlands beter wordt. Ze hebben daarom een eigen televisietoestel voor haar gekocht. De televisie staat in haar kamer en de ouders zeggen vaak tegen haar: 'Ga maar televisie kijken, zo leer je beter Nederlands praten.'
   - a Wat vind je van deze situatie? Is het nodig dat een kind een eigen televisietoestel krijgt om de ontwikkeling van het Nederlands te stimuleren? Waarom wel/niet? Wat zou beter zijn?
   - b Plan een gesprek met deze ouders waarbij je je mening hierover geeft. Geef er voorbeelden bij van programma's die goed zijn. Vertel hoe je ze zou begeleiden, zodat ze kunnen bijdragen aan een betere beheersing van het Neder lands. Geef voorbeelden van activiteiten die ze kunnen ondernemen met het kind.
   - c Bedenk (zet het op papier) hoe je kunt controleren wat er met je voorstel wordt gedaan en of het effect heeft gehad.

3 Hoe leg je aan een ouder uit wat 'consequent zijn' in het taalaanbod betekent? Schrijf je uitleg op een half A4'tje.

4 Stel de vragen uit het formulier 'Wensen van ouders' in bijlage 5 aan de ouders van een meertalig kind in je praktijk.
   - a Bespreek wat haalbaar is en niet en waarom;
   - b Maak een plan van aanpak om de talen van het betreffende kind te stimuleren.

9
Opstellen van een behandelplan

Wat bedoelt ze met 'U moet consequent zijn?'

9.1 Uitgangspunten

Bij het maken van een behandelplan zijn de volgende uitgangspunten van belang.

- Dat wat het kind het meest belemmert in zijn communicatie, kan het best het eerst worden behandeld. Dat wat het kind het meest belemmert in de ontwikkeling van zijn potentieel, komt pas daarna (Van den Dungen & Verboog, 1991).
- Een reële tijdsplanning in de taalbehandeling is noodzakelijk (dit hangt onder andere af van de mogelijkheden en beperkingen van het kind).
- Kinderen leren taal in interactie met andere kinderen en volwassenen in betekenisvolle contexten en situaties.
- De taalbehandeling moet gericht zijn op het totale functioneren van het kind. Het beste is om er in zo veel mogelijk situaties aan te werken. Een kind dat niet alleen bij de logopedist maar ook thuis en op school in zijn taalontwikkeling en zijn totale ontwikkeling wordt gestimuleerd, gaat waarschijnlijk sneller vooruit dan een kind dat afhankelijk is van een of tweemaal per week een halfuur therapie. De medewerking van de ouders is dus van groot belang om goede resultaten te bereiken.
- Behandelplannen voor meertalige kinderen moeten doelen en middelen voor alle relevante talen bevatten.
- In behandelplannen moeten de volgende specificaties staan:
  - welke talen behandeld worden;
  - welke doelen bereikt moeten worden en welk niveau bereikt moet worden bij iedere doel;
  - wie gaat helpen met het uitvoeren van de behandeling (een tolk of een familielid kan de ontwikkeling in de andere taal stimuleren);
  - welke benadering wordt gebruikt;
  - hoe de behandeling wordt geëvalueerd.

Hierna volgt een illustratie van een behandelplan dat rekening houdt met de hiervoor genoemde uitgangspunten.

Casus Anissa

Anissa, het Tarifit-Berbers en Nederlandssprekende kind dat in hoofdstuk 4 werd gepresenteerd, is negen jaar oud, zit in groep 5 en heeft problemen met de mondelinge en de schriftelijke taal. Het laatste jaar valt op dat Anissa niet vloeiend praat en veel vervoegingsfouten maakt in het Nederlands. Vooral de congruentie tussen onderwerp en werkwoord in de tegenwoordige tijd, de onvoltooid verleden tijd en het voltooid deelwoord van sterke en >>

onregelmatige werkwoorden zijn voor haar moeilijk (bij de TAK haalde zij een score van 13 op het onderdeel 'Woordvorming'. Dat is een lage score ten opzichte van kinderen van eind groep 4 die thuis overheersend Nederlands, hun tweede of derde taal praten).
Het begrijpen van instructies van de leerkracht en het begrijpend lezen gaan onvoldoende vooruit ondanks extra hulp op school. Haar woordenschat in het Nederlands is te beperkt om in groep 5 goed te kunnen functioneren (bij de PPVT-III-NL behaalde zij een WBQ van 65. Het auditieve geheugen voor cijferreeksen in beide talen vertoont een grote achterstand. Bij het onderdeel 'auditieve-geheugentest' van de Nijmeegse Testbatterij *(Nijenhuis 2003)* haalde zij in beide talen een ruwe score van 6). Dit komt overeen met een percentiel van 10 voor kinderen tussen 8;6 en 9;5 jaar). Anissa beschikt over een non-verbaal Intelligentie Quotiënt van 105 (gemeten met de SON -R 5½-17). Haar gehoor is voldoende voor een normale taalontwikkeling.
De receptieve en productieve woordenschat in het Tarifit-Berbers zijn onderzocht met behulp van de plaatjes van de Toets Tweetaligheid. Anissa behaalde op het onderdeel 'Passieve woordenschat' een score van 43 (dat wil zeggen dat 43 uit 60 items goed waren). Op het onderdeel 'Actieve woordenschat' behaalde ze een score van 15 (dat wil zeggen dat 15 uit 40 items correct waren). Omdat er geen normen zijn voor het Tarifit-Berbers, werden de scores van Anissa vergeleken met de normen voor Marokkaans-Arabisch sprekende kinderen. Op deze manier wordt er een inschatting gemaakt van het niveau van Anissa's woordenschat in haar moedertaal. Ten opzicht van Arabisch sprekende kinderen eind groep 2 (de test is alleen genormeerd tot groep 2 van de basisschool) is haar score voor receptieve woordenschat gemiddeld. Haar score op de test voor productieve woordenschat is laag. Er werd niet getracht andere aspecten van de taalproductie in het Tarifit-Berbers te onderzoeken, omdat uit het anamnesegesprek duidelijk werd dat Anissa die taal niet meer spreekt.
De ouders van Anissa hebben een beperkte beheersing van het Nederlands en zijn laaggeschoold. Vooral haar moeder kan nu heel slecht met Anissa communiceren, omdat haar Nederlands beperkt is. Omdat de ouders zeggen dat er geen taalontwikkelingsproblemen waren tot de leeftijd van drie jaar en omdat de problemen op school pas nu naar voren komen, werd geconcludeerd dat er geen sprake is (geweest) van een specifieke taalstoornis. De manier waarop Anissa's taalontwikkeling, door externe factoren verliep (advies aan ouders om alleen Nederlands te praten), maakt het nu bijna onmogelijk om dit met zekerheid vast te stellen. Bij een tweede gesprek zei moeder dat er >>

toch enkele problemen waren in de taalontwikkeling van het Tarifit-Berbers. Anissa begon pas op tweeënhalfjarige leeftijd haar eerste woorden te zeggen en was moeilijk verstaanbaar. Hierdoor ontstond het vermoeden dat er toch sprake is van een taalstoornis. Wat wel met zekerheid kan worden vastgesteld, is dat er sprake is van semilingualisme (zie hoofdstuk 1) en van beperkte communicatieve redzaamheid, vermoedelijk veroorzaakt door subtractieve meertaligheid maar ook mogelijk door een taalstoornis. Logopedische behandeling is nodig.

Om prioriteiten te kunnen stellen voor het behandelplan van Anissa moeten eerst haar grootste problemen worden geformuleerd. Op school belemmeren het begrijpen van de instructie van de leerkracht en het begrijpend lezen haar het meest. Ze profiteert hierdoor te weinig van het onderwijs. Daarnaast lijkt ze heel onzeker te zijn wanneer ze zich mondeling moet uiten. In het contact met haar ouders wordt ze ernstig belemmerd door haar onvolledige verwerving van het Tarifit: zij kan niet goed met hen communiceren. De ouders zijn om deze reden heel gefrustreerd en verdrietig en willen heel graag dat Anissa weer Tarifit leert praten. Ook Anissa wil graag de taal van haar ouders beter beheersen om ongedwongen met ze te kunnen communiceren. Receptieve kennis van het Tarifit van Anissa is waarschijnlijk redelijk aanwezig, omdat haar ouders altijd in die taal met elkaar communiceren. Anissa hoort dus iedere dag Tarifit.

Op basis van deze bevindingen worden doelen en subdoelen gesteld voor de behandeling (zie verder in de tekst). Voor Anissa is het belangrijk om niet alleen doelen vast te stellen om de talen te verbeteren (paragraaf 9.3), maar ook doelen om de communicatie en participatie (paragraaf 9.2) in de klas en thuis te vergroten. De doelen en subdoelen worden definitief opgesteld in overleg met de leerkracht en met de ouders. Omdat communicatie en participatie heel belangrijk zijn, krijgen deze doelen voorrang in de behandeling. Deze volgorde van handelen sluit aan op het uitgangspunt dat wat het kind het meest belemmert in zijn communicatie, het eerst wordt behandeld.

Voor een uitgebreide bespreking van behandeldoelen kan men onder andere Van den Dungen (2007) te raadplegen.

9.2 Doelen voor communicatie en participatie

Hoofddoel 1 voor het Tarifit-Berbers: optimaliseren van het taalaanbod en de communicatie in het Tarifit-Berbers. Het accent ligt op dagelijkse taalvaardigheden (DAT).

Hoofddoel 1 voor het Nederlands: Anissa neemt actief deel aan conversatie.

Tarifit-Berbers

Subdoel: Over drie maanden richten de ouders zich voor 50 procent van de tijd in het Tarifit-Berbers tot Anissa. Van Anissa wordt nog geen taalproductie geëist. Zij mag, als ze dat wenst, in het Nederlands praten. De ouders passen hun eigen taal aan aan het taalbegripsniveau van Anissa.

Subdoel: Anissa richt zich steeds meer (over zes maanden 30 procent van de tijd) in het Tarifit-Berbers tot haar ouders. Ouders sluiten met hun eigen reacties aan bij het uitdrukkingsvermogen van Anissa.

Subdoel: Over negen maanden kan Anissa tijdens haar vakantie in Marokko eenvoudig gesprek met opa en oma voeren. Zij zal in eenvoudige taal kunnen vertellen hoe het weer in Nederland is, wat ze op school en met haar vriendjes doet enzovoort.

Subdoel: Over negen maanden kan Anissa tijdens haar vakantie in Marokko zelf een ijsje bestellen.

Nederlands

Subdoel: Vanaf nu probeert de leerkracht het zelfbeeld en de trots van Anissa over haar meertaligheid te versterken. Pogingen van Anissa om iets in het kringgesprek of op andere momenten in de klas of in de speelplaats te zeggen worden beloond.

Subdoel: Over vier maanden doet Anissa 70 procent van de tijd spontaan en zonder grote belemmeringen mee in het kringsgesprek in de klas.

Subdoel: Over zes maanden kan Anissa zonder belemmeringen zelf boodschappen doen en zelf een Nederlandssprekende vriend bellen om een afspraak te maken of om iets te vragen.

9.3 Taaldoelen

Hoofddoel 1 zowel voor het Tarifit-Berbers als voor het Nederlands: verbeteren van het auditieve geheugen en aanleren van compenserende strategieën om met deze beperking in het dagelijkse leven om te gaan.

Tarifit-Berbers

Subdoel: Vanaf nu proberen de ouders in kortere zinnen te spreken en visuele ondersteuning bij mondelinge opdrachten te geven. Anissa wordt geleerd om goed gebruik te maken van die ondersteuning.

Subdoel: Over twee maanden kan Anissa thuis 40 procent van wat er gezegd wordt in het Tarifit volgen.

Subdoel: Over drie maanden kan Anissa thuis na het luisteren van een verhaal 50 procent van de vragen die haar ouders over het verhaal stellen, correct beantwoorden.

Nederlands

Subdoel: Vanaf nu probeert de leerkracht in kortere zinnen te spreken en geeft hij visuele ondersteuning bij mondelinge opdrachten. Anissa wordt geleerd om goed gebruik te maken van die ondersteuning.

Subdoel: Over twee maanden kan Anissa in de klas 60 procent van de opdrachten begrijpen en uitvoeren.

Subdoel: Over drie maanden kan Anissa op school na het luisteren van een verhaal 70 procent van de vragen die de leerkracht over het verhaal stelt correct beantwoorden.

Hoofddoel 2 voor het Tarifit-Berbers: vergroten van de receptieve en productieve DAT woordenschat

Hoofddoel 2 voor het Nederlands: vergroten van de receptieve DAT en CAT woordenschat.

Tarifit-Berbers

Subdoel: Anissa begrijpt elke twee weken minimaal acht van de twaalf nieuwe woorden die relevant zijn voor de dagelijkse communicatie met haar ouders.

Subdoel: Elke twee weken gebruikt Anissa in haar communicatie met haar ouders minimaal drie van de twaalf nieuwe woorden.

Nederlands

Subdoel: Anissa begrijpt elke twee weken minimaal tien van de twaalf nieuwe woorden die in de klas vaak worden gebruikt en die aansluiten bij de thema's die in de klas worden behandeld. Niet alleen zelfstandige naamwoorden worden geoefend, maar ook andere woordsoorten zoals werkwoorden en bijvoeglijke naamwoorden.

Subdoel: Anissa behaalt over zes maanden minimaal een WBQ-score van 75 bij de PPVT-III-NL.

Hoofddoel 3 voor het Nederlands: Anissa maakt minder congruentiefouten. Anissa beheerst de vervoeging van het voltooide deelwoord van de meest voorkomende sterke en onregelmatige werkwoorden.

Nederlands

Subdoel: Over vier maanden kan Anissa 70 procent van de enkelvoudige en meervoudige onderwerpen met persoonsvormen in de tegenwoordige tijd correct combineren.

Subdoel: Anissa behaalt over zes maanden minimaal een score van 19 bij het onderdeel 'woordvorming' van de TAK

Subdoel: Over zes maanden hervaart Anissa minder belemmeringen bij het praten in spontane situaties:

- zij wordt niet onzeker als zij de vervoeging van sommige werkwoorden nog niet kent;
- haar woordenschat is gevarieerder;
- de vloeiendheid is toegenomen.

Hoofddoel 4 voor het Nederlands: Anissa beheerst de vervoeging van de onvoltooid verleden tijd van de meest voorkomende sterke en onregelmatige werkwoorden.

Nederlands

Subdoel: Over zes maanden kan Anissa 60 procent van de onvoltooid verleden tijd correct vervoegen.

9.4 (Hulp)behandelaar

Moeder en hulpbehandelaar

De ouders creëren situaties waarin Anissa meer kan participeren in de gezinsgesprekken in het Tarifit-Berbers. Bijvoorbeeld tijdens de maaltijd en tijdens bezoeken aan/van familieleden of bekenden.

De hulpbehandelaar komt één keer in de twee weken naar de praktijk om onder begeleiding van de logopedist bepaalde taaloefeningen in het Tarifit-Berbers met Anissa te doen. Een van de ouders is tijdens de behandeling aanwezig om te leren dezelfde oefeningen thuis met haar te doen. De ouder wordt ook bij de behandeling betrokken, zodat hij of zij vaardigheid in de oefeningen krijgt. Omdat de behandeling via een derde persoon wat meer tijd in beslag neemt, kan overwogen worden om de behandelingssessies langer te maken. Bijvoorbeeld een uur in plaats van een halfuur.

9.5 Benaderingen

Een combinatie van directe en indirecte behandeling is bij Anissa het meest geschikt. De *tweetalige benadering* wordt zo veel mogelijk gebruikt en, wanneer nodig, de *cross-linguïstische benadering*. Bijvoorbeeld: bij het verbeteren van het auditieve geheugen en het aanleren van compenserende strategieën is de tweetalige benadering geschikt, doordat op deze manier vaardigheden worden getraind die relevant zijn voor beide talen. Omdat Anissa het Nederlands op dit moment beter beheerst en in die taal kan schrijven, is het beter dat ze in het Nederlands het aanleren van strategieën oefent, zoals het maken van aantekeningen. Transfer van zulke vaardigheden naar de andere taal vinden in principe spontaan plaats. Om de vervoeging van werkwoorden in het Nederlands te oefenen wordt de cross-linguïstische benadering toegepast, omdat de behandeldoelen op de unieke kenmerken van het Nederlands zijn gericht.

9.6 Uitvoeren en evalueren van de behandeling

9.6.1 Uitvoeren van de behandeling

Zoals dit voorbeeld van een behandelplan illustreert, kunnen de behandeldoelen per taal verschillen. Het doel van de behandeling is het kind competent te maken in iedere taal, afhankelijk van de behoeften die het in die taal heeft. Op school heeft Anissa moeite met het begrijpen van mondelinge instructies, het begrijpend lezen en met de morfologie van het Nederlands. Dit heeft prioriteit bij de behandeling.

Omdat haar auditief geheugen zwak is, is het belangrijk dat niet alleen wordt gewerkt aan het verbeteren van het auditieve geheugen, maar ook aan het aanleren van strategieën om zo goed mogelijk met die beperking om te gaan.

Omdat haar receptieve woordenschat in het Nederlands heel laag is en dit mogelijk de oorzaak is voor de problemen bij het begrijpend lezen, wordt gewerkt aan het vergroten van de receptieve woordenschat. Om Anissa succes te laten ervaren bij het leren van nieuwe woorden, is het belangrijk om niet te hoge eisen te stellen aan de hoeveelheid woorden die ze moet leren.

In de literatuur (o.a. Verhallen & Verhallen, 1994) wordt vermeld dat zich normaal ontwikkelende kinderen in staat zijn om twee à drie nieuwe woorden per dag te leren. In dit behandelplan wordt aan het begin van de behandeling een richtlijn van acht tot tien woorden per twee weken gesteld. Als ze dit doel makkelijk bereikt, kan daarna het aantal woorden dat zij per week moet leren, worden verhoogd.

Anissa zit in groep vijf en moet de stof in de verschillende vakken zoals rekenen, geschiedenis en natuuronderwijs via schriftelijke taal leren. De woordenschat die ze hiervoor nodig heeft, wordt steeds abstracter en contextvrij. Het leren van zulke woorden vereist veel en gevarieerde ervaring. Pre-teaching, dat is het van tevoren leren van woorden die in een toekomstige les worden gebruikt, kan Anissa extra ondersteuning geven.

Daarnaast is het belangrijk dat ze hoogfrequente woorden leert en dat er een goede balans bestaat tussen woordsoorten. Dat betekent dat ze niet alleen zelfstandige naamwoorden moet leren, maar ook werkwoorden, bijvoeglijke naamwoorden, bijwoorden en voegwoorden.

Omdat Anissa zo veel moeite heeft met het vervoegen van de o.v.t. en het voltooid deelwoord van sterke en onregelmatige werkwoorden, is ook hier aandacht voor. Het kost veel tijd om dit aspect van de grammatica te leren.

Ook eentalige kinderen maken dit soort fouten in de morfologie van werkwoorden, maar die fouten nemen in de loop van een aantal jaren af. Kinderen in de laatste jaren van de basisschool en zelfs op de middelbare school hebben nog wat moeite met de vervoeging van sterke werkwoorden (Schaerlaekens & Gillis, 1987). Fouten in de vervoeging van deze werkwoorden zijn niet ernstig als ze sporadisch voorkomen en de communicatie niet belemmeren. Het probleem is echter dat Anissa heel onzeker is in haar taalproductie, hakkelend spreekt en terughoudend is in de communicatie. Daarom is het belangrijkste doel het versterken van haar zelfbeeld en haar communicatie en participatie in gesprekken. Dit doel moet gedurende de hele behandeling aandacht krijgen, zowel van de logopedist als van de rest van haar omgeving. De ouders en leerkracht moeten geïnstrueerd worden om positieve feedback te geven. Ongeachte welke activiteiten de ouders en de leerkracht met Anissa ondernemen, het is belangrijk om haar een gevoel van trots te geven over haar beide talen en over haar vaardigheid als meertalige spreker.

Het advies van de peuterspeelzaal heeft het taalaanbod in het Tarifit en de communicatie binnen het gezin verstoord. Het is de ouders, vooral moeder, niet gelukt om zelf het Nederlands zo goed te leren dat ze voldoende kunnen communiceren met Anissa. Naarmate Anissa ouder wordt, wordt het moeilijker een uitgebreid gesprek met haar te voeren. Het wordt dan steeds moeilijker om haar op te voeden en een goede relatie met haar te behouden. Dit is een groot probleem voor dit gezin.

Zowel de ouders als Anissa hebben de wens geuit om weer Tarifit met elkaar te praten. Het is noodzakelijk om te proberen de verbale communicatie tussen Anissa en haar ouders te herstellen en te optimaliseren. Dit proces zal waarschijnlijk lang duren. De overgang van het Nederlands naar het Tarifit moet geleidelijk gebeuren, zodat iedereen tijd heeft om oude ingeslepen gewoontes (praten met elkaar in gebrekkig Nederlands) te veranderen in nieuwe gewoontes (praten met elkaar in de taal die de ouders goed beheersen en waarbij ze zich comfortabel voelen).

Het is belangrijk dat Anissa en haar ouders begeleiding krijgen bij dit proces. De taak van de logopedist is om de ouders en Anissa te begeleiden en zo mogelijk vaardigheden aan te reiken om hun doel – steeds meer Tarifit met elkaar praten –op de duur te bereiken. Het accent moet primair liggen op eenvoudige communicatie (DAT). Daarnaast kunnen ze activiteiten, spelletjes en oefeningen doen om zowel de receptieve als de productieve woordenschat te vergroten.

Om de hoofddoelen te kunnen bereiken moeten de subdoelen in deze fase gedetailleerder en concreter worden gemaakt om ze uit te kunnen voeren. Bijvoorbeeld het subdoel 'Anissa behaalt over zes maanden minimaal een WBQ-score van 75 bij de PPVT-III-NL' kan als volgt worden uitgevoerd: per week leert Anissa acht à tien nieuwe woorden die horen bij het thema dat op school wordt behandeld. De woorden worden in de logopedie en op school in diverse contexten aangeboden. Werkvormen voor het leren begrijpen van nieuwe woorden zijn onder andere te vinden in Van den Dungen (2007) en Kuiken en Vermeer (2005).

Dan is er bijvoorbeeld het subdoel 'Over twee maanden kan Anissa in de klas 60 procent van de opdrachten begrijpen en uitvoeren'. Dit subdoel is onder andere als volgt te bereiken: elke week krijgt Anissa opdrachten die bestaan uit steeds langere onderdelen. De logopedist maakt die selectie op basis van de soort opdrachten die Anissa op school krijgt. Deze opdrachten worden in de logopedie, op school en thuis aangeboden. Dit is een informele training die in dagelijkse bezigheden kan worden geïntegreerd. Anissa krijgt verbale opdrachten die langer worden naarmate haar auditieve geheugen verbetert. Werkvormen voor het verbeteren van het auditieve geheugen zijn onder andere te vinden in http://avp.jvdf.nl en het 'Curriculum Schoolrijpheid' deel 2a (In den Kleef, 1975).

Dit zijn slechts twee voorbeelden. Voor ieder subdoel is een gedetailleerd en concreet plan nodig. Dit vergemakkelijkt de uitvoering en verzekert de betrokkenen dat de doelen aan het eind van de vastgestelde periode worden bereikt.

Communicatieve taaltherapie is hierbij heel belangrijk. Dat wil zeggen dat opdrachten altijd in een communicatieve en functionele context worden geoefend.

9.6.2 Evalueren van de behandeling

De logopedist moet het effect van de behandeling na enige tijd evalueren. Het is van belang dat de vooruitgang meetbaar en/of observeerbaar is. De vooruitgang hoeft echter niet in alle talen even groot te zijn. De ontwikkeling is variabel per taal en kan met verschillende snelheid plaatsvinden, vooral als de eisen vanuit de omgeving sterk verschillen. In dit geval zijn de eisen voor schoolse vaardigheden heel groot. Anissa zit in groep 5 en moet een goede beheersing van het Nederlands hebben om de school met succes te volgen. De ontwikkeling van het Tarifit kan wat langzamer verlopen, omdat de druk om te presteren minder groot is. De resultaten moeten worden geïnterpreteerd binnen de context van de communicatieve noodzaak voor het kind in iedere context.

Om de vooruitgang van Anissa in het Nederlands te evalueren worden de PPVT, het onderdeel 'woordvorming' van de TAK en het onderdeel 'het auditieve geheugen voor cijferreeksen' uit de Nijmeegse Testbatterij na zes maanden opnieuw afgenomen.

De groei van de woordenschat in het Tarifit is te achterhalen door het (vertaalde) onderdeel 'receptieve woordenschat' en het onderdeel 'actieve woordenschat' van de Toets Tweetaligheid opnieuw af te nemen. Ook kan Anissa bijvoorbeeld een persoonlijk woordenboek maken rond thema's die voor haar interessant en nuttig zijn. Omdat ze het Tarifit niet kan schrijven zal zij of iemand anders de woorden fonetisch, dus zoals ze klinken moeten opschrijven. Dit is niet alleen een goede manier om woorden te leren, maar de logopedist kan hetzelfde woordenboek ook gebruiken om de groei van de woordenschat later te evalueren.

Andere doelen, zoals het verbeteren van de conversatievaardigheden, participatie, het verbeteren van het zelfbeeld en het opheffen van de onvloeiendheden, zijn te beoordelen met behulp van een beeld- of audio-opname van de spontane taal. Het motiveert kind, ouders en logopedist als ze de opname na een bepaalde periode opnieuw zien en/of beluisteren. Vooral als een van hen denkt dat het kind geen stap vooruit komt in de verwerving van de talen, kan het weer beluisteren van een oude opname alle betrokkenen positief verrassen.

9.7 Samenvatting

Een behandelplan voor een meertalig kind verschilt van dat van een eentalig kind. Bij meertalige kinderen krijgen alle talen die het kind nodig heeft om met zijn omgeving te communiceren, aandacht in de behandeling. Ter illustratie wordt een behandelplan gepresenteerd waarin op basis van de belangrijkste problemen van het kind hoofd- en subdoelen worden vastgesteld. Bij het bepalen van de doelen kijkt de logopedist niet alleen naar de taalbeperkingen van het kind, maar ook naar zijn communicatie met de omgeving en zijn participatie in relevante activiteiten zoals gesprekken thuis en op school.

Bij de behandeling van meertalige kinderen wordt vaak een hulpbehandelaar ingeschakeld die de andere taal (die de logopedist niet spreekt) van het kind beheerst.

In dit hoofdstuk wordt een voorbeeld gegeven van een behandelplan voor een meertalig Tarifit-Berbers en Nederlands sprekend meisje (Anissa). Het voorbeeld illustreert dat de behandeldoelen per taal kunnen verschillen. Het doel van de behandeling is het kind competent te maken in iedere taal, afhankelijk van de behoeften die ze in die taal heeft. Op school heeft Anissa vooral moeite met de morfologie van het Nederlands en met Cognitieve Academische Taalvaardigheden (CAT). Met haar ouders heeft ze de behoefte om in het Tarifit over dagelijkse dingen te praten. Ze heeft hiervoor Dagelijkse Algemene Taalvaardigheden (DAT) nodig. Bij de behandeling van Anissa wordt zowel de tweetalige benadering als de cross-linguïstische benadering gehanteerd. Een combinatie van directe en indirecte behandeling blijkt het meest geschikt, omdat beide talen gestimuleerd moesten worden en de ouders begeleiding nodig hebben om thuis het Tarifit bij Anissa te stimuleren. Tijdens de directe behandeling wordt aan het Nederlands gewerkt.

Het belang van het meten en observeren van het effect van de behandeling werd besproken. De vooruitgang hoeft niet in alle talen snel en even groot te zijn.

9.8 Opdrachten

1 Lees de casus Elif in bijlage 6.
   a Geef je interpretatie van de scores op de TAK (Verhoeven & Vermeer, 2001) in het daarvoor bestemde vak.
   b Heb je alle gegevens om een volledig behandelplan voor Elif te maken? Wat zou je nog meer willen weten?
   c Maak een behandelplan voor Elif met de gegevens die wel bekend zijn. Stel prioriteiten voor de behandeling. Gebruik hiervoor een schema vergelijkbaar met het schema in dit hoofdstuk.

2 David, een Chinees kind van vijf jaar, zit in groep 1 en praat niet tijdens het kringgesprek.
   a Wat kan de oorzaak hiervan zijn?
   b In welke situaties zou het voor hem waarschijnlijk makkelijker zijn om Nederlands te spreken en dus ook Nederlands te verwerven?
   c Formuleer een advies voor de bezorgde leerkracht.

Slotwoord

Diagnostiek en behandeling van taalontwikkelingstoornissen bij meertalige kinderen hebben geen zin als geen rekening wordt gehouden met het totale functioneren van het kind in zijn leefmilieu en op school. Niet alleen is behandeling belangrijk om de taalbeheersing – in alle voor het kind benodigde talen – te bevorderen. Eveneens van belang is dat ouders, andere gezinsleden, peuterspeelzaal en/of school een houding aannemen die de taalbeheersing gunstig beïnvloedt. Dit samenspel is noodzakelijk voor de transfer van wat in de logopediesessies wordt geleerd naar nieuwe (taal)situaties. Een positieve houding ten opzichte van meertaligheid en flexibiliteit zijn de sleutel voor succes van de behandeling van meertalige kinderen die aan een taalstoornis lijden.

De inhoud van dit boek bevat slechts een klein deel van de kennis die wij nodig hebben om aan meertalige kinderen met een gestoorde taalontwikkeling adequate hulp te kunnen bieden. Er is nog heel weinig bekend over dergelijke taalstoornissen. Gelukkig is er niet alleen in Nederland maar overal ter wereld een tendens om meer onderzoek op dit gebied te doen. Intussen kunnen we met de kennis die we hebben, al veel voor deze kinderen doen. Dit boek geeft informatie en praktische suggesties voor logopedisten en andere hulpverleners, die ze kunnen gebruiken om hun werk met meertalige kinderen te optimaliseren.

Samenwerking met ouders kan niet sterk genoeg worden benadrukt. Wanneer die niet of onvoldoende tot stand komt, kan het voor logopedisten in hun werk een groot struikelblok vormen. Vooral in contacten met ouders uit andere culturen is het zaak dat de logopedist niet alleen kijkt naar wat deze ouders 'verkeerd' doen, maar ook zichzelf controleert op eventuele vooroordelen en de eigen werkwijze.

Belangrijke taak van de logopedist is immers ook ouders te helpen om keuzes te maken die voor de taalontwikkeling en de ontplooiing van hun kind gunstig zijn. Het begeleiden van ouders en school in het proces van stimulering van de taalontwikkeling van het kind is onderdeel van de taken van logopedisten die meertalige kinderen behandelen.

Overeenkomsten in taalverwerving tussen eentalige en meertalige kinderen zijn veel groter dan de verschillen. De voordelen van meertaligheid, ook voor kinderen met een taalstoornis, zijn te belangrijk om ze door onachtzaamheid te laten ondermijnen.

Bij kinderen met een taalstoornis dient zowel onder- als overdiagnose vermeden te worden. Een diagnose kan niet gesteld worden zonder rekening te houden met de meertaligheid van het kind. Het is soms wel moeilijk maar zeker mogelijk!

Ten slotte is mijn belangrijkste wens dat dit boek bijdraagt aan de ontwikkeling van een houding en denkwijze die openstaat voor de herkenning van meertaligheid als een gewoon feit van het leven in het grootste deel van de wereld. Kinderen met een taalstoornis maken deel uit van die wereld.

Bijlagen

1 Fases in de morfosyntactische ontwikkeling van het Nederlands als T1 en als T2

In de voortalige en de vroegtalige periode is alleen sprake van eerstetaalverwerving

Eerstetaalverwerving: T1 (a, b, c enz.)
zowel eentalige als simultaan meertalige taalverwerving

Voortalige periode (0-1 jaar)

- Brabbelen.
- Elementaire regels van communicatie worden aangeleerd.
- Taalbegrip ontwikkelt zich snel.

Vroegtalige periode (1-2½ jaar)

I Verwerving van de *naamwoordgroep*

Eerste woorden en woordcombinaties verschijnen.

- *Protowoorden* (bijv. *eda* of *da* voor *Kijk daar!*).
- Voornamelijk zelfstandige naamwoorden. *Overextensie* (bijv. alle viervoeters zijn *poes*) komt vaak voor.
- Een lidwoord of aanwijzend voornaamwoord plus een zelfstandig naamwoord, bijv. *een boek, deze pop*.
- Bijvoeglijke naamwoorden of telwoorden plus een zelfstandig naamwoord, bijv. *mooie pop, twee boeken*.

II Verwerving van de *werkwoordgroep*

- Zinnen bevatten de hoogst noodzakelijke woorden (lidwoorden, voorzetsels, hulpwerkwoorden; vervoeginsmorfemen ontbreken).
- Hoofdwerkwoord komt meestal in onverbogen vorm (de infinitief) voor of in de stamvorm en staat bij voorkeur achteraan in de zin, bijv. *Roosje slapen, boek hebben, mama zit*.

Als een nieuwe taal wordt geleerd vanaf de differentiatiefase is er sprake van tweedetaalverwerving

Eerstetaalverwerving: T1 (a, b, c enz.) zowel eentalige als simultaan meertalige taalverwerving	**Tweede (en volgende) taalverwerving**
Differentiatiefase (2½-5 jaar)	**Differentiatiefase** (> 3 jaar)
Kinderen maken steeds langere zinnen. Eerste ondergeschikte zinnen verschijnen; voegwoord ontbreekt meestal. In vraagzinnen ontbreekt het vraagwoord veelal. Verbuigingen (bijv. meervoud, verkleinwoord, uitgangen van het bijvoeglijk naamwoord) worden steeds beter.	*Stille periode (silent period)*: kinderen luisteren veel naar T2 en proberen te begrijpen wat er wordt gezegd, maar zeggen zelf niets of niet veel.

>>

Eerstetaalverwerving: T1 (a, b, c enz.) zowel eentalige als simultaan meertalige taalverwerving	**Tweede (en volgende) taalverwerving**
Differentiatiefase (2½-5 jaar)	**Differentiatiefase** (> 3 jaar)
I Verwerving van de *naamwoordgroep* Woordgroepen worden steeds langer: • Een bezittelijk voornaamwoord plus een zelfstandig naamwoord, bijv. *mijn boek*. • Een lidwoord plus een bijvoeglijk naamwoord plus een zelfstandig naamwoord, bijv. een *mooie pop*. • Een lidwoord plus een bijwoord plus een bijvoeglijk naamwoord plus een zelfstandig naamwoord, waarbij het lidwoord soms wordt weggelaten, bijv. *(een) heel mooi boek*.	**I Verwerving van de *naamwoordgroep*** Woordgroepen worden steeds langer: • Een lidwoord, telwoord of bijvoeglijk naamwoord plus een zelfstandig naamwoord, bijv. *het huis, drie ballen, mooie auto*. • Een aanwijzend voornaamwoord plus een zelfstandig naamwoord, bijv. *die auto*. • Een bijwoord en een bijvoeglijk naamwoord plus een zelfstandig naamwoord, bijv. *hele grote auto*. • Een lidwoord en een bijvoeglijk naamwoord plus een zelfstandig naamwoord, bijv. *de grote auto*. • Een telwoord en een bijvoeglijk naamwoord plus een zelfstandig naamwoord, bijv. *drie mooie huizen*. Overextensie komt voor, bijv. *boek* voor zowel *boek, schrift* als *tijdschrift*.
II Verwerving van de *werkwoordgroep* Vervoegingen werkwoorden worden steeds beter. Verschillende stadia kunnen worden onderscheiden. **1** Hulpwerkwoorden (zelfstandig gebruikt) of koppelwerkwoord worden productief, bijv. *Roosje mag niet* of *Hij is stout*. Het werkwoord staat nu op de tweede plaats in de zin en de vorm is de persoonsvorm. Deze persoonsvorm is tevens het enige verbale element in de zin: er komen nog geen andere werkwoorden voor. Een kind blijft in dit stadium ook nog uitingen gebruiken waarin het werkwoord achteraan wordt gezet. **2** Persoonsvormen van lexicale werkwoorden worden productief, bijv. *mama gaat niet weg*. Opvallend is dat constructies waarin inversie optreedt het eerst productief woorden. In deze constructies wordt het eerste zinsdeel soms weggelaten ([op stoel] zit ie). Daarna worden zinnen	**II Verwerving van de *werkwoordgroep*** • Uitingen en zinnetjes zijn onvolledig, 'telegrafisch'. Kinderen gebruiken ze als een soort formule: *mag ik koek?*, *(ik) weet (het) niet*. • Zinnen hebben een vaste volgorde en het werkwoord staat vaak in de infinitief. Vaak is de woordvolgorde beïnvloed door de T1. Bijv. Turkssprekende kinderen plaatsen het werkwoord aan het eind, bijv. *Alle twee zo staan*. Arabischsprekende kinderen halen het werkwoord naar voren, bijv. *Hij stelen die stuk brood*. • Vervoegingen werkwoorden worden steeds beter (aanvang gemaakt met de congruentie van onderwerp en werkwoord). Vier stadia kunnen worden onderscheiden. **1** Uitingen met *zijn*, vooral als koppelwerkwoord, bijv. *Marta is mooi*. **2** Uitingen met een lexicaal werkwoord in een enkelvoudige verbale groep, waarbij het werkwoord meestal aan het eind van

>>

geproduceerd met de volgorde onderwerp-lexicaal werkwoord. **3** Samengestelde gezegdes waarvan de persoonsvorm een hulpwerkwoord is en het hoofdwerkwoord in de infinitief staat komen voor, bijv. *ik mag dat hebben, dat moet mama doen.* Hierna worden de onvoltooid verleden tijd en de voltooid verleden tijd productief gebruikt.	de uiting staat, bijv. *ijs kopen, cola drinken.* **3** Uitingen met een (modaal) hulpwerkwoord in een enkelvoudige verbale groep, bijv. *ik wil die, jij mag.* **4** Uitingen met een hulpwerkwoord plus lexicaal werkwoord in een meervoudig verbale groep, bijv. *Jij mag hier niet komen.* (De differentiatiefase gaat langzaam over in de voltooiingsfase zonder dat daarvoor een specifieke leeftijd bepalend is.)
Voltooiingsfase (> 5 jaar)	
Het kind beschikt over basiskennis van de moedertaal. De zinnen zijn nu volledig. Fouten komen nog voor, zoals uitbreiding van de regel van de verledentijdsvorming van zwakke naar sterke werkwoorden, bijv. vliegen wordt vliegden (overregularisatie/overgeneralisatie). De woordenschat blijft zich uitbreiden. (Er is geen einde aan deze fase; mensen leren altijd door.)	Overgeneralisatie van gaan/ging + infinitief in plaats van de vormen van de tegenwoordige of verleden tijd blijven lang in gebruik. (De voltooiingsfase kent geen duidelijke begin leeftijd en heeft, net als bij T1, geen einde.)

Naar: G.W. van Bol & F. Kuiken, 1994; F. Kuiken, 2002; A.M. Schaerlaekens & S. Gillis, 1987 en S. Gillis & A. De Houwer, 2001.

2 Anamnese taalaanbod

Hulpformulier bij het vaststellen van:

- type meertaligheid
- taaldominantie
- eventueel taalverlies
- kwantiteit en
- kwaliteit van het taalaanbod
- houding van ouders en kind t.o.v. betreffende talen

N.B. Dit formulier dient als een leidraad voor de logopedist bij het anamnese-gesprek. De vragen dienen in vorm en taalgebruik te worden aangepast aan degenen die ze moeten beantwoorden!

Naam kind ____________________

Geboortedatum ____________________

Ingevuld door ____________________

Ouder/opvoeder die ook aanwezig is ____________________

(en relatie tot het kind) ____________________

Tolk ____________________

Datum van deze anamnese ____________________

Waar dat van toepassing is, zet een cirkel om het gewenste antwoord. Bij de scores van 1 t/m 5 betekent 1 nooit of niets en betekent 5 dagelijks of veel.

1 Type meertaligheid van het kind

Was het leren van de talen sequentieel?	Ja	Nee
Als het antwoord 'ja' was, welke taal		
was de eerste / tweede / derde taal?		
Jaren blootstelling aan T2		
Jaren blootstelling aan T3		

2 Beheersing van de talen door het kind, heden en verleden

Begrijpen van talen

Hoe goed begrijpt hij T1 of T1a?[1]

Hoe goed begrijpt hij T2 of T1b?

Spreken van talen

Hoe goed spreekt hij T1 of T1a?

Hoe goed spreekt hij T2 of T1b?

>>

Begrijpen van talen, vroeger

Hoe goed begreep hij T1 of T1a?

Hoe goed begreep hij T2 of T1b?

Spreken van talen, vroeger

Hoe goed sprak hij T1 of T1a?

Hoe goed sprak hij T2 of T1b?

3 Hoe is de taalsituatie in het gezin?

Welke taal spreken de ouders thuis onderling?					
Welke taal spreekt de vader meestal met het kind?					
Hoe goed beheerst vader deze taal?	1	2	3	4	5
Welke taal spreekt de moeder meestal met het kind?					
Hoe goed beheerst moeder deze taal?	1	2	3	4	5
Welke taal spreken de kinderen in het gezin meestal onderling?					
Wie is de belangrijkste verzorger van het kind?					
Welke taal spreekt deze persoon met het kind?					

4 Hoe is de taalsituatie buiten het gezin?

Overige personen waar het kind regelmatig mee praat			
Hoeveel contact is er met die personen?	Weinig	Dagelijks	Wekelijks
In welke taal/talen praten deze andere mensen met het kind?			
Hoeveel contact heeft het kind met leeftijdgenoten die ook voornamelijk T1 (a, b, c enz.) spreken?	Aantal keren per week: ______ Geschat totaal uren per week: ______		

5 Kwaliteit en kwantiteit van het taalaanbod aan het kind

Lezen ouders/verzorgers voor?	Ja	Nee			
Hoe vaak?	1	2	3	4	5
In welke taal/talen?					
Luistert het kind naar liedjes/rijmpjes/verhalen? (ook via films, audio/videobanden, cd's enz.)	Ja	Nee			
Zo ja, in welke taal/talen?					
Geven ouders/verzorgers aandacht aan leren tellen, rekenen, dagen van de week, delen van het lichaam enz.	Ja	Nee			
Zo ja, in welke taal/talen?					

>>

6 Houding van de ouders ten opzichte van de gebruikte talen					
Hoe belangrijk is het voor u dat uw kind ________________ (naam andere taal/talen) leert?	1	2	3	4	5
Waarom? (bijv. plannen voor toekomst, contact houden met familieleden)					
Praat uw kind wel eens Nederlands wanneer u hem in uw moedertaal aanspreekt?	Ja	Nee			
Zo ja, hoe reageert u dan? (toelichting)					
8 Houding van het kind zelf ten opzichte van de talen (deze vragen kunnen aan het kind zelf worden gesteld)					
Vind je het leuk om de taal van je ouders/vader/moeder te spreken?	Ja	Nee			
Waarom wel/niet?					
Kijk je vaak naar de tv?	Ja	Nee			
In welke taal?					
Welke programma's vind je leuk?					
Vind je liedjes in taal T1 (a, b, c enz.) leuk?	1	2	3	4	5
Vind je liedjes in het Nederlands leuk?	1	2	3	4	5
Speel je thuis met vriendjes die ook uit ________________ (naam land) komen?	Ja	Nee			
Speel je met kinderen die alleen Nederlands kennen?	1	2	3	4	5
Met wie speel je het liefst: kinderen die Nederlands spreken of die jouw andere taal spreken? Waarom?					
9 Aanvullende of andere opmerkingen die relevant zijn, maar die in de vragen niet ter sprake zijn gekomen.					

1 T1 (a, b, c enz. verwijst naar de simultane taalverwerving waarbij T1a, T1b, T1c enzovoort, voor het kind allemaal eerste talen, dus moedertalen zijn.
Een uitgebreidere versie van dit formulier is te vinden op www.clinicababilonica.eu.

3 Beoordeling Spontane Taal Algemeen formulier

Naam kind ____________________

Geboortedatum ____________________

Datum opname ____________________

Datum transcriptie ____________________

Naam van de tolk ____________________

Taal ____________________

Observaties/opmerkingen

1 Interactie ouder of tolk /kind
(wederkerend aandacht, initiatief nemen, oogcontact, gemak kind, gemak ouder)

2 Codewisseling ouder
(hoe vaak, welke soort)

3 Codewisseling kind
(hoe vaak, welke soort)

4 Fouten als gevolg van cognitieve processen zoals overgeneralisatie en simplificatie
(noteer het nummer van de uitingen):

5 Interferentiefouten
Aantal uitingen met interferentiefouten (noteer het nummer van de uitingen):

6 Verstaanbaarheid
Aantal onverstaanbare uitingen (noteer het nummer van de uitingen):

Aantal onverstaanbare woorden:

7 Vloeiendheid
(herhalingen, valse starts, aarzelingen, blokkades) (noteer het nummer van de uitingen):

Beoordeling Spontane Taal Uitingnummer:

Vraag/opmerking van gesprekspartner:

Uiting + letterlijke vertaling

Vrije vertaling

Vragen aan de tolk

1 **Is de uiting correct?** Ja / nee

Correcte uiting + letterlijke vertaling

2 **Wat is er mis met de uiting?**

Taalvorm (morfosyntaxis)

Taalinhoud (semantiek)

Taalgebruik (pragmatiek)

Fonologie

Complexiteit van de taal

(zet een cirkel om de uitgedrukte communicatieve functie en semantische relatie. Zie Dungen, van den, L. & Verboog, M. (1991) voor een beschrijving hiervan.)

Communicatieve functies (representatie, controle, sociale expressie, regulatie)

Semantische relaties (existence, action, locative state, state, temporal, adversative, causal)

4 Checklist Algemene Symptomen van Taalstoornissen

Hulpformulier bij de interpretatie van de verzamelde gegevens. Als een aantal van deze symptomen **in alle door het kind gebruikte talen** wordt waargenomen, is de kans groot dat er sprake is van een taalstoornis. Andere mogelijke verklaringen voor zulke symptomen – zoals een vertraagde cognitieve ontwikkeling, een gehoorprobleem of sociale deprivatie – moeten natuurlijk eerst bekeken en verworpen zijn om van een specifieke spraak-taalstoornis te kunnen spreken.

Naam kind ______________________________

Geboortedatum ______________________________

Talen (zet naast de naam van de taal T1 (a, b, c enz.), T2, T3) ______________________________

Dominante taal ______________________________

Ingevuld door (hulpverlener) ______________________________

Datum formulier ingevuld ______________________________

Symptomen	**Taal 1 (a)**		**Taal 2 of Taal1 (b)**		**Taal 3 of Taal1 (c)**	
	Ja	**Nee**	**Ja**	**Nee**	**Ja**	**Nee**
Late aanvang van de eerste woorden en woordcombinaties in de moedertaal/talen (bijv. zwijgzaam in eerste levensjaar, met 18 maanden geen woorden met een herkenbare betekenis; met 24 maanden geen korte zinnetjes zoals 'Aisa koekje').						
Toont geen initiatief tot verbale communicatie met verzorgers en leeftijdgenoten. Heeft wel wil om te communiceren en zoekt allerlei alternatieven voor taal: mimiek, gebaren, visuele ondersteuning.						
Toont zich gefrustreerd en vertoont afwijkend gedrag (bijv. teruggetrokken of juist druk en agressief).						
Veel moeite om bepaalde klanken te produceren.						
Ouders/leerkracht/leeftijdgenoten geven aan dat ze moeite hebben het kind te verstaan en/of te begrijpen.						
Zwak auditief geheugen.						

Symptomen	**Taal 1 (a)**		**Taal 2 of Taal1 (b)**		**Taal 3 of Taal1 (c)**	
	Ja	**Nee**	**Ja**	**Nee**	**Ja**	**Nee**
Grote behoefte aan herhaling van informatie, zelfs als die wordt gebracht op eenvoudige en begrijpelijke manier voor andere meertalige kinderen die in dezelfde situatie opgroeien.						
Veel moeite om nieuwe woorden te onthouden ondanks frequente blootstelling aan die woorden.						
Behoorlijk kleine passieve (en/of actieve) woordenschat ondanks een normaal cognitief niveau en veel blootstelling aan die talen.						
Veel codewisseling in contact met iemand die een van de talen niet beheerst (het kind weet dat die persoon een van de talen niet beheerst).						
Overmatig onvloeiendheden.						
Heel beperkte zinslengte (telegramstijl: versimpeling en vermijding van bepaalde zinsconstructies).						
Vertraagde verwerving van grammaticale morfemen in de moedertaal/talen.						
Normale cognitieve processen, zoals overregularisaties en simplificaties blijven heel lang in gebruik - zelfs in de dominante taal.						
Verandert vaak plotseling van gespreksonderwerp.						
Geeft vaak inadequate antwoorden.						
Stille periode langer dan een jaar.						
Uitblijven van vooruitgang ondanks logopedische behandeling.						

5 Wensen van de ouders

Hulpformulier voor

- het vaststellen van de wensen van ouders of opvoeders ten aanzien van de talen van het kind;
- het in kaart brengen van de omstandigheden voor uitvoering daarvan; en
- het maken van een plan van aanpak om die wensen te verwezenlijken.

Een groot deel van de informatie die nodig is om dit formulier in te vullen is in principe al tijdens het anamnesegesprek verzameld. Dit formulier helpt om die informatie aan te scherpen en aan te vullen met informatie die relevant is voor advisering aan ouders/begeleiders.

Naam kind ______________________________

Geboortedatum ______________________________

Talen (zet naast de naam van de taal T1 (a, b, c enz.), T2, T3) ______________________________

Ingevuld door (hulpverlener) ______________________________

Ouder/opvoeder die nu aanwezig is (en zijn relatie tot het kind) ______________________________

____

Tolk ______________________________

Datum van eerste gesprek ______________________________

1 Inventarisatie van de huidige situatie

1.1 De belangrijkste talen

Volgens moeder? Waarom?

Volgens vader? Waarom?

1.2 Conclusie over de keuze van talen

Over welke talen is iedereen het wel eens dat zij het belangrijkste zijn

1.3 Hoe is de talige situatie in het gezin/thuis?

Geef antwoord op een schaal van 1 tot 5 (1 is nee of geen; 5 is ja of veel); desgewenst invullen 'nvt'.

Besteedt vader veel tijd met het kind? 1 2 3 4 5

Specificeer wanneer vader samen met het kind is (bijv. 2 hele dagen en elke dag 's avonds).

>>

Welke taal/talen spreekt hij met het kind?					
Taal: ______________________	1	2	3	4	5
Taal: ______________________	1	2	3	4	5
Besteedt moeder veel tijd met het kind? Specificeer wanneer moeder samen met het kind is (bijv. 3 hele dagen en elke dag 's avonds).	1	2	3	4	5
Welke taal/talen spreekt zij met het kind?					
Taal: ______________________	1	2	3	4	5
Taal: ______________________	1	2	3	4	5
Heeft het taalaanbod in T1(a) een hoge kwaliteit?*	1	2	3	4	5
Heeft het taalaanbod in T2 of T1 (b) een hoge kwaliteit? *dingen benoemen, verhalen vertellen, boeken (voor)lezen, rijmpjes en liedjes zingen, duidelijk praten?	1	2	3	4	5

2 Vaststellen van de gewenste situatie, het doel

2.1 Gewenste taalvaardigheden in iedere taal

(zet een cirkel om de gewenste taalvaardigheid en een cijfer van 1 tot 5 onder iedere vaardigheid.1 is geen beheersing; 5 groot beheersing)

T1 of T1 (a)	spreken	begrijpen	lezen	schrijven
Taal 2 of Taal 1 (b)	spreken	begrijpen	lezen	schrijven
Taal 3 of Taal 1 (c)	spreken	begrijpen	lezen	schrijven

2.2 Zijn de omstandigheden gunstig?

(zet een cirkel om de talen waarvoor het antwoord positief is)

Voldoende gelegenheid en middelen om de taal te leren begrijpen?	T1 of T1(a)	T2 of T1(b)	T3 of T1(c)
Voldoende gelegenheid en middelen om de taal te leren spreken?	T1 of T1(a)	T2 of T1(b)	T3 of T1(c)
Voldoende gelegenheid en middelen om de taal te leren lezen?	T1 of T1(a)	T2 of T1(b)	T3 of T1(c)
Voldoende gelegenheid en middelen om de taal te leren schrijven?	T1 of T1(a)	T2 of T1(b)	T3 of T1(c)

3 Vaststellen van de haalbare, en realistische situatie

(zijn de wensen realistisch gezien de omstandigheden? Is er aanpassing nodig?)

3.1 Conclusie over de haalbare taalvaardigheden in iedere taal

(zet een cirkel om de taalvaardigheid te ontwikkelen een cijfer van 1 tot 5 onder iedere vaardigheid.1 is geen beheersing; 5 grote beheersing)

Taal 1 of Taal 1(a)	spreken	begrijpen	lezen	schrijven
Taal 2 of Taal 1(b)	spreken	begrijpen	lezen	schrijven
Taal 3 of Taal1(c)	spreken	begrijpen	lezen	schrijven

4 Concrete plannen voor het bereiken van het gewenste doel

Denk bijvoorbeeld aan: en vul zelf verder aan

- ☐ Voorlezen
- ☐ Dingen benoemen, samen zingen en rijmen
- ☐ Meer dialoog thuis
- ☐ Lid worden van een openbare bibliotheek (boeken in andere talen kunnen ook worden opgevraagd)
- ☐ Kind naar peuterspeelzaal
- ☐ Kind krijgt taalles in taal X
- ☐ Taalstrategie thuis aanpassen of meer consequent doorvoeren
- ☐ Bekijken van goede en educatieve televisieprogramma's
- ☐ Satellietontvanger installeren voor meer blootstelling aan taal x
- ☐ Vaker op vakantie naar land met taal x
- ☐ ...
- ☐ ...
- ☐ ...
- ☐ ...
- ☐ ...
- ☐ ...

5 Evaluatie

Vergelijking beheersing van de talen op verschillende momenten (zet een cijfer van 1 tot 5 onder iedere vaardigheid (1 is geen beheersing; 5 grote beheersing)

Datum (begin): ______________________

Taal 1 of Taal 1(a)	spreken	begrijpen	lezen	schrijven
Taal 2 of Taal 1(b)	spreken	begrijpen	lezen	schrijven
Taal 3 of Taal 1(c)	spreken	begrijpen	lezen	schrijven

Datum (evaluatiemoment 1): ______________

Taal 1 of Taal 1(a)	spreken	begrijpen	lezen	schrijven
Taal 2 of Taal 1(b)	spreken	begrijpen	lezen	schrijven
Taal 3 of Taal 1(c)	spreken	begrijpen	lezen	schrijven

Een uitgebreidere versie van dit formulier is te vinden op www.clinicababilonica.eu.

6 Casussen

Profielen van meertalige kinderen in de eigen praktijk

(zie hoofdstuk 4, opdracht 1)

Opdracht 1a: Vul de laatste drie kolommen in met gegevens van drie kinderen uit je eigen ervaring.

	Busra (4 jaar)	**Simone (6 jaar)**		
Welke talen thuis	Koerdisch en Turks. Busra heeft echter twee broers en een zus waarmee zij thuis Nederlands spreekt.	Twi		
Blootstelling kind aan minderheids-taal/talen buiten het gezin	Weinig blootstelling aan het Koerdisch. ontvangt regelmatig Turks-sprekende gasten.	Het gezin gaat iedere zondag Het gezin naar de kerk waar veel Twi wordt gesproken.		
Blootstelling kind aan meerderheids-taal (Nederlands)	Buiten schooltijd speelt Busra met haar vriendjes die in dezelfde buurt wonen, maar andere talen spreken. Ze spreken onderling Nederlands.	Simone ging vanaf haar tweede tot haar vierde levensjaar vier dagen per week naar een crèche waar ze aan het Nederlands werd blootgesteld. Nu beperkt de blootstelling aan het Neder-lands zich tot schooltijd.		
Type taal-verwerving	Sequentieel	Simultaan		
Sociaaleconomische status gezin	Laag	Gemiddeld		

	Busra (4 jaar)	Simone (6 jaar)			
Taalbeheersing eigentaal (Taalverlies?)	Busra praatte tot haar derde jaar Koerdisch. Er treedt echter taalverlies op in het Koerdisch, doordat het gezin weinig contact heeft met sprekers van die taal.	Geen taalverlies doordat het gezin veel contact heeft met de grote gemeenschap Ashanti (sprekers van Twi) die in hun stad woont. Simone brengt ook veel tijd door met haar Twi sprekende oppas.			
Status van taal/talen in eigen land	Koerdisch laag / Turks hoog	Niet duidelijk. Het vermoeden is dat de status van het Twi laag is omdat Engels (de taal van de ex-kolonisator) de officiële taal is.			
Status van taal/ talen in Nederland	Beide talen laag	Laag			

Opdracht 1b: Deel alle meertalige kinderen uit opdracht 1a in het volgende kader. Deze indeling kan je helpen kinderen met elkaar te vergelijken, haalbare behandeldoelen te stellen en realistische adviezen te geven aan ouders en school (zie uitgebreide behandeling van deze onderwerpen in hoofdstukken 8 en 9).

Typologie van meertaligen in de eigen praktijk

	Grote minderheid	**Kleine minderheid**
Simultane meertaligheid	Simone	
Sequentiële meertaligheid		Busra

Casus Elif

(6;4 jaar, groep 3)
(Zie hoofdstuk 9, opdracht 1)

Beide ouders komen uit Irak en spreken Sorani, een dialect van het Koerdisch.
Elif heeft een zus van negen en een broer van vijf jaar. Onderling spreken de kinderen Nederlands. Met de ouders spreken ze Sorani. Althans, de ouders spreken Sorani en de kinderen antwoorden in het Nederlands.
De taalontwikkeling is moeizaam verlopen. Elif had spraak- en taalproblemen en was al drie jaar oud toen ze ging praten. Moeder maakte zich toen zorgen. De spraak- en taalontwikkeling van Elifs broer en zus is sneller verlopen.
Elif kreeg nooit logopedische behandeling.
Moeder vindt dat Elif nu heel goed kan praten. Zij zou, wat praten betreft, veel op haar vader, opa en oom aan vaders kant lijken. Haar oom ging pas op de leeftijd van vijf jaar praten.
Uit het psychologisch onderzoek is bekend dat Elif cognitief nonverbaal op normaal gemiddeld leeftijdsniveau functioneert (SON-IQ 102).

Hieronder zijn de bij Elif afgenomen tests aangegeven. Voor afkortingen zie onderaan deze tabellen.

Auditieve vaardigheden	
Test	WISC-IIINL
Waarvoor	Auditief geheugen voor cijferreeksen
Score	Ruwe score Nederlands: 6; normscore: 6 (tussen -1 en -2 sd)
	Ruwe score Sorani: 5; normscore: 5 (tussen -1 en -2 sd)
Interpretatie/ toelichting	Het auditieve geheugen wordt beoordeeld als matig.

Taalbegrip	
Test	TAK
Waarvoor	Taalbegrip van functiewoorden en zinspatronen in het Nederlands
Score	Zinsbegrip 1 (functiewoorden): 31
	Zinsbegrip 2 (zinspatronen): 28
Interpretatie/ toelichting	

TAK=Taaltoets Alle Kinderen (Verhoeven & Vermeer, 2001); WISC-IIINL = Wechsler Intelligentie Scale for Children (Nederlandse versie) (Wechsler, 2002).

Literatuur

Agt, H.M.E. van & Koning, H.J. de (2006). Vroegtijdig onderkenning taalontwikkelingsstoornissen 0-3 jaar. 8 jaar follow-up studie. Samenvatting onderzoek ErasmusMC. *Logopedie en Foniatrie*, 5, 144-148.

Aksu – koç, A.& Slobin, D.I. (1985). The acquisition of Turkish. In D.I. Slobin (red.) (1985). *The cross-linguistics study of language acquisition* (pp. 839-878). Volume 1: The data. Hillsdale, NJ: Lawrence Erlbaum, Associates, Publishers.

Altena, N. & Van Dijk, A. (1980). Turkse en Marokkaanse kinderen vertellen verhaaltjes in het Nederlands; hun taalgebruik na acht maanden op een Nederlandse school. In: Appel, R., Cruson, C., Muysken, P. & de Vries, J.W. (red.) (1980). *Taalproblemen van buitenlandse arbeiders en hun kinderen* (pp.123-136). Bussum: Coutinho.

Amayreh, M. M. & Dyson, A.T. (2000). Phonetic inventories of young Arabic-speaking children. *Clinical Linguistics & phonetics*, 14 (3), 193-215.

Amsing, M., Beek, S. & Spliethoff, F. (2007). Wat kun je leren als taal een problem is... Den Bosch: KPC groep.

Anderson, R. (1999). Impact of first language loss on grammar in a bilingual child. *Communication Disorders Quarterly*, 21, 4-16.

Anderson, R. (2002). Lexical morfology and verb use in child first language loss: A preliminary case study investigation. *International Journal of Bilingualism*, 5, 377-401.

Appel, R. (1984). Immigrant children learning Dutch. Sociolinguistic and psycholinguistic aspects of second-language acquisition. Dordrecht: Foris.

Appel, R., & Muysken, P. (1987). Language contact and bilingualism. London : Edward Arnold.

Appel, R. & Schaufeli, A. (1990) Meer Nederlands of meer Turks? De woordenschat van Turkse kinderen in Nederland. *Forum der Letteren* 31 (1), 27-40.

Appelhof, P. (1994). Gebaat bij resultaat. Leidraad voor effectief onderwijs aan allochtone leerlingen. Den Haag: Sardes.

Augst, G. Bauer, A. & Stein, A. (1977). Grundwortschatz und Ideolekt. Empirische Untersuchungen zur semantischen und lexikalischen Struktur des kindlichen Wortschatzes. Niemeyer, Tübingen.

Baker, C. (2000). The care and education of young bilinguals. An introduction for professionals. Clevedon: Multilingual matters ltd.

Bedore, L.M. (2001). Assessing morphosyntax in Spanish-speaking children. *Seminars in Speech and Language*, 22(1), 65-77.

Bedore, L., & Leonard,, L.B. (2001). Grammatical morfology deficits in Spanish-speaking children with specific language impairment. *Journal of Speech and Hearing Research*, 44, 905-924.

Bennis, H., Extra, G., Mysken, P. en Nortier, J. (2000). Het multiculturele voordeel: Meertaligheid als Uitgangspunt, Taalkundig Manifest. Amsterdam: KNAW/Meertens Instituut.

Bialystok, E. (2001). Bilingualism in development: Language, literacy & cognition. New York: Cambridge University Press.

Bialystok, E., Craik, F., Grady, C. Chau, W., Ishii, R., Gunji, A. & Pantev, C. (2005). Effect of bilingualism on cognitive control in the Simon task: evidence from MEG. *NeuroImage* 24, 40-49.

Bishop, D. (1992). The underlying nature of specific language impairment. *Journal of Child Language Psychology & Psychiatry*, 33, 3-66.

Bishop, D & North, & Donlan, C. (1996). Nonword repetition as a behavioural marker for inherited LI: Evidence form a twin study. *Journal of Child Psychology and Psychiatry*, 36, 1-13.

Blom, E. & Polišenská, D. (2005). Verbal inflection and verb placement in first and second language acquisition. Proceedings 39 (2004). Linguïstisch Colloquium. Vrije Universiteit Amsterdam. Amsterdam.

Blumenthal, M. (2007). Tolken bij diagnostiek van spraak-/taalproblemen. Ontwikkeling cursus en richtlijnen. *Logopedie en foniatrie*, 1, 10-19.

Blumenthal, M. & Julien, M. (2000). Diagnostiek van spraak- en taalproblemen bij meertalige kinderen. Geen diagnose zonder anamnese meertaligheid. *Logopedie & foniatrie*, 1, 13-17.

Bol, G., Kuiken, F. (1994). Verschillen en overeenkomsten tussen de verwerving van Nederlands als eerste en tweede taal. *Stem-, spraak- en taalpathologie*, 3, 227-240. Amsterdam/Lisse: Swets & Zeitlinger.

Bolten, J. & Klooster, C. (1994). De Reynell Taalontwikkelingsschaal bij Turkse kinderen. Groningen: Hanzehogeschool, Hogeschool van Groningen, Afdeling Logopedie (afstudeerscriptie).

Bon, W.H.J. van (1982). Taaltest voor kinderen (TVK). Lisse: Swets & Zeitlinger.

Botting, N., Conti-Ramsden, G. & Crutchley, A. (1997). Concordance between teacher/therapist opinion and formal language assessment scores in children with language impairment. European Journal of Disorders of Communication 32, 317-27.

Botting, N., Crutchley, A. & Conti-Ramsden, G. (1998). Educational transitions of seven-year-old children with specific language impairment in language units: a longitudinal study. International Journal of Language and Communication Disorders, 33, 177-97.

Bruck, M. (1982). Language impaired children's perfomance in an additive bilingual education program. *Applied Psycholinguistics* 3, 45-60.

Camilleri, B. & Law, J. (2007). Assessing children referred to speech and language therapy: Static and dynamic assessment of receptive vocabulary. Advances in Speech-Language Pathology, 9 (4): 312-322.

Campbell, T., Dollaghan, C., Needleman, H., & Janosky, J. (1997). Reducing bias in language assessment: Processing-dependent measures. Journal of Speech, Language, and Hearing Research, 40, 519-525.

Coenen, J. (1979). Leren van fouten. Een analyse van de meest voorkomende Nederlandse taalfouten, die gemaakt worden door Marokkaanse, Turkse, Spaanse en Portugese kinderen. 's-Hertogenbosch: Contactorgaan voor de Innovatie van het Onderwijs (CIO).

Conti-Ramsden, G., Crutchley, A. & Botting, N. (1997).The extent to which psychometric tests differentiate subgroups of children with specific language impairment. *Journal of Speech, Language, and Hearing Research*, 40, 765-777.

Craats, I. van de, (2000). Conservation in the acquisition of possessive constructions; a study of second language acquisition by Turkish and Moroccan learners of Dutch. Proefschrift Katholieke Universiteit Brabant.

Crutchley, A., Botting, N., & Conti-Ramsden, G. (1997a). Bilingualism and specific language impairment in children attending language units. European Journal of Disorders of Communication, 32, 267-76.

Crutchley, A., Conti-Ramsden, G., & Botting, N. (1997b). Bilingual children with specific language impairment and standardised assessments: preliminary findings from a study of children in language units. International Journal of Bilingualism 1, 117-34.

Cummins, J. (1979). Linguistic interdependence and the educational development of bilingual children. Review of Educational Research, 49, 222-51.

Cummins, J. (1984). Bilingualism and special education: Issues in assessment and pedagogy. Clevedon, UK: Multilingual Matters.

Cummins, J. (2000). Language, power and pedagogy: Bilingual children in the crossfire. Clevedon, England: Multilingual Matters.

Dam, F. A. (2002). Grenzentesten bij Friestalige kinderen met de Reynell Test voor Taalbegrip. Groningen: Rijksuniversiteit, afdeling Orthopedagogiek (scriptie).

Dekker, J., Fijter, de R., Veen, A., Broeijer m.m.v. C. & Mellink E. (2000). VVE, keuzegids. Den Haag/ Utrecht: Makelaar VVE.

Dollaghan, C. & Campbell, T.F. (1998). Nonword repetition and child language impairment. *Journal of Speech and Hearing Research*, 39, 643-654.

Döpke, S. (1998). Competing language structures: The acquisition of verb placement by bilingual German-English children. *Journal of Child Language*, 25 (3), 555-584.

Döpke, S. (2000). The interplay between language-specific development and crosslinguistic influence. In: Döpke S. (Ed.), *Crosslinguistic structures in simultaneous bilingualism* (pp. 79-103). Amsterdam: John Benjamins.

Dorren, G. (1999). Nieuwe tongen: de talen van migranten in Nederland en Vlaanderen. Den Haag: Sdu Uitgevers.

Dulay, H. en Burt, M. (1973).Should we teach children syntax? *Language Learning*, 23: 245-58.

Dulay, H. en Burt, M. (1974). Natural sequences in child second language acquisition. *Language Learning*, 24: 37-53.

Dungen, van den, L. & Verboog, M. (1991). Kinderen met taalontwikkelingsstoornissen. Muiderberg: Coutinho.

Dungen, van den, L. & Verbeek, J. (1999). STAP-handleiding. Amsterdam: Universiteit van Amsterdam.

Dungen, van den, L. & Verbeek, J. (1994). STAP-instrument (2[e] herziene druk van 1999). Publicatie van het Instituut voor Algemene Taalwetenschap. Amsterdam: Universiteit van Amsterdam.

Dungen, van den, L. (2007). Taaltherapie voor kinderen met taalontwikkelingsstoornissen: verantwoording van behandeldoelen TOS & behandelsuggesties voor kinderen met een taalniveau van 0 tot 6 jaar. Bussum: Coutinho.

Dunn, M., Dunn, L. M, Whetton, C. & Burley, J. (1997). British Picture Vocabulary Scale 2nd ed'n (BPVS-II). Windsor, Berks: NFER-Nelson.

Dunn, M., Dunn, L. M. & Schlichting, L. (2005). Peabody Picture Vocabulary Test-III-NL. Amsterdam: Harcourt Test Publishers. (A Dutch version of the American PPVT-III).

Eldik, E.C.M. van, Schlichting, J.E.P.T., Lutje Spelberg, H.C., Meulen, B.F. van der, Meulen, Sj. van der (2001). Reynell Test voor Taalbegrip (derde herziene versie), Lisse: Swets en Zeitlinger b.v.

Ellis-Weismer, S., Tomblin, J.B., Zhang, X., Buckwalter, P., Chynoweth, J.G., & Jones, M. (2000). Nonword repetition performance in school-age children with and without language impairment. *Journal of Speech, Language, and Hearing Research*, 43, 865-878.

Eng, N. & O'Connor, B. (2000). Acquisition of definite articles + noun agreement of Spanish-English bilingual children with specific language impairment. Communication Disorders Quarterly, 21, 114-124.

Extra. G. (1978). Eerste- en tweedetaalverwerving: de ontwikkeling van morfologische vaardigheden. Muiderberg: Coutinho.

Eziezabarrena, M.J. (1996). Adquisición de la morfología verbal en euskera y castellano por niños bilingües. Bilbao, Spain: Universidad de País Vasco: Servicio Editorial.

Genesee, F. (1989). Early bilingual development: One language or two? *Journal of Child Language*, 6, 161-179.

Genesee, F., Paradis, J. & Crago, M. (2004). Dual Language Development and Disorders. A Handbook on Bilingualism and Second Language Learning. Baltimore: Paul H. Brookes Publishing Co.

Gerrits, E. (2005). Taaldiagnostiek bij meertalige kinderen: problemen en oplossingen. *Toegepaste Taalwetenschap*, 74, 169-175.

Gheorghov, I. (1905). Die ersten Anfänge des sprachlichen Ausdrucks für das Selbstbewussten bei Kindern. *Archiv für die gesamte Psychologie*, 5, 329-404.

Gillis, S. & de Houwer, A. (2001). The acquisition of Dutch. Amsterdam: John Benjamins Publishing Company.

Goldstein, B., & Washington, P. (2001). An initial investigation of phonological patterns in 4-year-old typically developing Spanish-English bilingual children. *Language, Speech & Hearing Services in Schools*, 32, 153-164.

Goldstein , B., & Iglesias, A. (2004). Language and dialectal variations. In Bernthal, J. & Bankson, N. (red.) (2004). *Articulation and phonological disorders*, 5e ed. (pp. 348-375). Boston: Allyn & Bacon.

Grech, H. & Dodd, B. (2007). Assessment of Speech and Language Skills in Bilingual Children: An Holistic Approach. *Stem-, Spraak- en Taalpathologie*, vol. 15, No. 2, pp. 84-92.

Gutiérrez-Clellan V. & Peña E. (2001). Dynamic assessment of diverse children : A tutorial. *Language, Speech, and Hearing Services in Schools*, 32, 2112-224.

Hacquebord, H.I. (2003). Maakt taal verschil? Korte symposium ETOC, www.rug.nl/let/voorzieningen/etock/lezingHacquebord.

Håkansson, G., Salameh, E. K. & Nettelbladt, U. (2003). Measuring language development in bilingual children: Swedish-Arabic children with and without language impairment. *Linguistics* 41 (2), 255-288.

Hakuta, K. (1986). Mirror of language: The debate on bilingualism. New York: Basic Books.

Heijden, H. van der (1998). Word formation processes in young bilingual children. In G. Extra & L. Verhoeven (eds.). (1998) *Bilingualism and migration*. (pp. 123-140). Berlin: Mouton de Gruyter.

Heijden, H. van der & Verhoeven, L., (1994) Early bilingual development of Turkish children in the Netherlands. In: Extra G. & Verhoeven, L. (eds.) *The crosslinguistic study of bilingual development* (pp. 51-73). Koninklijke Nederlandse Academie van Wetenschappen. Verhandelingen Afd. Letterkunde Nieuwe Reeks. Deel 158.

Helsloot, K. (2007). Onderzoeksverslag Tweetalige Lexiconlijsten op de voorschool. Amsterdam: Sticthing Studio Taalwetenschap.

Hettiarachchi, S. (2007). We must try to teach our children both our language and culture. Tamil-speaking South Asian British mothers' beliefs, perceptions and practices concerning language learning. *Logopedie en Foniatrie*, 9, 274-280.

Hijma, T. (2001). Grenzen van Fries taalbegrip. Groningen: Rijksuniversiteit, afdeling Orthopedagogiek (scriptie).

Holm, A. & Dodd, B. (1999). A longitudinal study of the phonological development of two Cantonese-English bilingual children. *Applied Psycholinguistics*, 20, 349-376.

Hoogland, J. (2000). Marokkaans Arabisch. Een cursus voor zelfstudie en klassikaal gebruik. Amsterdam: Uitgeverij Bulaaq.

Hoppenbrouwers, C. & Hoppenbrouwers, G. (2001). De indeling van de Nederlandse streektalen. Dialecten van 156 steden en dorpen geklasseerd volgens de FFM. Assen: Koninklijke Van Gorcum.

Houwer, A. (1998). Taalontwikkeling bij meertalige kinderen. *Stem-, spraak- en taalpathologie*, afl. 4, A7.4.2. Amsterdam/Lisse: Swets & Zeitlinger.

Huysing, R. (24 oktober 2006). Taalachterstand/peutertoets als politieke stunt. Trouw, de Verdieping24-10-2006. Http://www.trouw.nl/deverdieping/opvoeding_onderwijs/article520309.ece/Taalachterstand_Peutertoets_als_politieke_stunt.

Ingram, D. (1981). Procedures for the Phonological Analysis of Children's Language. Baltimore, MD: University Park Press.

Johnston, J. & Wong, A. (2002). Cultural differences in beliefs and practices concerning talk to children. *Journal of Speech, Language, and Hearing Research*, 45, 916-926.

Jong, J. de (1999). Specific language impairment in Dutch: inflectional morphology and argument structure. Proefschrift Rijksuniversiteit van Groningen, Groningen.

Jong, J. de, Orgassa, A. & Çavuş, N. (2007). Werkwoordscongruentie bij bilinguale kinderen met een taalstoornis. *Stem-, spraak- en taalpathologie*, vol. 15, No. 2. pap. 143-158.

Jong, J. de & Orgassa, A. (2007). Specifieke taalstoornissen in een tweetalige context. Tweetalige SLI – definities en aannames; diagnostische dilemma's. *Logopedie en Foniatrie*, 6, 208-212.

Julien, M. (2004). Kind en onderzoeker spreken niet dezelfde taal: mogelijkheden bij diagnostiek van spraak- en taalproblemen bij meertalige kinderen. *Logopedie en Foniatrie*, 76, 488-94.

Julien, M.M. & Blumenthal, M. (2004). Taalontwikkelingsstoornissen: Taalstoornissen bij meertalige kinderen. *Handboek stem-spraak-taalpathologie*, 25 (B8.1.5), 1-28,

Kayzer, H. (1998). Assessment and intervention resource for Hispanic children. San Diego: Singular Publishing Group.

Kamhi, A. & Laing, S.P. (2003). Alternative assessment of language and literacy in culturally and linguistically diverse populations. *Language, Speech & Hearing Services in Schools*, 34 (1), 44-55.

Keshavarz, M. & Ingram, D. (2002). The early phonological development of a Farsi-English bilingual child. *International Journal of bilingualism*, volume 6 (3), 255-269.

Kleeck, van, A. (1994). Potential cultural bias in training parents as conversational partners with their children who have delays in language development. American Journal of Speech-Language Pathology, 3(1), 67-78.

Kohnert, K.J. Scarry-Larkin, M. & Price, E. (2000). Spanish phonology: Intervention. San Luis Obispo, CA: LocuTour Multimedia Cognitive Rehabilitation/Learning Fundamentals.

Kohnert, K.J & Derr, A. (2004). Language intervention with bilingual children. In: Goldstein, B.A. (red.) (2004). *Bilingual language development & disorders in Spanish-English speakers*. (pp. 311-342). Philadelphia: Paul H. Brookes Publishing Co.

Kohnert, K.J. & Danahy, K. (2007). Young L2 learners' performance on a novel morpheme task. *Clinical Linguistics & Phonetics*, 21 (7):557-69

Köppe, R., Meisel, J. (1995). Code-switchting in bilingual First language acquisition. In: Milroy, L. & Muysken, P. (red.) *One speaker, two languages*. Cambridge: Cambridge University Press.

Kuyk, van J., (1999).Taalplezier: observatie- en hulpprogramma voor kleuters in de basisschool. Arnhem: Cito Instituut voor Toetsontwikkeling.

Kuiken, F. (2002) Taalverwerving. In: Appel, R., Baker, A. Hengeveld, K., Kuiken, F. & Muysken, P. *Talen en Taalwetenschap* (pp. 48-67).Oxford: Blackwell Publishers.

Kuiken, F. & Vermeer, A. (2005). Nederlands als tweede taal in het basisonderwijs. Utrecht: Thieme Meulenhoff.

Köppe, R. & Meisel, J. (1995). Code-switching in bilingual first language acquisition: In: Milroy, L. & Muysken (red.) (1995). *One speaker, two languages*. Cambridge: Cambride University Press.

Lahey , M. (1988). Language disorders and Language development. New York: Macmillan Publishing Company.

Lalleman, J.A. (1986). Dutch language proficiency of Turkish children born in The Netherlands. Amsterdam: Proefschrift Universiteit van Amsterdam.

Langdon, H.W. & Cheng, L.L. (2002).Collaboration with Interpreters and Translators: A Guide for Communication Disorders Professionals. Wisconsin: Thinking Publications.

Lanza, E. (1992). Can bilingual two-year-olds code-switch? *Journal of Child Language*, 19, 633-658.

Lanza, E. (1997). Language contact in bilingual two-year-olds and code-switching: Language encounters of a different kind? *International Journal of Bilingualism*, 1, 135-162.

Law, J. (2004). The close association between classification and intervention for children with primary language impairments. In: Verhoeven, L. & Balkom, H. van (Eds.) (2004). *Classification of developmental language disorders: theoretical issues and clinical implications*. (pp. 401-418). Mahwah, NJ: Lawrence Erlbaum Associates, Inc.

Leopold, W.F. (1970). Speech development of a bilingual child, vols. I-IV. New York: AMS Press.

Leonard, L.B., & Bortolini, U. (1991). The speach of phonologically disordered children acquiring Italian. *Clinical Linguistics & Phonetics*, 5, 1-12.

Leonard, L. B. Leonard, McGregor, K.K., & Allen, G.A. (1992). Grammatical Morphology and Speech Perception in Children With Specific Language Impairment. *Journal of Speech and Hearing Research*, 35: 1076-1085.

Leonard, L.B. and Eyer, J.A. (1996) Deficits of grammatical morphology in children with specific language impairment and their implications for notions of bootstrapping, In: Morgan, J. & Demuth, K. (eds.), *Signal to Syntax. Bootstrapping from speech to grammar in early acquisition* (pp. 233-247). Mahwah, NY: Lawrence Erlbaum Associates, Inc.

Leonard, L.B. (1998). *Children with specific language impairment*. Cambridge, Ma: The MIT Press.

Lidz, C. & Peña, E. (1996). Dynamic assessment: The model, its relevance as a nonbiased approach, and its application to Latino American preschool children. *Language, Speech, and Hearing Services in Schools*, 27, 367-384.

Locke, J. (1983). Phonological acquisition and change. New York: Academic Press.

Long, S. (1994). Language and bilingual-bicultural children. In: Reed V.A. (ed.). *An introduction to children with language disorders* (pp. 290-317). New York: McMillan.

Lutje Spelberg, H.C., Mundt, R. & Aalbers-van der Steege, B. (2001). Het meten van taalbegrip bij slechthorende kinderen. *Stem-, spraak- en taalpathologie*, 10 (2), 110-119.

Lutje Spelberg, H.C., Mundt, R. & Voor in 't Holt, A. (2004). Reynell aangepast voor slechtorende kinderen. Van Horen Zeggen, 45 (3), 18-23.

Lutje Spelberg, H.C. (2005). Grenzentesten revisited. In: Meulen, van der B.F., Vlaskamp, van der, C. & Bos, van den K.P. (Eds.) (2006). *Interventies in de orthopedagogiek* (pp. 209-222). Rotterdam: Lemniscaat.

MacWhinney, B. (1997), Second language acquisition and the competition model. In: Groot, A. de & Kroll, J. (eds.) (1997), *Tutorials in bilingualism* (pp. 113-142). Mahwah, NJ: Lawrence Erlbaum Associates.

Manolson, A. (2000). Jij bent belangrijk! Voor de ontwikkeling van je kind. Utrecht: NIZW Uitgeverij.

Marquering, P. & Mateboer, F. (1993). *Turks thuis, Nederlands op school*. Een beschrijving van de resultaten van de Reynell Taalontwikkelingsschalen bij Turkse kinderen van 5:3 en 5;9 jaar. Groningen: Hanzehogeschool, afdeling Logopedie (afstudeerscriptie).

Meijnen, G.W. (1991). Schoolvoorbeelden. Effectief onderwijs aan kinderen uit achterstandsmilieus. Meppel: Edu/Actief.

Meisel, J. (1989). Early differentiation of languages in bilingual children. In: Hyltenstam, K., & Obler, L. (red.) (1989). *Bilingualism accross the lifespan* (pp.13-40). Cambridge: Cambridge University Press.

Meisel, J. (1994). Bilingual first language acquisition: French and German grammatical development. Amsterdam: John Benjamins.

Montgomery, J. (2002). Understanding the language difficulties of children with specific impairments: Does verbal working memory matter? American Journal of Speech-Language Pathology, 11, 77-91.

Mysken, P. (2002). Talen en Taalwetenschap. In: Appel, R., Baker, A., Hengeveld, K., Kuiken, F. & Muysken, P. *Talen en Taalwetenschap* (pp. 48-67).Oxford: Blackwell Publishers.

Neijenhuis, K. (2003). Auditory processing disorders – evaluation of a test battery. Nijmegen: Proefschrift Radboud universiteit Nijmegen.

Nicoladis, E. & Genesee, R. (1996). Word awareness in second language learners and bilingual children. *Language Awareness*, 5 (2), 80-89.

Nicoladis, E., & Secco, G. (2000). Productive vocabulary and language choice. First Language, 20(58), 3-28.

Nuft, D. van der, Verhallen, D., Verhallen, M. (2001). Met woorden in de weer: praktijkboek voor het basisonderwijs, Bussum: Coutinho.

Olswang, L.B., Bain, B.A. & Jonhson, G.A. (1992). Using dynamic assessment with children with language disorders. In Warren, S.F. &. Reichle, J.E. (eds.) (1992). *Causes and Effects in Communication and Language Intervention* (pp. 187-215). Baltimore, Ma: P.H. Brooks.

O'Rourke, J.P. (1974). Toward a science of vocabulary development. Janua Linguarum Series Minor 183. Den Haag: Mouton

Paradis, J. & Cargo, M. (2000). Tense and Temporality: A comparison between children learning a second language and children with SLI. *Journal of Speech, Language and Hearing Research*, 43, 834-847.

Paradis, J. & Genesee, F. (1996). Syntactic acquisition in bilingual children: Autonomous or interdependent? *Studies in Second Language Acquisition*, 18, 1-15.

Paradis, J. & Genesee, F. (1997). On continuity and the emergence of functional categories in bilingual first-language acquisition. *Language Acquisition*, 62, 91-124.

Paradis, J. Nicoladis, E. & Genesee, F. (2000). Early Emergence of structural constraints on code-mixing: Evidence from French-English bilingual children. Bilingualism: Language and Cognition, 3(3(, 245-261.

Paradis, J., Crago, M. Genesee, F. & Rice, M. (2003). French-English bilingual children with SLI: How do they compare with their monolingual peers? Journal of *Speech Language and Hearing Research*, 26, 113-127.

Paradis, J., Crago, M. & Genesee, F. (2005/2006). Domain-specific versus domain-general theories of the deficit in SLI: Object pronoun acquisition by French-English bilingual children. *Language Acquisition*, 33-62.

Paradis, J. (2007). Bilingual children with specific language impairment: Theoretical and applied issues. Applied Psycholinguistics, 28 (3). 551-564

Pearson, B., Fenández, S., & Oller, D.K. (1993). Lexical development in bilingual infants and toddlers: Comparison to monolingual norms. *Language Learning*, 43, 93-120.

Pearson, B., Fenández, S., & Oller, D.K. (1995). Cross-language synonyms in the lexicons of bilingual infants: One language or two? *Journal of Child Language*, 22, 345-368.

Pearson, B. Z. (1998). Assessing lexical development in bilingual babies and toddlers. *International Journal of Bilingualism*, 2, 347-372.

Peña, L. Quinn, R. & Iglesias, A. (1992). The application of dynamic methods to language assessment: a nonbiased procedure. *The Journal of Special Education*, 26(3), 269-280.

Peña, E.D., Gillam R.B., Malek, M., Ruiz-Felter, R., Resendiz, M. Fiestas, C., Sabel, T. (2006). Dynamic Assessment of school-age children's narrative ability: An experimental investigation of classification accuracy. *Journal of Speech, Language, and Hearing Research*, 49, 1037-1057.

Pert, S., & Stow, C. (2001). Language remediation in mother tongue: a paediatric multilingual picture resource. *International Journal of language & communication disorders*, 36, 303-308.

Pronk-Boerma, M. (1992). Logopedie voor onderwijsgevenden. PM reeks. Barn: Uitgeverij H. Nelissen.

Pye, C., Ingram, D., & List, H. (1987). A comparison of initial consonant acquisition in English and Quiche. In: Nelson, K. E. & Van Kleeck, A. (eds.) (1987). *Children's Language*, vol. 6 (pp. 170-190). Hilsdale, NJ: Lawrence Erlbaum Associates.

Resing, W.C.M., Evers, A., Koomen H.M.Y., Pameijer N.K. & Bleichrodt, N. (2005). Condities en intrumentarium. Indicatiestelling special onderwijs en leerlinggebonden financiering. Amsteram: Boom Test Uitgevers.

Restrepo, M.A. & Gutiérrez-Clellen, V.F. (2001). Article production in bilingual children with specific language impairment. *Journal of Child Language*, 28, 433-452.

Restrepo, M.A. & Gutiérrez-Clellen, V.F. (2004). Grammatical Impairments in Spanish-English Bilingual Children. In: Goldstein, B. (red.) (2004). Bilingual *Language Development & Disorders in Spanish-English Speakers*. (pp. 213- 234). Baltimore: Paul Brookes Publishing Co.

Restrepo, M.A. (2003). Spanish language skills in bilingual children with specific language impairment. In: Montrul, S. & Ordóñez, F. (eds.) (2003). *Linguistic theory and language development in Hispanic languages. Papers form the 5th Hispanic Linguistics Symposium and the 2001 Acquisition of Spanish and Portuguese Conference* (pp. 365-374). Somerville, Ma: Cascadilla Press.

Romaine, S. (1995). Bilingualism (2nd ed.). Oxford: Blackwell Publishers.

Roseberry, C.A. & Connell, P.J. (1991). The use of invented language rule in the differentiation of normal and language-impaired Spanish-speaking children. Journal of Speech and Hearing Research, 34, 596-603.

Ruiter, J.J. de, (1991). Talen in Nederland. Groningen: Wolters-Noordhoff.

Salameh, E. K. (2003). Language impairment in Swedish bilingual children – epidemiological and linguistic studies. Studies in Logopedics and Phoniatrics nº 4, Sweden: Lund University.

Schaerlaekens, A. & Gillis, S. (1987). 'De taalverwerving van het kind'. Taal, Mens Maatschappij, Groningen: Wolters-Noordhoff.

Schlichting, L. (2006). Lexiconlijsten Marokkaans-Arabisch, Tarifit-Berbers en Turks. Instrumenten om de taalontwikkeling te onderzoeken bij jonge Marokkaanse en Turkse kinderen in Nederland. Uitgeverij JIP.

Schlichting, J., Eldik, M. van, Lutje Spelberg, H., Meulen, Sj. van der & Meulen, B. van der (1995) Schlichting Test voor Taalproductie. Nijmegen: Berkhout Nijmegen B.V.

Sijs, N. van der (2005). Wereld Nederlands. Oude en jonge variëteiten van het Nederlands. Den Haag: Sdu uitgevers.

Silvertand, J. (1995). De Morfologische Leerbaarheidstest. Utrecht: Faculteit G.A.T. KOEFOED (afstudeerscriptie).

Slattery, D. (2005). Dynamic assessment: building bridges for multiprofessional. Working. Presentation, IACEP 10th International Conference, University of Durham, UK.

Slofstra-Bremer, C.F. (2006). Diagnostiek bij specifieke taalstoornissen. *Stem-spraak-taalpathologie*, 32 (B8.2), 1-22.

Snow, C. & Hoefnagel-Höhle, M. (1977). Age differences in the pronounciation of foreign sounds. Language and Speech, 20(4), 357-365.

Snow, C.E. & Hoefnagel-Höhle, M. (1975) Age differences in second language acquisition, paper, Instituut voor Algemene Taalwetenshap, Universiteit van Amsterdam.

Steenge, J. (2006). Bilingual children with specific language impairment: additionally disadvantaged? Nijmegen: Proefschrift Radboud Universiteit Nijmegen.

Tabors, P.O. (1997). One child, two languages: A guide for preschool educators of children learning English as a second language. Baltimore: Paul H. Brooks Publishing Co.

Tallal P. & Piercy, M. (1973). Defects of non-verbal auditory perception in children with developmental aphasia. *Nature*, 241: 16, 468-9.

Teunissen, F. (1986). Eén school, twee talen. Een onderzoek naar de effecten van een tweetalig-bicultureel onderwijsprogramma voor Marokkaanse en Turkse leerlingen op basisscholen te Enschede. Utrecht: RUU (proefschrift).

Teunissen, F. & Hacquebord, H. (2002). Onderwijs met taalkwaliteit. Kwaliteitskenmerken voor effectief taalonderwijs binnen onderwijskansenbeleid. 's-Hertogenbosch: KPC-groep.

Thal, D., and Katich, J. (1996) Predicaments in early identification of specific language impairment: Does the early bird always catch the worm? In: Cole, K.N., Dale, P.S. & Thal, D.J. (eds.). *Assessment of Communication and Language* (pp 1-28). Baltimore, Md: Brookes.

Tzuriel, D. & Caspi, N. (1992). Dynamic assessment of cognitive modifiability in deaf and hearing preschool children. *Journal of Special Education*, 26, 235-251.

Tzuriel, D. & Shamir, A. (2007). The effects of peer mediation with young children on children's cognitive modifiability. *Britisch Journal of Educational Psychology*. 1, 143-65.

Umbel, V., Pearson, B., Fernández, S. & Oller, D.K. (1992). Measuring bilingual children's receptive vocabularies. *Child Development*, 63, 1012-1020.

Vegt, A.L. van der & Velzen, J. van (2002). Dilemma's in het groen. Middelburg: Scoop/Sardes.

Verhallen, M. & Verhallen, S. (1994). Woorden leren, woorden onderwijzen Handreiking voor leraren in het basis- en voortgezet onderwijs. Amesfoort: CPS Uitgeverij.

Verhallen, M. (2005). Woordenschat. In: Kuiken, F. & Vermeer, A. (red.) (2005). *Nederlands als tweede taal in het basisonderwijs* (pp 85-110). Utrecht: ThiemeMeulenhoff.

Verhoeven, L. (1987). Ethnic minority children acquiring literacy. Berlijn: Mouton & De Gruyter.

Verhoeven, L., & Vermeer, A. (1985). Ethnic Group differences in children's oral proficiency of Dutch. In: Extra G. & Vallen, T. (eds.), *Etnic minorities and Dutch as a second language* (pp. 105-131). Doordrecht: Foris.

Verhoeven, L. & Vermeer, A. (1986) Taaltoets Allochtone Kinderen . Tilburg: Zwijsen.

Verhoeven, L., & Vermeer, A. (2001). Taaltoets Alle Kinderen, Onderbouw. Arnhem: Cito Groep.

Verhoeven, L., Goretti, N. Extra, G., Konak, Ö.A., Zerrouk, R. (1995). Toets Tweetaligheid. Arnhem: Cito Groep.

Verhoeven, L., Vermeer, A. (1993). Taaltoets Allochtone Kinderen Bovenbouw, Diagnostische toets voor de vaardigheid Nederlands bij allochtone en autochtone kinderen in de bovenbouw van de basisschool. Tilburg: Zwijsen

Vermeer, A.R. (1986). Tempo en struktuur van tweede-taalverwerving bij Turkse en Marokkaanse kinderen. Tilburg: Proefschrift Katholieke Universiteit Brabant.

Vermeer, A. (2005). NT1, NT2 en effectief onderwijzen. In: Kuiken, F. & Vermeer, A. (red.)(2005). *Nederlands als tweede taal in het basisonderwijs* (pp 85-110). Utrecht: ThiemeMeulenhoff.

Verrips, M. & Bruinsma, G. (2006). Het gebruik van logopedische tests bij indicatiestelling van meertalig opgroeiende kinderen. Onderzoeksverslag Logopediewetenschap. Amsterdam Taalstudio.

Vihman, M. M. (1996). Phonological development: The origins of language in the child. Oxford, U.K.: Blackwell.

Volterra, V. & Taeschner, T. (1978). The acquisition and development of language by bilingual children. Journal of Child Language, 5, 311-326.

Vygotsky, L. (1978). Mind in society: The development of higher Psychological processes. Cambridge, Ma: Harvard University Press.

Walters, S. (2000, November). Phonological development in three two-year-old simultaneous bilingual children. Paper presented at the annual convention of the American Speech-Language-Hearing Association, Washington, DC.

Wechsler, D. (2002). Wechsler Intelligence Scale for Children, WISC-IIINL. London: Harcourt Assessment.

Wei, L., Miller, N., & Dodd, B. (1997). Distinguishing communicative difference form language disorder in bilingual children. *Bilingual Family Newsletter*, 3-4.

Winter, K. (2001). Numbers of bilingual children in speech and language therapy: Theory and practice of measuring their representation. *The International Journal of Bilingualism*, 5 (4), 465-495.

Wölck, W. (1984). Klomplementierung und Fusion: Prozesse natürlicher Zweisprachigkeit. In: W. Oksaar (ed.), *Spracherwerb – Sprachkontakt – Sprachkonflikt*. Berlin: De Gruyter.

Wong Filmore, L. (1983). The language learner as an individual: Implications of research on individual differences for the ESL teacher. In: Clarke M. & Handscombe J. (eds.), on TESOL '82: *Pacific perspectives on language learning and teaching* (pp. 157-173). Washington, DC: Teachers of English to Speakers of Others Languages.

Yip, V. & Matthews, S. (2000). Syntactic transfer in a Cantonese-English bilingual child. *Bilingualism: Language and Cognition*, 3 (3), 193-208.

Materiaal en literatuursuggesties

Over de onderwerpen behandeld in dit boek is veel informatie te vinden. De suggesties hier zijn dan ook niet meer dan een eerste opstapje naar verdere bronnen.

Hoofdstuk 2

Talen in Nederland, J.J. de Ruiter (red.), 1991. Wolters-Noordhoff, Groningen. Dit boek informeert over de talen van verschillende etnische groepen en over hoe ze het Nederlands leren en gebruiken. Het boek bevat ook informatie over de taal- en onderwijssituatie in het land van herkomst en in Nederland.

Website www.taal.phileon.nl
Deze website richt zich op de 'andere' autochtone talen en dialecten van Nederland.

Hoofdstuk 3

Nieuwe tongen: de talen van migranten in Nederland en Vlaanderen, G. Dorren (1999). Den Haag: Sdu Uitgevers. 'Wie dit boek heeft gelezen (...) begrijpt beter wat het Nederlands moeilijk maakt voor Turken. Waarom de Nederlandse uitspraak zo lastig is voor Chinezen en Marokkanen (...) En beseft dat het onderling spreken van de moedertaal voor migranten overal ter wereld de normaalste zaak van de wereld is – behalve voor Nederlanders.' (Dorren, 1999, p. 11)

Cultuurbepaalde communicatie, Y. Azghari (2005). Soest: Nelissen. Dit boek is bedoeld onder anderen voor professionals in de hulpverlening, het onderwijs en de media. Het doel is om via kennis en inzichten in het ontstaan van de eigen houding de ander beter te leren kennen en te begrijpen. Aan de hand van voorbeelden uit de praktijk wordt inzichtelijk gemaakt hoe een gesprek beter kan verlopen.

www.museumkennis.nl
Deze website is een initiatief van het Rijksmuseum voor Volkenkunde, het Rijksmuseum van Oudheden en natuurhistorisch museum Naturalis. Het bevat o.a. informatie over 'verre' volken en 'oude' culturen. Thema's zoals hindoeïsme, islam en boeddhisme worden hier behandeld. Er is ook de mogelijkheid om vragen te stellen.

Hoofdstuk 4

Hoe kinderen meertalig opgroeien, E.B. Montanari (2002). Dit boek is een bewerking naar de Nederlandse situatie van 'Wie Kinder mehrsprachig aufwachsen: Ein Ratgeber', door Jeroen Aarssen, Petra Bos & Erin Wagenaar, uitgegeven bij PlanPlan. Het is een gids voor ouders die hun kinderen graag meertalig willen opvoeden en behoefte hebben aan informatie en ervaringen van andere ouders en deskundigen.

Dual Language Development & Disorders. A Handbook on Bilingualism and Second Language Learning, F. Genesee, J. Paradis & Martha Crago (2004). In dit boek beogen de auteurs de lezer meer inzicht te verschaffen in de normale en abnormale tweetalige ontwikkeling van kleine kinderen. Het boek is in de eerste plaats geschreven voor vakmensen die te maken hebben met de diagnostiek en behandeling van taalproblemen. Het is echter ook relevant voor een breder publiek zoals ouders, leerkrachten, beleidsmakers en andere betrokkenen.

Early bilingual development of Turkish children in the Netherlands, H. van der Heijden & L. Verhoeven (1994) In: Extra G. & Verhoeven L. (eds.) *The crosslinguistic study of bilingual development.* (pp. 51-73).

Word formation processes in young bilingual children, H. van der Heiden (1998). In G. Extra & L. Verhoeven (eds.) *Bilingualism and migration.* (pp.123-140).

Tweetalige ontwikkeling in context (2): het Berbers en het Nederlands van in Nederland wonende kinderen, Y.E-Rramdani (1999). Anéla toegepast taalwetenschap, 61.

Acquiring Tarifit-Berber by children in the Netherlands and Morocco, Y.E-Rramdani (2003). Amsterdam: Aksant Academic Publishers.

www.kindentaal.nl
De website over taalontwikkeling bij baby's, peuters en kleuters met een onderdeel over meertalige ontwikkeling.

http://www.ru.nl/dbd/index.html
De 'Dutch Bilingualism Database (DBD)' bevat informatie over minderheidstalen en meertaligheid in Nederland.

Hoofdstuk 5

Leren van fouten. Een analyse van de meest voorkomende Nederlandse taalfouten die gemaakt worden door Marokkaanse, Turkse, Spaanse en Portugese kinderen, J.A. Coenen (1979).

Standaard Grammatica Turks, G. van Schaaik (2004). Bussum: Coutinho. Dit boek beschrijft de belangrijkste grammaticale constructies van het hedendaags Turks.

Arabische grammatica in schema's en regels. W. Stoetzer (1997). Bussum: Coutinho. Deze Arabische grammatica geeft een systematisch en volledig overzicht van de taalregels en woordvormen van het Arabisch.

Grammatica Fries: de regels van het Fries, J. Popkema (2006). Utrecht: Het Spectrum. Dit is een uitgebreid en bijdetijds boek over de taalregels van het Fries, waarin ook de resultaten van modern taalwetenschappelijk onderzoek zijn verwerkt.

Hoofdstuk 6

Spraak- en Taalproblemen bij Kinderen. Ervaringen en Inzichten. Onder redactie van: Marquerite Weller, Claartje Slofstra-Bremer, Sjoeke van der Meulen, Margot van Denderen, Bram van Beek & Arend Verschoor (2001). Assen: Uitgeverij Van Gorcum. Dit boek is een initiatief van verenigingen van ouders van slechthorende kinderen, kinderen met spraak- en taalproblemen en kinderen met motorische problemen. Het is bedoeld voor ouders die zich zorgen maken over de taal- en spraakontwikkeling van hun kind en hierover meer willen weten. Ook voor hulpverleners is dit een leerzaam boek.

www.ouders.nl/mdysfasie-jandejong
Op deze website staat een dossier over dysfasie, ofwel specifieke taalstoornissen. Daarin wordt de terminologie uitgelegd, er worden kenmerken van taalstoornissen in verschillende talen besproken, en er worden tips gegeven om het kind te helpen in de voorschoolse periode.

http://home.medewerker.uva.nl/j.dejong1/
Op deze website van onderzoeker Jan de Jong van de UvA is informatie te vinden over o.a. het onderzoek 'Disentangling Bilingualism and sli (bisli)' bedoeld om de symptomen van specifieke taalstoornis en tweetaligheid uit elkaar te halen bij Turks en Nederlands sprekende kinderen die het Nederlands als tweede taal leren.

Hoofdstuk 7

Tolken bij diagnostiek van spraak-taalproblemen. Ontwikkeling cursus en richtlijnen. M. Blumenthal (2007), *Logopedie en Foniatrie* nr. 1. Dit artikel beoogt de drempel om met een tolk te werken te verlagen en de kwaliteit van de samenwerking te verhogen. Valkuilen en succesfactoren tijdens het werken met tolken worden in kaart gebracht en lastige praktijksituaties beschreven.

Geen diagnose zonder anamnese meertaligheid. M. Blumenthal & M. Julien (2000). *Logopedie en Foniatrie* nr 1. In dit artikel wordt beweerd dat een taalstoornis bij een meertalig kind niet gediagnosticeerd mag worden zonder de situatie waarin het kind opgroeit in kaart te brengen.

www.sigfabriek.be
De vragenlijst Anamnese Meertalige Kinderen (AMK) is gratis te downloaden. Hij dient om een beter zicht te krijgen op de kwalitatieve en kwantitatieve eigenschappen van het taalaanbod en op de attitude van het meertalige kind en zijn ouders (of verzorgers) tegenover de verschillende talen. Verder inventariseert de lijst informatie over spel en speelgoed.

www.cor-emous.net
Op deze website kan men de Anamnesevragenlijst Meertaligheid downloaden. Deze lijst is in 2005 ontwikkeld door de LCTI in samenwerking met de CvI's, het Kenniscentrum Meertaligheid, Kind en Ontwikkeling en Siméa. De Anamnesevragenlijst Meertaligheid is gebaseerd op de anamnese meertaligheid van Blumenthal, M., & Julien, M. (2000). De oorspronkelijke versie is sterk aangepast ten behoeve van de indicatiestelling.

Hoofdstuk 8

Jij bent belangrijk! Voor de ontwikkeling van je kind, door A. Manolson, B. Ward, N. Dodington & N. de Bruyn (2000). Utrecht: NIZW-Jeugd/The Hanen Centre. Dit is een versimpelde, voor ouders meer toegankelijke, versie van het boek 'Praten doe je met z'n tweeën' van dezelfde auteur. Dit boek geeft ouders praktische voorbeelden om de ontwikkeling van hun kind te stimuleren. Het boek is ook beschikbaar in het Spaans, Chinees, Engels en Frans.

Taaltalent Taalstimulering van meertalige kinderen, Averroès Stichting voor Opvoedingsondersteuning, S&O Zuid-Holland: Het Themapakket 'Taaltalent' en de workshop met dezelfde titel zijn ontwikkeld naar aanleiding van vragen uit de praktijk. Gebruik van het themapakket – bestaande uit werkmateriaal voor het organiseren van drie ouderbijeenkomsten – en het volgen van de workshop van 'Taaltalent' geeft beroepskrachten de noodzakelijke informatie en training, om ouders adequaat te kunnen adviseren over de taalontwikkeling van hun kind. Te huur bij de opvoedingswinkel: www.opvoedingswinkel.nl of te koop bij buro@extern.nl.

http://www.nazifecavus.nl
Het pakket 'Interactie- en taalstimuleringsadviezen in het Turks' door N. Çavuş-Nunes is via de website van deze logopediste en onderzoeker te bestellen. Het pakket bevat voorlichtingsmateriaal voor logopedisten ten behoeve van ouders van jonge kinderen met een taalontwikkelingsprobleem in het Turks.

wisselcollectiedienst@nbdbiblion.nl
Veel bibliotheken in Nederland hebben een collectie van kinderboeken in andere talen dan het Nederlands. Als de bibliotheek in een bepaalde stad die niet heeft, kunnen ouders en/of logopedist via de Wisselcollectiedienst van de NBD/biblion buitenlandse kinderboeken lenen in veel talen. De meeste bibliotheken zijn aangesloten bij de NBD/biblion waar ze op aanvraag boeken kunnen bestellen.

http://www.goa.nl/Handboek%20GOA/Inhoud%20Handboek%20GOA/Documenten%20de%20gemeente/KeuzegidsVVE.pdf
Hier is de Keuzegids VVE te downloaden, waarin verschillende bestaande programma's en deskundigheidsbevorderende instrumenten op het gebied van Voor- en Vroegschoolse Educatie worden beschreven.

www.archimedestrainingen.nl, www.mee.nl en www.hanen.org
In deze websites is informatie te vinden over de plekken en organisaties die Hanen Oudercursussen organiseren.

http://taalunieversum.org/onderwijs/onderwijsprijs/2001/babbeldoos/
'De babbeldoos' is een spel bedoeld voor kinderen in groep 3 en 4 van de basisschool, waarmee de taalontwikkeling van het Nederlands als Tweede Taal (NT2) van (allochtone) jonge kinderen gestimuleerd wordt. Babbeldoos is te gebruiken op school, in buurt- en opbouwwerk, openbare bibliotheken, bij remedial teaching, logopedie, na- en buitenschoolse opvang en vele andere werkvelden.

http://taalunieversum.org/onderwijs/onderwijsprijs/2001/basproject/
Het Basproject is in 1994 ontstaan op initiatief van leerkrachten uit het basisonderwijs in Staphorst, die een taalachterstand bespeurden bij leerlingen die thuis een dialect spreken. Het materiaal dat binnen dit project is ontwikkeld, wordt gecombineerd met andere lees- en taalontwikkelingsprojecten. Een voorbeeld is het project Boekenbas, een variant van Boekenpret (zie website). Het Basproject bevat activiteiten zoals ouderbijeenkomsten.

Hoofdstuk 9

Nederlands als tweede taal in het basisonderwijs, F. Kuiken & A. Vermeer (red.) (2005). Utrecht/Zutphen: ThiemeMeulenhoff. Dit handboek geeft inzicht in het proces van tweedetaalverwerving. Ook wordt in het boek aandacht gegeven aan beproefde werk- en oefenvormen waarmee leerkrachten de verwerving van het Nederlands als tweede taal kunnen stimuleren. Een aantal van deze oefeningen zijn ook goed bruikbaar voor logopedisten.

Taaltherapie voor kinderen met taalontwikkelingsstoornissen. L. van den Dungen (2007) Bussum: Coutinho. Dit boek en cd-rom stellen de logopedist in staat om op een eenvoudige manier een goed gefundeerd behandelplan te ontwikkelen.

http://projecten.leesplein.nl/
Dit is een goede en uitgebreide databank met informatie over een groot aantal projecten rond taalstimulering en leesbevordering. De databank bevat naast projecten ook materialen, methodieken, activiteiten en andersoortige initiatieven.

www.slo.nl
SLO is het nationale expertisecentrum voor leerplanontwikkeling. SLO ondersteunt en faciliteert scholen en leerkrachten bij het omgaan met verschillen in het Nederlandse onderwijs. Deze website heeft een link naar de website www.taalsite.nl. Deze site bevat direct te gebruiken lessen, kerndoelen en een lexicon met begrippen die met taal en taalonderwijs te maken hebben.

www.meertalen.nl
Deze website is nuttig voor iedereen die te maken heeft met kinderen die thuis een andere taal spreken dan het Nederlands. Hier kan de lezer informatie vinden over onder andere boeken en andere materialen zoals video's en geluidscassettes in verschillende talen, projecten op het gebied van taalstimulering en leesbevordering en binnen- en buitenlandse boekhandels die boeken leveren in andere talen. Daarnaast is hier een overzicht te vinden van organisaties en instellingen van bruikbare projecten en methodieken die beschikbaar zijn.

http://avp.jvdf.nl
Deze website is gericht op logopedisten die kinderen in de basisschoolleeftijd met auditieve verwerkingsproblemen behandelen. Op deze website zijn voornamelijk behandelmogelijkheden, -suggesties en behandelmaterialen te vinden.

Verklarende woordenlijst

De beschrijvingen zijn ingeperkt, aangepast en toegespitst op het gebruik van de termen in de context van dit boek. Veel termen kennen daarnaast een bredere toepassing en bredere definiëring.

Algemeen Nederlands (AN)	De standaardtaal zoals die wordt onderwezen op scholen en wordt gebruikt door de autoriteiten en media in Nederland, België, Suriname, de Nederlandse Antillen en Aruba.
Additieve meertaligheid	Meertaligheid waarbij de houding van de omgeving t.o.v. de meertalige ontwikkeling positief is en de ontwikkeling van alle talen van het kind wordt gestimuleerd. In additieve meertaligheid wordt een taal toegevoegd zonder dat de beheersing van de andere taal/talen die het kind spreekt achteruit gaat (gaan).
Afhankelijkheids-hypothese	De hypothese dat bij een tweetalige ontwikkeling het bereikte niveau in de ene taal afhankelijk is van het niveau in de andere (moeder)taal. In de Engelse literatuur bekend als *developmental interdependance hypothesis.*
Agglutinerende taal	Een taal waarin veel woorden uit deeltjes (affixes) bestaan die aan elkaar zijn 'geplakt', maar niet met elkaar zijn 'versmolten'. Elk onderdeeltje is te onderscheiden en draagt op inzichtelijke manier bij aan de betekenis van het hele woord. Een voorbeeld daarvan is Turks.
Allofonen	Twee op elkaar lijkende klanken die geen woordonderscheidende functie hebben.
Betrouwbaar onderzoeks-instrument	Een onderzoeksinstrument is betrouwbaar als een tweede afname bij hetzelfde kind met dat instrument dezelfde score oplevert. Dat wil zeggen dat het instrument ongevoelig is voor storende invloeden.
Bias	In het testjargon een onbedoeld en onterecht nadelig óf voordelig effect voor een bepaalde groep.
Buiten en binnen het 'hier-en-nu'	In een gesprek over het buiten hier-en-nu wordt tijdens het gesprek geen visueel materiaal gebruikt. Er wordt gesproken over dingen die op een andere plaats en tijd plaatsvinden. Binnen het hier-en-nu is het tegenovergestelde.
Clitics	Een zwakke vorm van een voornaamwoord dat geen accent kan dragen en niet aan het begin van een zin of na een pauze kan staan zoals *'m* of *me*. Je kunt bijvoorbeeld zeggen: *Ik zie 'm*, maar je kunt niet zeggen *'m zie ik.*
Code-mixing	Het mengen van fonologische, lexicale of morfosyntactische elementen van twee of meer talen binnen één uiting. Ook genoemd *intra-uiting codewisseling.*
Codewisseling	Het overschakelen van de ene op de andere taal binnen een uiting of conversatie. Het mengen van talen kan fonologische, lexicale, morfosyntactische of pragmatische elementen omvatten. Als codewisseling tussen uitingen plaatsvindt dan wordt dit *inter-uiting codewisseling* genoemd.

Cognitieve Academische/ abstracte Taalvaardigheden (CAT) De taalvaardigheid die vereist wordt voor moeilijke, schoolse of abstracte taken. Bij CAT is er sprake van weinig contextuele steun en grote cognitieve belasting. Ook CALP genoemd (*Cognitive Academic Language Proficiency*).

Conceptuele woordenschat Het aantal woorden dat het kind of in de ene en/of in de andere taal kent, waarbij slechts één woord geteld wordt per concept.

Constituent Zinnen zijn geen optelsommen van losse woorden, maar opgebouwd uit eenheden die vaak uit meerdere woorden bestaan. Dergelijke eenheden heten *woordgroepen* of *constituenten*.

Creooltaal Een taal die is ontstaan uit het contact tussen verschillende culturen. Aanvankelijk communiceren de groepen in een pidgin (zie pidgin). Pas als het pidgin door intensief gebruik de kans krijgt zich uit te breiden in klanken, vormen en zinnen, en dus in uitdrukkingsmogelijkheden, en wordt gebruikt als moedertaal, is er sprake van een volwaardige natuurlijke taal, de creooltaal.

Cross-linguïstische invloed De invloed die de talen van een persoon op elkaar uitoefenen. Het resultaat van deze invloed kan positieve of negatieve (interferentie) transfer veroorzaken.

Cumulatieve woordenschat Het aantal woorden dat het kind in al zijn talen kent, bij elkaar opgeteld.

Dagelijkse Algemene Taalvaardigheid (DAT) Dagelijkse Algemene Taalvaardigheid (ook genoemd BICS: *Basic Interpersonal Communicative Skills*). DAT is de taalvaardigheid die mensen nodig hebben in alledaagse situaties waarbij sprake is van veel contextuele steun en een geringe cognitieve belasting.

Descriptieve benadering Een diagnostische benadering die uitgaat van een beschrijving van het spontane taalgedrag van het kind. Door middel van een zo nauwkeurige mogelijk beoordeling van *taalsamples* van het kind kan bepaald worden in welke taaldomeinen de belemmeringen bestaan die de taalontwikkeling problematisch maken.

Dialect Een regionale variëteit van een taal. Ook in de steden wordt vaak een dialect gesproken dat duidelijk afwijkt van het Standaardnederlands (Haags, Rotterdams, Amsterdams enzovoort.).

Diepe woordkennis Diepe woordkennis komt tot stand als kinderen steeds meer lexicale hiërarchische structuren (bijvoorbeeld de relatie tussen het woord 'tijger' en het woord 'zoogdier') begrijpen en er steeds meer betekenisaspecten van woorden bij leren.

Differentiatiefase De periode tussen tweeënhalf en vijf jaar waarin steeds meer verschillende soorten woorden worden aangeleerd en gebruikt.

Dominante taal Meestal de taal die het kind het beste beheerst of het meest frequent gebruikt, de voorkeurstaal. Een kind kan echter bij een bepaald onderwerp voorkeur hebben voor de ene taal en over een ander onderwerp liever in de andere taal praten. Ook kan het gebeuren dat een kind passief nog dominant is in zijn moedertaal, terwijl hij actief liever de tweede taal gebruikt. Dat kan gebeuren in de fase dat de dominantie aan het verschuiven is.

Dynamische (of interactieve) diagnostiek (DD). BIJ DD wordt hulp aangeboden tijdens het testen. De onderliggende idee is dat de piekprestatie (die wordt beïnvloed door de onderzoeker) van het kind meer informatie geeft over het leervermogen van dat kind.

Éen-Ouder-Éen-Taal (EOET) Een taalopvoedingsstrategie waarbij iedere ouder een andere taal met het kind spreekt. In de Engelse literatuur wordt de term OPOL *(One Parent One Language)* gehanteerd.

Elite meertalig Zie prestigious biligual.

Evenwichtig-meertalig Meertaligheid waarbij geen van de talen sterk dominant is.

Evidence based Het uitvoeren van een handeling door een beroepsbeoefenaar op die wijze dat de uitvoering is gebaseerd op de best beschikbare informatie over de doelmatigheid en doeltreffendheid.

Flagging Het verschijnsel dat een meertalig kind tijdens het praten een korte pauze maakt, om hulp vraagt om het juiste woord te vinden, of iets gaat zeggen in de andere taal (meestal de sterkste) taal om de gesprekspartner te laten weten dat hij van code gaat veranderen, omdat hij niet op het juiste woord kan komen.

Foneem Kleinste klankeenheid die een betekenisverschil aangeeft.

Fonologisch bewustzijn Het bewustzijn dat fonemen bestaan en de vaardigheid om ze te manipuleren. Dit is een belangrijke deelvaardigheid van het lezen en schrijven.

Fonologische segmentatie De veelal onbewuste mentale activiteit van het onderscheiden van de onderdelen (segmenten) van gesproken tekst of geluid, bijvoorbeeld het 'horen' van de klanken waaruit een woord bestaat.

Fonotactiek De mogelijke volgorde van fonologische eenheden in een taal.

Functionele benadering De benadering waarin het gehele communicatieve functioneren van het kind zwaarder telt dan de scores die hij behaalt op gestandaardiseerde testen.

Gemengde morfologie Als de werkwoordsvervoeging in een taal geen verschillende uitgang voor iedere persoonsvorm heeft. Het Nederlands en het Engels zijn voorbeelden hiervan. In het Nederlands hebben de tweede en derde persoon enkelvoud dezelfde uitgang en alle personen in het meervoud ook. Ook arme morfologie genoemd.

General-all-purpose (GAP) woorden GAP-woorden zijn woorden die worden gebruikt wanneer meer specifieke woorden adequater zouden zijn; bijvoorbeeld, als een kind zegt: 'Hij ging met de auto (= de vrachtwagen) naar daar zo (wijst richting aan).' Ze worden vaak vergezeld door een gebaar.

Grote minderheid Heeft betrekking tot de omvang van de etnische groep, die mede de hoeveelheid blootstelling aan de verschillende talen bepaalt en dus ook het niveau van beheersing dat een kind in iedere taal bereikt. Kinderen uit grote minderheden krijgen in principe meer blootstelling aan de minderheidstaal/talen dan kinderen uit een kleine minderheid (zie kleine minderheid).

Inflexionele taal Een taal waarin veel van de woorden zijn opgebouwd uit deeltjes, morfemen, die elk een eigen individuele betekenis hebben. Voorbeeld Pools en Nederlands.

Inhoudsbias Testen zijn vaak gebaseerd op woorden, concepten en interactiepatronen die beperkt zijn tot de Nederlandse taalcultuur. Deze testen hebben een inhoudsbias voor kinderen uit andere culturen die de Nederlandse cultuur nog niet goed kennen.

Interactief voorlezen Voorlezen waarbij het stimuleren van de eigen inbreng van het kind centraal staat. Gebruikte technieken zijn o.a. voorkennis activeren, stimuleren van ontluikende geletterdheid, uitbreiden naar eigen belevingswereld, uitleggen van moeilijke woorden en begrippen door ze in een context te plaatsen, het kind uitdagen het vervolg van een verhaal te voorspellen.

Interferentie (fouten) Een fout door het incidenteel gebruiken van een vorm uit de ene taal terwijl de andere gesproken wordt. (zie ook negatieve transfer).

Intra-beoordelaar betrouwbaarheid De mate waarin een test van iets of iemand hetzelfde resultaat op levert wanneer hij door verschillende testafnemers, onafhankelijk van elkaar, wordt afgenomen.

Kleine minderheid Een etnische groep van beperkte omvang. Een kind dat bij zo'n minderheid behoort krijgt vaak weinige mogelijkheden om de minderheidstaal/talen te leren.

Leenwoord Woord dat aan een andere taal is ontleend. Synoniem: bastaardwoord, aliënisme. Voorbeeld: 'Deze *website* is *cool*.'

Leerpotentieel Een begrip uit de theorieën over leergeschiktheid. Het heeft betrekking op de mate waarin iemand kan profiteren van instructie.

Markeerder van SLI Symptomen of verschijnselen die typisch wijzen op een mogelijk spraak/taalprobleem.

Meerderheidstaal thuis- strategie Sommige anderstalige gezinnen kiezen ervoor om thuis met hun kinderen Nederlands te praten in plaats van de eigen taal of talen. Zij gebruiken de *meerderheidstaal thuis*-strategie, in het Engels wel aangeduid als ML@h (*majority language at home*).

Meertalige eerstetaalverwerving Meertalige eerstetaalverwerving, ofwel simultane taalverwerving, wil zeggen dat verschillende talen vanaf de geboorte aangeboden worden.

Meetpretentie Datgene wat een test beoogt te meten.

Metalinguïstisch bewustzijn Het bewustzijn van taal en de structuur van woorden en zinnen. Het kind krijgt door dat woorden uit klanken zijn opgebouwd, en dat hij daarmee kan spelen. Door een klank te vervangen, krijg je rijmende woorden, zoals *denken-schenken*. Door een lettergreep toe te voegen of te veranderen, krijg je een andere woordvorm zoals *moeilijk-moeizaam-moeite*.

Metalinguïstische vaardigheid De vaardigheid om taal te manipuleren waarover onder metalinguïstisch bewustzijn besproken werd, is heel gewoon en komt bij veel (ook jonge!) kinderen voor. Deze vaardigheid betreft niet alleen het klanksysteem, maar ook de semantiek en de grammatica.

Minderheidstaal Elke taal die in een bepaald gebied door een minderheid van de bevolking wordt gesproken.

Minderheidstaal thuis-strategie Er zijn mensen die thuis een andere taal spreken dan Nederlands. Zij gebruiken de zogenoemde *minderheidstaal thuis*-strategie. Dit is de vertaling van de Engelse term *minority language at home*, vaak afgekort als ml@h.

Moedertaal De taal waarin iemand het praten heeft geleerd; de eigen taal.

Monolinguaal denkkader Het denkkader dat sterk wordt beperkt door de grenzen van de eigen (Nederlandse) taal in al haar aspecten; een soort blindheid voor taal als menselijk communicatiemedium en cultuurdrager.

Naamval (of casus) Elke (buigings)vorm van een (voornaam)woord die zijn betrekking tot andere woorden in de zin aanduiden. Er zijn vier naamvallen: eerste naamval (nominatief), tweede naamval (genitief), derde naamval (datief) en vierde naamval (accusatief).

Naamwoordelijke constituent of naamwoordgroep Een naamwoordelijke constituent (ANS) of nominale constituent (T&T) is een constituent waarin het belangrijkste element een zelfstandig naamwoord (of voornaamwoord) is.

Negatieve transfer De toepassing van regels uit de ene taal in de andere taal. Dat is een onbewust proces en resulteert soms in incorrecte constructies die men *negatieve transfer* of *interferentie* noemt.

Nonsenswoord Woord dat in een taal niet bestaat, maar doordat het de fonotactische patronen van die taal volgt, op een bestaand woord lijkt.

Normatieve benadering Benadering waarin genormeerde testen worden gebruikt om de taalbeheersing van het kind te beoordelen.

Normbias Het beoordelen van de taalbeheersing van een kind op basis van normen uit een andere groep dan de groep waaruit het kind komt. Het risico ontstaat dat de taalbeheersing van het kind verkeerd wordt beoordeeld.

NT2 Nederlands als Tweede Taal

Nul-morfeem Morfeem dat op grond van de betekenis van een woord aanwezig verondersteld kan worden, al is het in de vorm niet terug te vinden. 'Ik loop' heeft een nulmorfeem. De vervoeging van de eerste persoonsvorm is dezelfde als de stam van het werkwoord.

Object clitics Zwakke vorm van persoonlijke voornaamwoorden in de vierde naamval (positie van het lijdende voorwerp).

Officiële taal Het begrip officiële taal is meerduidig en kan een juridische invulling hebben (bijv. de officiële talen van de EU); het kan een omgangstalig substituut zijn voor een taal met een functie in het openbaar bestuur (bijv. Frans in Frankrijk); of het kan een taal zijn waarvan het bestaan of de waarde door de overheid wordt erkend (bijv. Nederlands en Fries in Nederland).

Onder-diagnosticeren Wanneer een probleem bestaat maar niet wordt geïdentificeerd.

Ontluikende geletterdheid De vroege fase van schriftelijke taalverwerving, lopend vanaf de geboorte van het kind tot het moment dat zij de elementaire lees- en spelhandeling onder de knie heeft.

Over-diagnosticeren Als er een probleem is gevonden waar er geen bestaat.

Overextentie De betekenis van een woord wordt uitgebreid. Bijvoorbeeld 'vliegtuig' voor 'helikopter' of alle mannen zijn 'papa'.

Overgeneralisatie Een bepaalde grammaticale regel wordt toegepast waar die niet zou moeten worden toegepast. Bijvoorbeeld: de regel van de verledentijdsvorming van zwakke werkwoorden wordt uitgebreid naar het sterke werkwoord: 'vliegden' in plaats van 'vlogen'. Wordt ook overregularisatie genoemd.

Pidgin Een verbaal communicatiemiddel dat is ontstaan uit het contact tussen verschillende talen, bijvoorbeeld door verovering, handel, e.d. Een pidgin is een onvolgroeide taal met beperkte mogelijkheden die vereenvoudigde aspecten van alle toevoertalen bevat .

Positieve transfer De toepassing van regels uit de ene taal in de andere taal. Dat is een onbewust proces. Als dat tot een correcte constructie leidt, noemt men het *positieve transfer*.

Prestigious bilingual Iemand die twee talen spreekt die allebei een hoog aanzien hebben. In dit geval is de kans op een goede ontwikkeling van alle betrokken talen groot. Zie ook Elite meertalig.

Professionele tolk Beroepstolk die vakkundig is, veelal na het volgen van een geëigende opleiding.

Protowoorden Verschillende klanken van kinderen vanaf 1 jaar zonder dat ze echt woorden zijn. Het kind gaat wel bepaalde klankvormen en opeenvolgingen herhalen, die duiden naar een referent. Geen echte woorden, maar wel de basis daarvoor.

Semilingualisme Gebeurt als geen van de talen van een meertalig kind voldoende gestimuleerd wordt, waardoor het kind geen van de talen goed leert beheersen.

Sequentiële taalverwerving Sequentiële of successieve taalverwerving vindt plaats als het kind eerst één taal leert, en later een tweede en eventueel een derde of meer talen leert.

Simplificatie Cognitieve strategie die taalleerders hanteren wanneer ze het systeem van een nieuwe taal nog niet beheersen. Ze vereenvoudigen de regels. Simplificatie kan plaatsvinden op fonologisch, morfosyntactisch en semantisch niveau.

Simultane taalverwerving Zie meertalige eerstetaalverwerving.

Specifieke taal-ontwikkelings stoornis Specifieke taal(ontwikkelings)stoornis is een ontwikkelingsstoornis waarin de taalontwikkeling van het kind afwijkend is of achterblijft bij andere aspecten van de ontwikkeling, zoals non-verbale intelligentie, gehoor, motorische, sociale en emotionele vaardigheden. Drie andere termen die in Nederland vaak worden gebruikt om dezelfde verschijnselen aan te duiden zijn primaire taalontwikkelingsstoornis, de Engelse term *specific language impairment* (SLI) en ernstige spraak- en taalmoeilijkheden (ESM).

Statische diagnostiek In statische diagnostiek wordt alleen gestandaardiseerd testmateriaal gebruikt en is het niet toegestaan om hulp te bieden tijdens de uitvoering van de tests.

Status van de talen Het maatschappelijke aanzien dat een taal heeft.
Eenzelfde taal kan een verschillende status hebben in verschillende regio's in hetzelfde land en in verschillende landen. Zo is Turks in Turkije een meerderheidstaal met een hoge status en in Nederland niet.
Ook is status niet per se gebonden aan de hoeveelheid sprekers van die taal. Zo zijn Berbertalen in Marokko meerderheidstalen, maar hebben een lage status in dat land; en trouwens ook in Nederland.

Stille periode Periode in de sequentiële meertalige ontwikkeling waarin kinderen veel naar T2 (T3 enzovoort) luisteren en proberen te begrijpen wat er wordt gezegd, maar zelf niets zeggen.

Subtractieve meertaligheid Omgeving (inclusief familie, gemeenschap, school) die niet bevorderend is voor de ontwikkeling van meertaligheid. De kans om de moedertaal te verliezen is hierdoor groot, vooral als die een lage status heeft.

Successieve taalverwerving Zie sequentiële taalverwerving.

Taalbias Tests, zelfs psychologische tests, zijn vaak zo sterk geassocieerd met de taal waarin ze zijn ontwikkeld, dat zij een taalbias hebben voor mensen uit andere culturen die de Nederlandse taal niet door en door kennen: zij hebben een onbedoeld verschillende uitkomst voor sprekers van verschillende talen.

Taaldominantie Wanneer een meertalig kind zich in een van zijn talen vlotter en gemakkelijker kan uitdrukken dan in de andere taal/talen (zie ook dominante taal).

Taal- en foneembewustzijn Inzicht hebben in de (klank)structuur van gesproken taal. Het is het kunnen opdelen van woorden tot spraakklanken en het kunnen samenvoegen van spraakklanken tot woorden.

Taalsysteem Een netwerk van relaties binnen een bepaald patroon dat in haar totaal de organisatie van een taal vormgeeft.

Taalverlies Het fenomeen dat individuen vervreemden van de eigen moedertaal. Ook wel taalerosie of *language attrition* genoemd. Woordvindingsmoeilijkheden zijn een typisch symptoom.

Taalverschuiving Het fenomeen dat sprekers van een minderheidstaal steeds meer de taal van de meerderheid gaan spreken.

Thuistaal De taal die vooral thuis, met gezinsleden en naaste familie wordt gebruikt.

Transfer Overdracht. Hier wordt bedoeld de overdracht van kennis van bepaalde concepten en regels in de ene taal naar de andere taal of talen.

Translation equivalents Een *translation equivalent* is een begrip dat in beide talen gelijk is maar waarvoor het kind wel twee aparte woorden heeft, één in iedere taal. Bijvoorbeeld, *clothes* in het Engels en 'kleren' in het Nederlands. Het zijn eigenlijk 'synoniemen'.

Tussentaal Het taalsysteem van een T2-spreker die de doeltaal nog aan het leren is. Dit taalsysteem is onafhankelijk van een T1 of T2 systeem, maar kan wel elementen van die talen hebben.

(Taal)Typologie Indeling van talen in typen, een aantal soorten waarbinnen de talen een aantal eigenschappen gemeen hebben, onafhankelijk van de taalfamilie waartoe zij behoren.

Uniforme morfologie Als de werkwoordsvervoeging in een taal aparte uitgangen voor alle persoonsvormen heeft. Dus iedere persoonsvorm, zowel in het meervoud als in het enkelvoud, heeft een verschillende uitgang. Ook rijke morfologie genoemd.

Valide onderzoeks instrument Een instrument is valide als het, onder andere, meet wat het beoogt te meten.

Vermijdingsstrategie Cognitieve strategie waarbij moeilijke aspecten van de tweede taal worden vermeden.

Volkstaal De taal van het volk. In tegenstelling tot een vreemde taal.

Voltooiingsfase De periode vanaf vijf jaar waarin het kind over de basiskennis van zijn moedertaal beschikt.

Voorinstructie of pre-teaching Voorschotbehandeling. Deze vindt plaats in de kleutergroep als het vermoeden bestaat dat het kind moeite zal hebben met het leren lezen

Voortalige periode De periode voorafgaand aan de uiting van het eerste woord.

Vreemde taal Een taal die op een plek wordt geleerd waar die taal zelf niet als omgangstaal gesproken wordt, zoals een Nederlandse leerling die op school Frans leert.

Vrije uiting	Vrije uitingen zijn alle uitingen die 'op zichzelf staan' en die geen antwoorden zijn die in syntactisch opzicht afhankelijk zijn van de vraag van de gesprekspartner zoals in 'ja/nee'; 'een beetje'. Het syntactische vermogen van het kind is op grond van dit soort uitingen niet goed te bepalen, maar wel op grond van vrije uitingen.
Vroegtalige periode	De periode tussen de leeftijden van één en tweeënhalf jaar. In deze periode verschijnen de eerste woorden en woordcombinaties.
Werkwoordelijke constituent of werkwoordgroep	Een constituent waarin het belangrijkste element een werkwoord is.

Register

Over de auteur

Manuela Julien (1963) houdt zich al meer dan twintig jaar bezig met taalproblemen bij meertaligen. Eerst als lerares Engels en Portugees in haar multiculturele en meertalige geboorteland Mozambique. Zij vond het intrigerend en fascinerend om de verschillen in de fouten die de leerlingen maakten te analyseren. Een aantal van de fouten bleek beïnvloed te worden door hun moedertaal. Een groot deel van de leerlingen had Tsonga als moedertaal; Portugees was hun tweede taal en Engels hun derde taal. Nog steeds geeft zij aan de Volksuniversiteit Wageningen les in de Portugese taal.

Tijdens haar studie toegepaste taalkunde heeft ze geprobeerd verklaringen te vinden voor de verschijnselen die ze in de taal van haar leerlingen observeerde. Haar afstudeerwerk ging dan ook over de cognitieve processen die plaatsvinden bij het leren van een tweede en een derde taal. Zij is in 1990 afgestudeerd als toegepast taalkundige (MA) aan de Universiteit van Zuid-Illinois (VS), waarna zij aan de Faculdade de Letras van de Eduardo Mondlane Universiteit in Maputo doceerde.

In een specialisatie (MSc) neurolinguïstiek aan de Vrije Universiteit van Brussel, België die volgde, hield zij haar interesse voor taalproblemen bij meertaligen. Ze zag toen naast eentalige ook meertalige cliënten.

In 1993 kwam ze naar Nederland waar ze bij de Hogeschool Eindhoven een verkorte logopediestudie volgde om hier aan het werk te kunnen. Als logopedist heeft zij haar eerste jaren Nederlandse ervaring opgedaan in de particuliere praktijk en als schoollogopediste bij de GGD.

Sinds 1997 is zij als logopediste en vanaf 2000 als klinisch linguïst werkzaam bij het Haags Audiologisch Centrum. Daar verricht ze diagnostisch onderzoek bij kinderen met spraak- en taalproblemen. Een aanzienlijk deel van de cliënten van het Audiologisch Centrum is meertalig. Dit geeft haar het voorrecht dat ze zich mag blijven bezighouden met haar specialiteit: meertaligheid en taalproblemen. Zij verzorgt regelmatig lezingen en geeft cursussen met als thema 'taalstoornissen bij meertalige kinderen'.

Manuela is moeder van twee zonen: meertalig! – hoe kan het ook anders!